油气体积开发理论与实践

焦方正　等著

石油工业出版社

内容提要

本书提出了适用于海相碳酸盐岩缝洞型油藏、“直立”断溶体油藏、页岩气的“体积开发”理论，创立了“体积流动单元”的概念，同时提出了新的开发思路和技术对策，建立了不同于常规层状油气藏分层开发理论的“体积开发”理论。构建了以“三维天然缝洞单元体为中心，多井型体积开发动用、多工艺手段体积开发挖潜、多注入介质立体注采提高采收率”为核心的天然缝洞单元体体积开发技术和管理模式，实现了塔河油田、顺北油田、哈拉哈塘油田和富满油田的高效开发。同时创建了以“甜点评价、水平井靶体与轨迹优化、密切割体积改造、生产制度优化”为核心的人工缝网单元体体积开发技术系列，推动了川南海相页岩气的规模开发，进一步丰富了体积开发理论的内涵。

本书可供油气藏开发研究工作者使用，也可作为高等院校师生参考用书。

图书在版编目（CIP）数据

油气体积开发理论与实践 / 焦方正等著 . —北京：石油工业出版社，2022.10

ISBN 978-7-5183-5604-1

Ⅰ . ① 油… Ⅱ . ① 焦… Ⅲ . ① 油气藏 – 油气开采 Ⅳ . ① P618.13

中国版本图书馆 CIP 数据核字（2022）第 170565 号

出版发行：石油工业出版社

（北京安定门外安华里 2 区 1 号楼　100011）

网　址：www.petropub.com

编辑部：（010）64523537　图书营销中心：（010）64523633

经　销：全国新华书店

印　刷：北京中石油彩色印刷有限责任公司

2022 年 10 月第 1 版　2022 年 10 月第 1 次印刷

787×1092 毫米　开本：1/16　印张：13.25

字数：220 千字

定价：120.00 元

序

《油气体积开发理论与实践》一书是系统论述油气体积开发的一部权威性力作，也是焦方正先生等近期推出的一部原创性的新作，值得业界同仁期待。

《油气体积开发理论与实践》一书称得上是我国油气开发领域的重大理论创新成果，其价值和意义已经在碳酸盐岩与页岩油气藏开发实践中取得了显著实效，标志着我国油气开发理论的又一次飞跃。

作者立足于塔里木盆地海相碳酸盐岩缝洞型油藏、断溶体油藏和四川盆地海相页岩气的开发实践，系统论述了油气体积开发的理念、理论、内涵、核心技术、开发模式、管理方法等，系统阐述了该类油气藏与传统陆相层状油气藏分层开发理论的显著差异，为国内外碳酸盐岩缝洞型油藏、页岩油气高效规模开发和科学管理，提供了重要的理论指导。

全书共分为六章，环环相扣，各有侧重，特点突出，亮点频出，新颖独到，简练清晰，浑然一体，始终围绕“体积开发”这一主题展开论述，读后使人有耳目一新之感，有醍醐灌顶之效。第一章提出了适用于海相碳酸盐岩缝洞型油藏、“直立”断溶体油藏、页岩气的“体积开发”理念，创建了“体积流动单元”“天然缝洞单元体”“人工缝网单元体”“复合体积流场”“空间结构井网”“能量封存箱”等基本概念与内涵，同时揭示了体积开发的内在机理，建立了全新的定量表征模型，提出了新的开发思路和开发原则，系统建立了不同于传统层状油气藏开发理论的体积开发理论，为复杂类型海相油气藏科学开发奠定了理论基础。第二章构建了以“三维天然缝洞单元体为中心，多井型体积开发动用、多工艺手段体积开发挖潜、多注入介质立体注采提高采收率”为核心的碳酸盐岩缝洞单元体的体积开发技术，对有效推动我国碳酸盐岩缝洞型油气藏勘探开发有重大意义。第三章基于海相页岩气“能量封存箱”新认识，创建了山地型海相页岩气以大平台钻井、水平井体积压裂为核心的人工缝网单元体体积开发技术系列，对推动我国海相页岩气的勘探开发意义重大。第四、第五章阐述了碳酸盐岩缝洞型油藏和海相页岩气体积开发实践，系统总结了塔里木盆地塔河、哈拉哈塘碳酸盐岩缝洞型油藏、顺北与富满断溶体油藏的高效开发实践的做法，以及四川盆地涪陵、长宁、威远、昭通等海相页岩气规模效益开发中的成功实践，均具有重大的现实意义。第六章阐述了油气藏体积开发的科学管理思想和方法，强调体积开发的管理创新体系，提出了基于理论认识、核心技术、工程管理的“三元联动”体积开发工程管理模式，应该是本书在开发工程管理上的最大创新点和亮点。

本书也将为我国陆相页岩油、海陆过渡相页岩气、深层煤层气等复杂油气田科学开发提供指导和借鉴。

本书观点明确，内容丰富，结构合理，创新突出，可供油气藏开发研究学者、管理工作者和工程技术人员使用，也可作为高等院校师生参考用书。

胡文瑞

2022 年 10 月

前言

油气体积开发理论萌芽于塔河油田海相碳酸盐岩缝洞型油藏，成型于顺北油田海相碳酸盐岩断溶体油藏，丰富发展于川南海相页岩气藏和塔里木富满油田碳酸盐岩断溶体油藏。油气体积开发理论中涉及的油气藏都是以不均匀的缝或洞为开发单元，在储集体结构描述、流动机理认识、开发理论、开发技术和开发方式等方面，均与传统的层状陆相砂岩油气藏不同。通过多年探索、研究和实践，提出了适用于海相碳酸盐岩洞型油藏、“直立”断溶体油藏、页岩气的“体积开发”理论，创立了“体积流动单元”的概念，同时提出了新的开发思路和技术对策，建立了不同于常规层状油气藏开发理论的“体积开发”理论，为复杂类型海相油气藏的科学开发和管理模式创新奠定了理论认识基础。进而构建了以“三维天然缝洞单元体为中心，多井型体积开发动用、多工艺手段体积开发挖潜、多注入介质立体注采提高采收率”为核心的天然缝洞单元体体积开发技术和管理模式，实现了塔河油田、顺北油田、哈拉哈塘油田和富满油田的高效开发，对推动我国碳酸盐岩缝洞型油气藏勘探开发具有重大意义。同时基于海相页岩气能量封存箱的认识，创建了海相页岩气以钻井和体积压裂为核心的人工缝网单元体的体积开发技术系列和管理模式，实现了川南海相页岩气的规模效益开发，对推动我国海相页岩气的勘探开发具有重大意义。

本书全面阐述了油气体积开发理论的发展历程、理论内涵、技术体系和现场实践成果，并提供了相关实例。内容上具有创新性、系统性、逻辑性的特点。全书共分六章。第一章围绕研究对象、储层结构及流体赋存状态、认识方法、开发思路、技术对策等方面的转变，从结构单元认识、驱动方式、工艺技术条件及原则与流程等方面，构建了较为完善的油气体积开发理论架构，由焦方正、邹才能、何东博、位云生、邱婷婷等撰写；第二章、第三章是在油气体积开发理论的指导下，以具体油气藏类型阐述油气体积开发的相关技术体系，第二章由焦方正、郝明强、李保柱、漆立新、李世银、邓兴梁等撰写，第三章由焦方正、熊伟、王欣、胡志明、董大忠、赵群、于荣泽、端祥刚、杨立峰、王军磊、施振生、邱振、常进等撰写；第四章、第五章是油气体积开发理论技术体系在塔河油田、哈拉哈塘油田、富满油田缝洞型碳酸盐岩油藏和川南海相页岩气中的实践应用，第四章由焦方正、王琦、李保柱、漆立新、王彭、姚超等撰写，第五章由焦方正、王红岩、熊伟、郭为、孙莎莎、齐亚东、邵昭媛、孙玉平、刘钰洋、王莉等撰写；第六章阐述了油气藏体积开发的管理模式，强调体积开发的一体化原则，提出基于“三元联动”的体积开发系统工程管理模式，由焦方正撰写；后记初步总结了体积开发理论技术在缝洞型油藏和海相页岩气领域的应用效果，展望了体积开发理论、技术、方法在未来我国页岩油气规模开发中的广阔应用前景，由焦方正、董大忠、邹才能撰写。

作　者

2022 年 9 月 2 日

目 录

第一章　油气体积开发理论与内涵

经过近 20 年的开发实践和技术探索，不同于传统分层开发理论的体积开发理论已逐渐成熟，从早期的塔河油田、哈拉哈塘油田，到顺北油田和富满油田，再到川南海相页岩气，应用对象和类型不断拓展，对这些新的复杂类型油气田的开发指导作用日益突出。为了更好地指导现场实践以及更大规模的推广应用，总体提升体积开发理论，明确体积开发系列基本概念、开发机理及主体技术，制订体积开发原则和流程，是生产迫切的需要，也是理论技术发展的必由之路。

第一节　油气体积开发理论的提出

中国陆相砂岩油气藏经过近百年的勘探开发，尤其是近 60 年的开发实践，形成了层状油气藏分层开发理论，解决了许多复杂地质认识和开发工程技术难题。近年开发的海相碳酸盐岩缝洞型油藏和海相页岩气，在储集体结构、流体赋存状态及流动机理等方面均不同于陆相层状油气藏，进而在油气藏认识方法、开发思路和开发技术对策等方面发生较大的转变，陆相层状油气藏分层开发理论已不能指导该类型油气藏的科学有效开发。从塔河油田和哈拉哈塘油田碳酸盐岩缝洞型油藏到顺北油田和富满油田断溶体油藏，再到川南海相页岩气，系列开发实践表明，在以自身致密基质为物理边界的地质体内，以多向复合“体积流”为核心的体积开发理论萌芽、成型并不断丰富发展，已形成了一种不同以往的开发理论和技术体系。

一、萌芽阶段

塔河油田海相碳酸盐岩缝洞型油藏是一种特殊类型的油藏，显著区别于陆相层状砂岩油藏，其储集空间由多尺度洞穴及裂缝组成，缝洞组合关系和分布复杂，天然缝洞单元体形态不规则，规模大小悬殊，流动特征与常规油藏差异大，在物探工程、钻井工程、储层改造、油藏工程及提高采收率方面均无成熟的经验（图 1–1–1）。通过不断探索、研究和实践，创造性地提出了碳酸盐岩缝洞型油藏“体积开发”理论，构建了以“三维缝洞体为中心，多井型体积开发动用、多工艺手段体积开发挖潜、多注入介质立体注采提高采收率”为核心的缝洞型油藏体积开发技术，实现了对单一缝洞体或缝洞体集群全方位、全过程的体积动用和开发挖潜。将塔河油田海相碳酸盐岩缝洞型油藏采收率由原方案设计的13%提高到23.7%，实现了该油藏的高效开发和持续稳产。

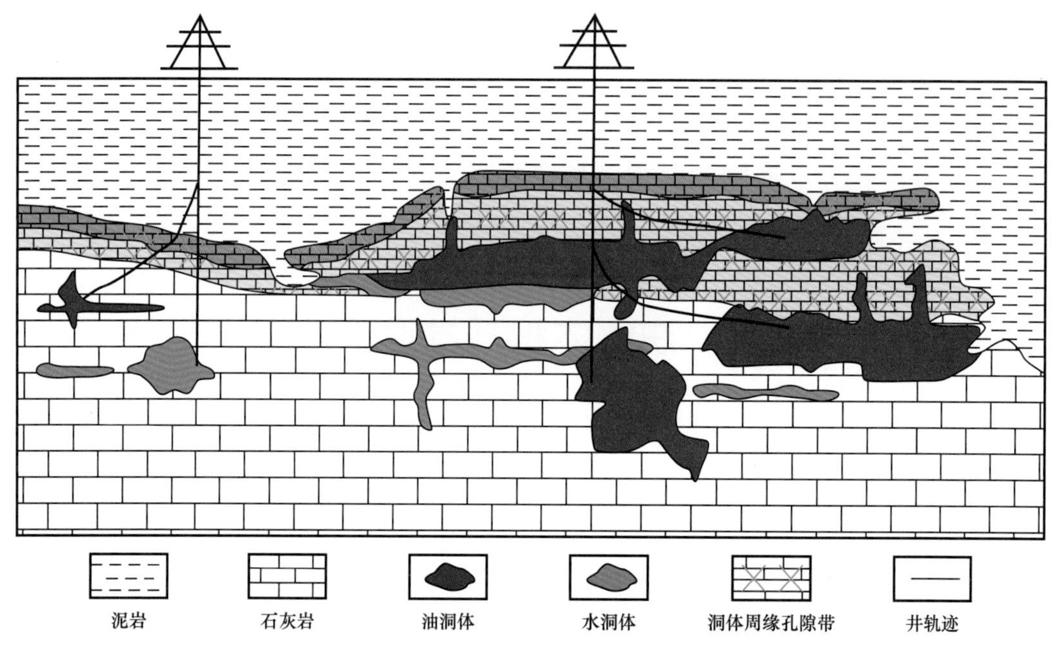

图 1-1-1　塔河油田海相碳酸盐岩缝洞型油藏地质模式图

二、成型阶段

结合塔河油田开发经验，总结顺北油田早期实践，提出了“直立”油藏认识思路和“断溶体油藏”的概念，形成了超深层走滑断裂相伴生的天然缝洞单元体“控储、控藏、控富集”的新认识，同时建立了超深层油气“源岩供烃、垂向输导、晚期成藏、断裂控富”的富集成藏模式（图 1-1-2），断溶体油藏认识指导了顺北油田的发现和储量规模的扩大。针对断溶体油藏，进一步发展体积开发理论，制订了断溶体油藏开发技术路线，编制了断溶体油藏线性不规则井网布井、一井多靶的开发设计方案，形成了超深层断溶体油藏勘探开发工程模式，建产井成功率90%以上，目前已建成百万吨级产能，对推动我国超深层断溶体油藏勘探开发具有开创性意义，同时标志着体积开发理论初步成型。

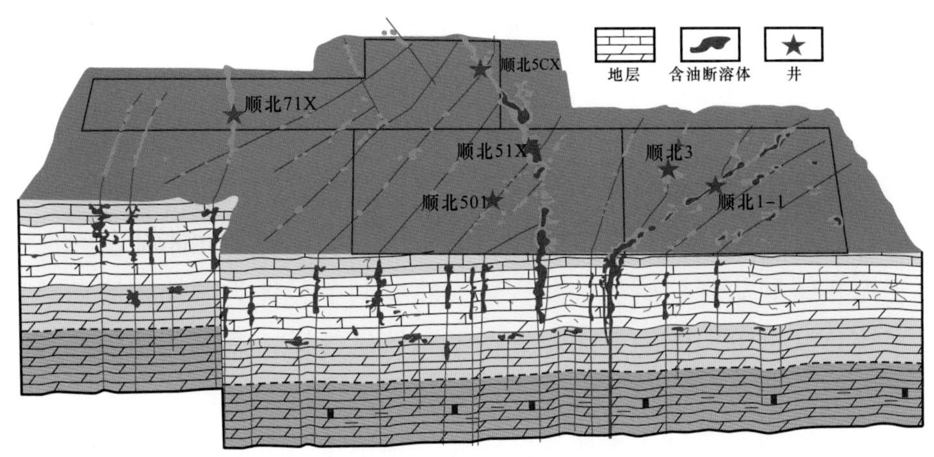

图 1-1-2　顺北油田海相碳酸盐岩断溶体油藏地质模式图

三、丰富发展阶段

海相页岩储层基质渗透率为纳达西级别，具有自封闭性，必须依靠体积压裂形成三维人工缝网单元体才能实现有效开发。人工缝网单元体具有自封闭边界特征，与天然形成的碳酸盐岩天然缝洞单元体靠致密围岩形成封闭具有相似性，人工缝网单元体构成页岩气开发基本单元，海相页岩气开发是体积开发的又一个典型代表。页岩气以井为单元进行开发优化设计，采用大平台三维水平井优快钻完井技术、长水平井分段多簇密切割大规模压裂改造技术及工厂化作业手段，实现单井或井组的效益开发。“体积开发”理论和技术的发展和应用，推动了我国海相页岩气的快速建产，2020 年页岩气产量突破 $200\times10^8m^3$。

通过对海相碳酸盐岩缝洞型油藏、断溶体油藏和海相页岩气开发实践经验的不断总结、升华，“体积开发”理论已基本形成，成为我国油气田开发理论体系的又一重要分支。

第二节　油气体积开发理论的内涵

一、油气体积开发的基本概念

1. 油气体积开发

油气体积开发是相对于传统油气分层开发而言的。油气分层开发以“层”

为基本开发单元，流动机制以达西渗流为主，流动方式以平面径向流为主，流动边界以压力边界为主，并以层系为基础，设计开发井网，构建平面流动或驱替系统，实现分层系开发。体积开发以“体”为基本开发单元，流动机制超越渗流范畴，流动方式以多向复合流为主，流动边界以物理边界为主，并以单元体为基础，设计开发井网，构建立体流动系统，实现分单元体开发。

对于海相碳酸盐岩缝洞型油藏，以天然缝洞单元体为“体积流动单元”建立开发系统，基于单元体的空间配置关系和储量规模，遵循“按体布井、逐体开发”的原则，针对每个独立的天然缝洞单元体进行开发设计，采用空间结构井网进行立体控制，通过注水或注气吞吐，利用重力分异作用提高采收率。对于海相页岩气，以人工缝网单元体为“体积流动单元”建立开发系统，“一井一藏”单独设计，采用水平井 + 体积压裂，形成相对独立的人工缝网单元体和能量封存箱，综合利用密度差和压力差等复合驱动机制，实现三维体积流动，大幅度提高页岩气动用程度。

2. 体积流动单元

体积流动单元是以物理边界围为控制的三维地质体，内部沉积环境、岩性和物性不一定完全相似，但具有统一的压力系统和相似的流体流动特征。对于海相碳酸盐岩缝洞型油藏，体积流动单元是一个天然缝洞单元体，是在同一岩溶背景条件下，由相关联的孔、缝、洞构成的岩溶缝洞发育带或缝洞集合体。对于海相页岩气，体积流动单元是一个人工缝网单元体，而非完全天然的地质体单元，是在充分认识储层特征基础上，通过人工压裂措施，从纵向和横向最大范围地打通基质孔隙到体积缝网、从缝网到井筒的流动通道，自然能量 + 人工增能条件下形成复合体积流动的人工地质单元。描述或评价体积流动单元的基本要素见表 1-2-1，包括成因、流动空间结构、边界特征和流动特征等，充分体现出与常规层状油气藏的显著差异。

1）天然缝洞单元体

天然缝洞单元体主要是海相碳酸盐岩缝洞型油藏的体积流动单元，是指在分布广泛的、渗透性极差的基质分割下，由被裂缝系统沟通的溶洞所组成的具有统一水动力系统的缝洞集合体。每个单元体都具有相对独立的压力系统或相对一致的压力变化规律，在油气生产中可作为一个相对独立的流体流动单元或油气开采基本单元。天然缝洞单元体强调腔体的纵向连通性，与层状油藏的横向连通性有着本质区别。天然缝洞单元体一般呈单个缝洞体或多个连通缝洞集合体，分布在致密的碳酸盐岩围岩基质中（图 1–2–1）。

表 1–2–1 体积流动单元基本要素简表

基本要素	体积流动单元类型	
	天然缝洞单元体	人工缝网单元体
成因	碳酸盐岩多期岩溶改造、构造运动	人工压裂改造
流动空间结构	溶洞 + 裂缝 + 溶孔不规则复合体	水平井 + 人工缝网 + 天然孔缝复合体
边界特征	致密碳酸盐岩基质隔断、断裂隔断、洞穴垮塌后局部隔断等	人工改造区的基质外边界
流动特征	以洞穴流（含空腔流、管流）为主的复合流动	以渗流、解吸和扩散为主的复合流动

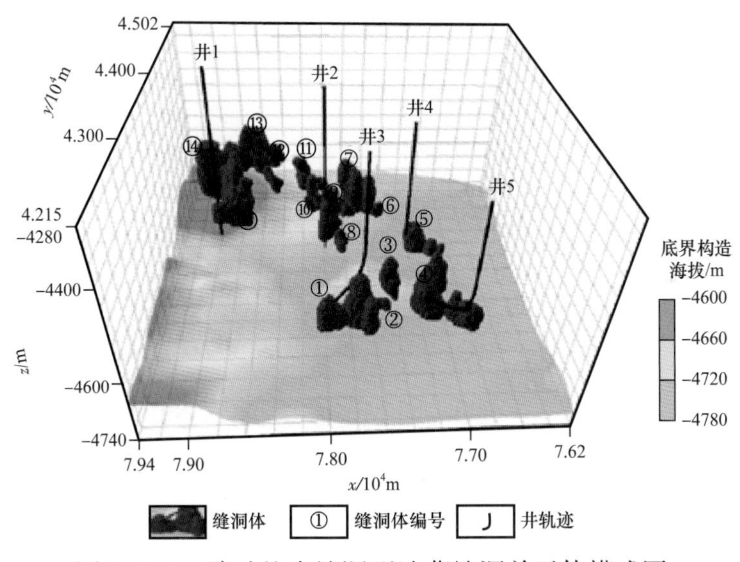

图 1–2–1 碳酸盐岩缝洞型油藏缝洞单元体模式图

2）人工缝网单元体

人工缝网单元体是页岩气的体积流动单元，是指由水平井体积压裂产生的人工裂缝沟通天然裂缝和微纳米级基质孔隙而形成的三维连通体，边界为纳达西级的页岩基质，是一个相对封闭的流动单元。沿水平井筒的一簇射孔压裂后可以形成一个人工缝网单元体；当射孔簇较密，压裂后簇间裂缝相互沟通，可以形成一个较大的人工缝网复合体。压裂改造规模决定了人工缝网单元体大小及其控制的储量规模。人工缝网单元体是一个页岩气开发的基本单元，也可视为一个人工气藏（图 1-2-2）。

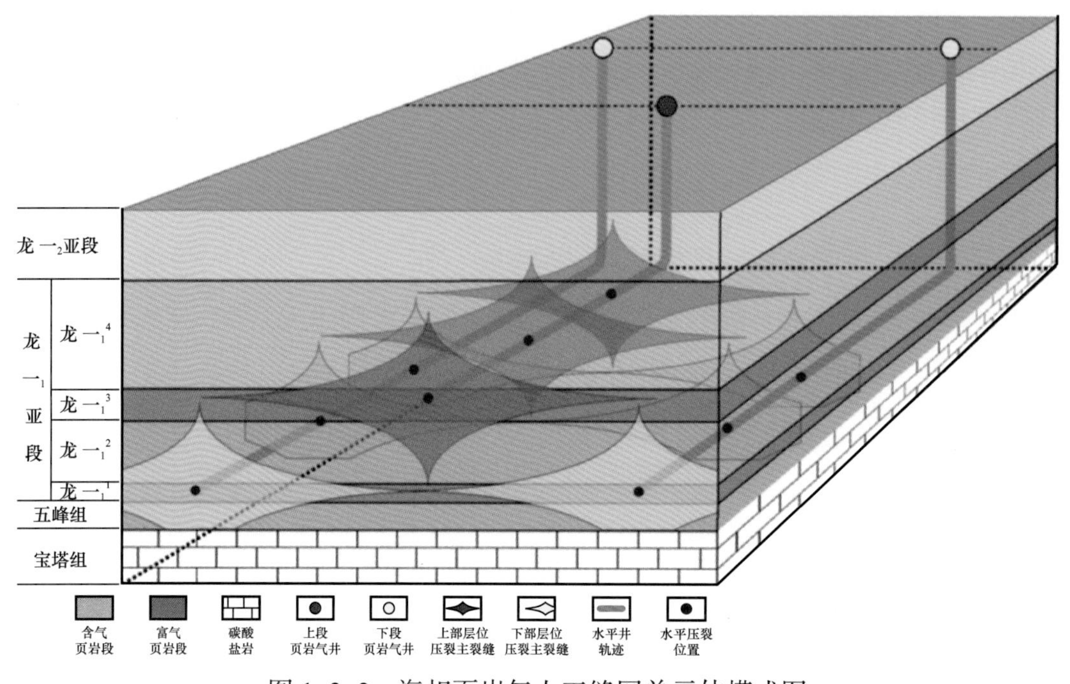

图 1-2-2　海相页岩气人工缝网单元体模式图

3. 复合体积流场

天然缝洞单元体和人工缝网单元体中的流体在开发过程中以复合体积流场的方式流动产出。

天然缝洞单元体内，溶洞中流体的流动服从 Navier-Stokes 方程（简称 *N-S* 方程）描述的空腔流，中等尺度的裂缝和溶洞内流体的流动服从非线性达西定律或管流，微、小尺度的裂缝和溶孔内流体的流动服从达西定律。因此，整个天然缝洞单元体内的流场为多种流态、多种尺度流动并存的复合体积流场。

人工缝网单元体中不同的流体流动方式和流动机制相互叠加形成“复合体积流场”，该流场内有页岩基质内的解吸扩散、沿纹层的低速渗流、沿人工裂缝的高速渗流等流态，表现为复合流动特征（图 1-2-3）。

4. 空间结构井网

根据碳酸盐岩缝洞型油藏储集空间类型、缝洞结构和连通关系，考虑不同开发阶段的注采关系与合理的生产制度，采用直井控制垂向、水平井及复杂结构井控制平面的三维部署，建立适应缝洞储集体三维空间结构展布特点的平面径向驱、线性驱、曲线驱和垂向重力驱的立体井网，即“空间结构井网”。

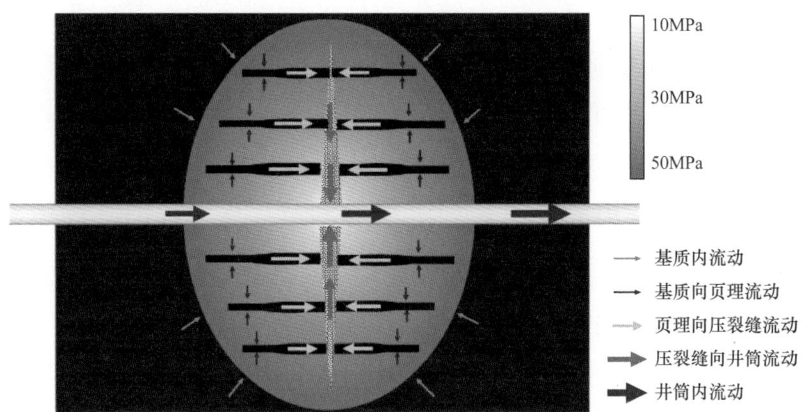

图 1–2–3　海相页岩气压裂后复合体积流场模式图

5. 能量封存箱

页岩基质渗透率为纳达西级别，具有天然自封闭性。体积压裂过程中，大量压裂液随人工裂缝的高压注入，形成复杂人工缝网单元体，单元体大小控制动用储量多少，同时，压裂液的进入补充人工缝网单元体内的能量。并受未改造的围岩边界控制，注入的压裂液在人工缝网单元体内部形成“能量封存箱”，为开发过程中流体的产出提供了额外能量。

压裂液随人工裂缝的高压注入是形成能量封存箱的根本原因，人工裂缝与压裂液在能量封存箱中主要有 4 个作用：（1）控制人工缝网单元体流动单元的规模；（2）控制动用储量的规模；（3）决定了人工缝网单元体积聚能量的大小，保持页岩气井长期生产所需能量是优化压裂规模和压裂液用量的主要考虑因素；（4）压裂液可以渗吸进入微小的基质孔隙，将其中的天然气置换出来，提高了天然气的采出程度。

二、油气体积开发机理

1. 海相碳酸盐岩缝洞型油藏体积开发机理

1）流动机理

缝洞单元体内所包含的溶洞、裂缝和溶孔具有不同的尺度，各自的流态具有较大的差异性，服从不同的流动规律。微、小尺度的裂缝和溶孔内流体的流动服从渗流规律，可以用达西定律描述；中等尺度的裂缝和溶洞内流体的流动服从非线性达西定律或管流；作为储集主体的大型溶洞，其内为空腔，流动服从 Navier–Stokes 方程描述的空腔流。当油井投产后，井底流压降低，压降迅速传播到包括裂缝系统和溶孔等介质的整个天然缝洞单元体，油水界面随开采时间的延长不断上升，表现为动界面特征。如果溶洞内具有原生地层水或底水，则溶洞内呈现一个油水界面；当相邻天然缝洞单元体连通时，地层流体通过裂缝进入溶洞空腔后，无毛细管阻力，流动阻力很小，流体的驱动力以重力为主，所有进入溶洞的流体（油、水）因密度差将迅速重力分异，水向下流动，油向上流动，油水界面发生变化，随着生产时间的延长，油水界面上移，推动上方的原油流向油井；在注水（吞吐）开发时，当注入水进入溶洞时，同样因油水密度差的重力分异作用，油水快速分离，水的下沉将使油水界面上升，在保持足够地层压力的条件下，推动上方原油进入油井而采出。因此，无论是采用衰竭式开采方式还是注水开发，大、中型溶洞内原油采出的过程均为重力作用控制下的油水空间置换过程，这是天然缝洞单元体内油水两相流动的主要机理。

2）数学模型

基于缝洞型油藏体积开发理论，应用离散缝洞网络模型（DFVN）刻画其渗流—自由流耦合流动特征。将缝洞型介质划分为岩块系统（包括基岩、微裂缝和微小溶孔）、裂缝系统和溶洞系统，其中裂缝和溶洞嵌套于岩块中，并相互连接成网络，如图 1–2–4 所示。岩块和裂缝系统视为渗流区域，应用达西定律描述其中的流体流动规律。溶洞系统视为自由流动区域，采用 Navier–Stokes 方程来描述。

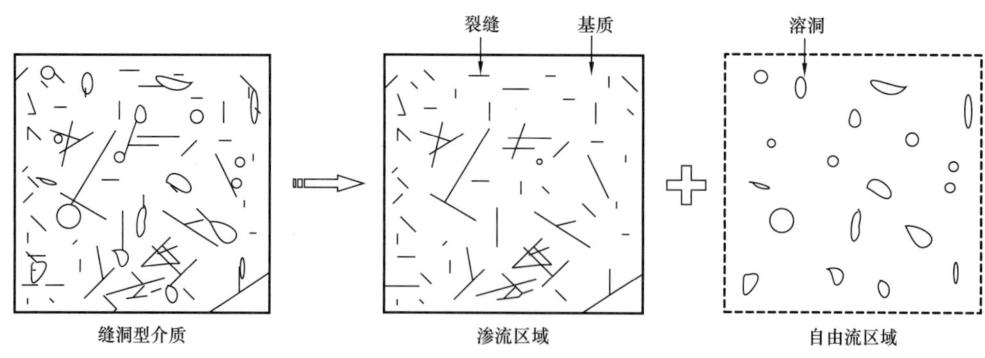

图 1–2–4　离散缝洞网络模型示意图

由于缝洞几何形状复杂，在进行数学描述时通常先做抽象化处理。对于二维问题，裂缝为不同长度、开度和倾角的直线段，溶洞简化为圆；对于三维问题，裂缝简化为 Baeeher 圆盘模型，溶洞简化为球体。储层和流体性质不发生变化，如孔隙度、渗透率、密度和黏度等为恒定值，流动为等温流动。碳酸盐岩油藏基质和裂缝中流体流动符合达西定律，将其视为多孔介质区域。每一相流体的质量守恒方程为：

$$\nabla\cdot\left(\rho_{\mathrm{w}}u_l\right)-\rho_l q_l=\frac{\partial\left(\phi\rho_l S_l\right)}{\partial t}\qquad\left(l=\mathrm{o,w}\right)\tag{1-2-1}$$

式中　ϕ——多孔介质的孔隙度；

ρ_l——l 相流体密度，kg/m^3；

S_l——l 相流体饱和度；

u_l——l 相流体渗流速度，m/s；

q_l——l 相流体的源汇项，m^3/s；

t——时间，s。

渗流速度由达西定律确定：

$$u_l=-\frac{KK_{\mathrm{r}l}}{\mu_l}\left(\nabla p_l-\rho_l g\nabla D\right)\tag{1-2-2}$$

式中　K——绝对渗透率，mD；

$K_{\mathrm{r}l}$——l 相流体的相对渗透率；

p_l——l 相流体的压力，MPa；

μ_l——l 相流体的黏度，mPa·s；

g——重力加速度，g=9.8066m/s^2；

D——沿垂直向下 z 方向的深度，m。

对于缝洞自由流动区域，当黏性流体通过宏观溶洞系统时，流体的连续性方程和动量方程可以用矢量形式表示为：

$$-\nabla\cdot\left(\rho_l C_l u_l\right)=\frac{\partial\left(\rho_l c_l\right)}{\partial t}\tag{1-2-3}$$

$$c_l\mu_l\nabla^2 u_l-\nabla\cdot\left(\rho_l c_l u_l u_l\right)-c_l\nabla p_l+c_l\rho_l g=\frac{\partial\left(\rho_l c_l u_l\right)}{\partial t}\tag{1-2-4}$$

式中 c_l——l 相体积分数。

当关注的焦点只是圆管或者平板的整体流动时，Navier–Stokes 模型或管流模型在一些简单条件下流速与压差之间呈比例关系，即表现为类似于达西定律的特征，将比例系数称为拟渗透率，与达西公式相比较，则可以得到等效的渗透率，其表达式如下：

$$K_l = \frac{1}{2}h^2\left(\frac{y^2}{h^2} - \frac{y}{h}\right) + 2\mu_l\left(\frac{\mathrm{d}p}{\mathrm{d}x}\right)^{-1} \tag{1-2-5}$$

式中 K_l——l 有效渗透率，D；

h——等效厚度，μm。

采用 Darcy 方程与 Navier–Stokes 方程进行耦合，即 Darcy–Stokes 流动模型。求解 Darcy–Stokes 流动模型，需要渗流区和空腔连接面法向和切向关于压力和流速的连接条件。渗流区和空腔连接面切向关于压力和流速的连接条件，又称为 Beavers–Joseph–Saffman 条件（简称 BJS 条件）。

通过耦合界面上的应力条件，通常利用数值解法求解其数学模型。目前，缝洞介质流动问题的数值解法主要有 5 种：有限差分法、有限元法、扩展有限元法、有限体积法和边界元法。还有一种数值求解方法，为虚拟元法，于 2012 年由意大利数学家 Brezzi 等提出，可以认为是在多边形或多面体网格下有限元方法的推广。与传统有限元方法相比，虚拟元方法在计算中网格选取有非常大的灵活性。

2. 海相页岩气体积开发机理

1）流动机理

人工改造后的页岩储层中纳米级孔喉、微米级次裂缝和天然裂缝以及毫米级主裂缝相互连通，形成多尺度人工缝网单元体。天然气在人工缝网单元体内的流动机制，不仅包括基质内部以横向为主的渗流和扩散，还有在垂向导流缝等纵向流通通道内的流动，总体表现为纵横向流动耦合的复合体积流。体积缝网主裂缝内的游离气在压力差的作用下首先流入井筒，随着压力降低和传导，基质表面的吸附气逐渐解吸并与游离气一起通过次级裂缝和天然微裂缝运移至主裂缝，最终流入水平井筒。

2）数学模型

假设流体在裂缝内的流动为有限导流裂缝，流体先流入人工裂缝，再从人工裂缝流入井筒，流体沿着水力裂缝方向流动的压降不可忽略，忽略重力和毛细管力的影响，流体在地层中作等温流动，在页岩气赋存与输运机理下，建立页岩气水平井渗流数学模型。

页岩气可以吸附气的形式吸附在岩石矿物和干酪根表面，随着压力的降低，吸附气会解吸附成为游离气，增加产量。常采用 Langmuir 等温吸附模型来描述页岩气的吸附性质。

$$V_{\mathrm{E}}=\frac{V_{\mathrm{L}}p}{p_{\mathrm{L}}+p} \tag{1-2-6}$$

式中　V_{E}——岩石表面页岩气吸附量，$\mathrm{m^3/m^3}$；

V_{L}——兰氏体积，$\mathrm{m^3/m^3}$；

p_{L}——兰氏压力，MPa。

$$\begin{gathered}\frac{\partial}{\partial x}\left(\frac{\rho_{\mathrm{g}}K_{\mathrm{mapp}x}}{\mu_{\mathrm{g}}}\frac{\partial p_{\mathrm{m}}}{\partial x}\right)+\frac{\partial}{\partial y}\left(\frac{\rho_{\mathrm{g}}K_{\mathrm{mapp}y}}{\mu_{\mathrm{g}}}\frac{\partial p_{\mathrm{m}}}{\partial x}\right)+\\ \frac{\partial}{\partial z}\left(\frac{\rho_{\mathrm{g}}K_{\mathrm{mapp}z}}{\mu_{\mathrm{g}}}\frac{\partial p_{\mathrm{m}}}{\partial x}\right)-q_{\mathrm{mf}}=\frac{\partial}{\partial t}\left[\phi_{\mathrm{m}}\rho_{\mathrm{g}}+\left(1-\phi_{\mathrm{m}}\right)q_{\mathrm{a}}\right]\end{gathered} \tag{1-2-7}$$

式中　ρ_{g}——气体密度，$\mathrm{kg/m^3}$；

$K_{\mathrm{mapp}x}$——x 方向表观渗透率，mD；

$K_{\mathrm{mapp}y}$——y 方向表观渗透率，mD；

$K_{\mathrm{mapp}z}$——z 方向表观渗透率，mD；

μ_{g}——气体黏度，mPa·s；

ϕ_{m}——基质孔隙度；

q_{a}——页岩气在基质孔隙表面的吸附气量，$\mathrm{kg/m^3}$；

q_{mf}——页岩气在基质到裂缝的窜流量，$\mathrm{kg/m^3}$；

p_{m}——基质压力，MPa。

基质中的游离气和吸附气在压力差的作用下，进入裂缝系统，裂缝系统的渗流方程为：

$$\frac{\partial}{\partial x}\left(\frac{\rho_{\mathrm{g}} K_{\mathrm{fx}}}{\mu_{\mathrm{g}}} \frac{\partial p_{\mathrm{f}}}{\partial x}\right)+\frac{\partial}{\partial y}\left(\frac{\rho_{\mathrm{g}} K_{\mathrm{fy}}}{\mu_{\mathrm{g}}} \frac{\partial p_{\mathrm{f}}}{\partial x}\right)+\frac{\partial}{\partial z}\left(\frac{\rho_{\mathrm{g}} K_{\mathrm{fz}}}{\mu_{\mathrm{g}}} \frac{\partial p_{\mathrm{f}}}{\partial x}\right)+q_{\mathrm{mf}}-q_{\mathrm{j}}=\frac{\partial}{\partial t}\left(\phi_{\mathrm{f}} \rho_{\mathrm{g}}\right)$$

（1-2-8）

式中　K_{fx}——x 方向裂缝渗透率，D；

K_{fy}——y 方向裂缝渗透率，D；

K_{fz}——z 方向裂缝渗透率，D；

ϕ_f——裂缝孔隙度；

p_f——裂缝压力，MPa；

q_j——页岩气在裂缝到人工裂缝的窜流量，kg/m^3。

对于人工大裂缝，存在高速非达西现象，根据 Forchheimer 方程，其渗流方程为：

$$\frac{\partial p}{\partial L}=\frac{\mu_{\mathrm{g}} v_{\mathrm{g}}}{K_{\mathrm{F}}}+\beta \mu_{\mathrm{g}} {v_{\mathrm{g}}}^{2} \tag{1-2-9}$$

式中　L——人工裂缝流体质点距离井筒的距离，m；

K_F——人工裂缝渗透率，mD；

v_g——人工裂缝气体的渗流速度，m/s；

β——孔隙紊流影响的系数，10^9s/m^3。

三、油气体积开发主体技术

1. 海相碳酸盐岩缝洞型油藏体积开发主体技术

海相碳酸盐岩缝洞型油藏体积开发是以开采天然缝洞单元体内油气为目标，主体技术主要包括以刻画缝洞特征为目标的缝洞单元体立体刻画技术，以串联缝洞形成空间结构井网为目标的缝洞型油藏优化布井技术（直井、大斜度井、水平井及短半径侧钻井），以沟通井周缝洞为目标的缝洞型油藏改造技术（深穿透酸压、体积酸压、高压注水＋酸化工艺）和以提高采收率为目标的注水注气体积开发剩余油技术等。

1）天然缝洞单元体立体刻画技术

根据缝洞发育地质特征，进行天然缝洞单元体立体刻画：（1）在三维高分辨率地震采集、深度偏移处理解释技术的基础上，依据高精度三维地震成像处理、正演模拟以及对高产天然缝洞单元体地震反射特征对比，认识地震剖面的溶洞最典型特征；（2）开发部署中优选具有串珠强反射、杂乱反射以及强振幅变化率等特征的区域，实现天然缝洞单元体识别和井位设计；（3）集成创新缝洞体多属性体融合技术（振幅、波阻抗、分频和不连续性等）、三维可视化技术及种子点追踪技术等，开展不同深度地震反射异常体几何形态、空间分布的立体刻画研究，实现对地下不同形态缝洞体三维连通关系、缝洞配置关系的立体表征，并对缝洞体视体积进行计算，对缝洞的储量规模进行评估。

2）海相碳酸盐岩缝洞型油藏优化布井技术

根据串联缝洞形成空间结构井网的目标，进行海相碳酸盐岩缝洞型油藏布井优化设计：（1）布井方面，要求按洞体布井、逐“体”开发、滚动建产，井位部署上按照“以好带差，好差兼顾”，以钻探规模天然缝洞单元体为目标，兼顾中、小天然缝洞单元体，针对不同规模、不同深度的天然缝洞单元体，实行整体控制，分批 动用，按洞体开采；（2）井轨迹优化设计方面，要求纵向上一次控制并动用不同深度的多套天然缝洞单元体，平面上对井周围缝洞整体控制、逐次动用，采用“平面一井多控，纵向一井多洞体”的体积开发布井方式（图 1-2-5），实现对天然缝洞单元体的最大体积控制和高效动用开发。

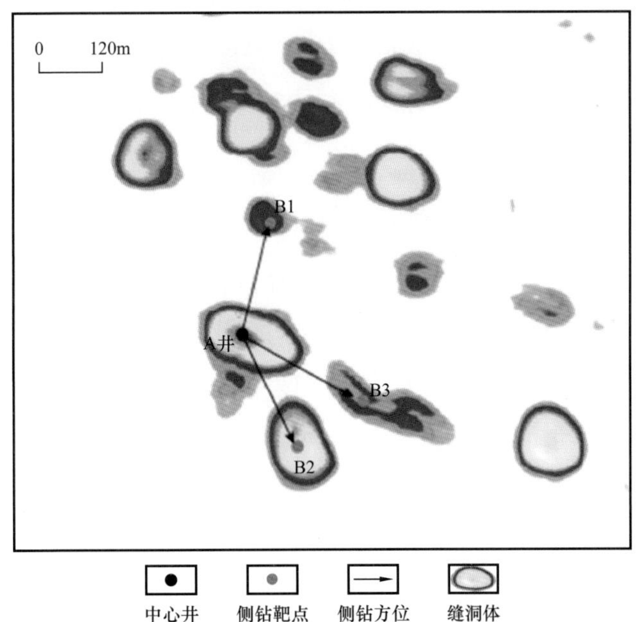

图 1-2-5　碳酸盐岩缝洞型油藏侧钻方位平面分布图

3）天然缝洞单元体体积改造与挖潜技术

井周围天然缝洞单元体的体积开发挖潜技术开发实践中，以天然缝洞单元体雕刻的空间模型为基础，按照“立体改造、体积开发”的理念，不断创新技术和工艺，形成了一套行之有效的天然缝洞单元体体积改造与挖潜技术，实现了对井周围储量的“体积”动用和开发。针对天然缝洞发育、洞体间连通性相对较好的多缝洞单元集合体，遵循“深穿透、高导流、单一缝”的酸压改造理念，通过引入缓速酸液体系及提升施工规模，有效酸蚀缝长提升至120m，增加了沟通天然缝洞的概率，满足了塔河主体区油气开发的需求。油藏研究结果显示，部分开发井纵向上存在多套溶洞体，这为分洞体酸压、逐“体”求产提供了物质条件，为此发展了以控缝高为核心的“上返酸压”“下返酸压”技术体系，实现了对纵向多套洞体的立体动用。针对塔河外围区断控缝洞体井周围非主应力方向天然缝洞单元体无法全方位动用的问题，发展形成了体积酸压技术，通过酸液预处理、缝内暂堵转向激活天然裂缝等手段，将改造方向单一的“传统酸压”技术发展为较大范围“复杂缝体积酸压”的改造技术，酸压作业深度达7320m，有效酸蚀缝长达到140m，实现了主应力方向小于45°、距离小于80m范围内天然缝洞单元体的体积沟通动用。针对累计产量低、供液差的300余个孤立天然缝洞单元体，体积挖潜的主要技术思路是以形成近井地带的流动通道、沟通远井未动用储量为目标，形成了高压注水、小定容体扩容酸化等技术，对远井、井间的天然缝洞单元体进行立体挖潜，现场应用53井次，增油8.6×10^4t，取得了显著效果。

4）能量补充和剩余油的体积开发技术

根据体积开发理论，以提高采收率为目标，发展体积开发剩余油技术：（1）注水、注气补充油藏能量，对于天然能量不足的缝洞单元体或底水油藏能量下降的单元体，利用油水、油气重力差原理，通过注水形成人工底水或注气形成人工气顶，补充油藏能量，从下向上、从上向下或平面驱动原油来实现体积开发，提高溶洞体的原油采收率；（2）对于多个溶洞体组成的大型集合体，根据缝洞结构连通性关系，实现缝洞型油藏“立体—差异化”补充能量开发；（3）注水开发后期剩余油提高采收率技术，当油水界面抬升至油井底部进液口时，注入水水窜进入油井，原油产量呈断崖式下降，含水急速上升，造成油井水淹，这时油井底部进液口上方的原油将成为该井在注水方式下无法采出的剩余油，称为“阁楼油”。因此，在注水开发后期，通过注气，形成次生气顶，推动“阁楼油”向下流动，能够实现剩余“阁楼油”动用，进一步提高采收率。

2. 海相页岩气体积开发主体技术

海相页岩气体积开发以形成人工缝网单元体，经济、高效地最大限度控制和动用页岩气储量为开发目标，主体技术主要包括“甜点”区综合评价技术、体积开发井网优化设计技术、水平井钻井和靶窗优选及轨迹设计技术、水平井段体积压裂改造技术、生产制度优化设计等。

1）“甜点”区综合评价技术

“甜点”区综合评价是页岩气勘探开发取得成功的重要基础和关键过程。“甜点”区综合评价技术包含富有机质页岩实验分析技术和页岩储层“六特性”评价技术。富有机质页岩实验分析技术建立了致密页岩物性、岩石力学特性、地球化学特性和含气量等的测试技术，页岩孔隙度和脉冲衰减法渗透率测试技术，“高精度、多维度、跨尺度”精细储层微观结构表征技术，采用高分辨率FIB-SEM三维页岩储层数字成像表征，开展了页岩喉道、裂缝空间方向及连通性等关键参数精细评价，实现了页岩储层孔隙空间定量评价，为“甜点”区储层精细评价提供了重要手段。通过岩石物理模拟，建立了“矿物组分、储层物性、地球化学特性、含油气性、可压裂性和地应力”的页岩“六特性”精细评价技术，有效优选页岩气富集高产层段，为页岩气“体积开发”提供可靠的依据。

2）体积开发井网优化设计技术

体积开发井网优化设计技术是提高页岩气储量动用程度、实现气藏体积开发的重要手段。体积开发中对体积开发井网优化设计技术有以下要求：（1）基于水力压裂物理模拟、现场监测、生产动态评价及有限元模拟等方面的研究，获得人工缝网单元体系统，为井网井距优化的基础；（2）从地质工程一体化角度出发，以压裂规模、控制经济可采储量大小及经济效益为内外约束条件，优化井网井距和水平井段长度。

3）水平井钻井和靶窗优选及轨迹设计技术

为实现海相页岩气体积开发目标，水平井钻井主体技术包括：(1) 集成地质、地球物理、油层物理等多因素，精准设计“甜点”段水平井轨迹，提高钻井效率；(2) 水平段油基钻井液体系，提高井眼质量；(3) 精细控压钻井和旋转导向技术，实现“一趟钻”钻完井，提高钻井效率，降低钻井成本。

4）水平井段体积压裂改造技术

海相页岩气“体积开发”的重要条件建造大规模人工缝网单元体，水平井段体积压裂改造是人工气藏的关键技术，是页岩气开发的核心技术。利用水平井分段压裂技术建造人工缝网体系，形成人工缝网流动系统，建立人工气藏的能量体系，利用注入的压裂液驱替置换天然气，进而建设人造气藏。主体技术包括：(1) 最佳的压裂设计方案，压裂参数能够保障人工裂缝均匀起裂和同步向远处延伸；(2) 关键的水平井压裂施工工具及工艺，包括可溶性桥塞、泵送工艺、连续管作业技术、分簇射孔技术等；(3) 考虑压裂施工作业的经济性，压裂液和支撑剂设计最优化，既能达到人工缝网改造效果，也能减少压裂过程的材料成本。人工缝网单元体系统不仅是气体流动的通道，更是人工气藏的主体生产网络系统，要求该系统具有 10 年以上的稳定期，确保页岩气井长期稳定生产。

5）生产制度优化设计

控压生产、合理定产生产是目前海相页岩气开发的有效生产制度。人工缝网是基质内部气体向缝网系统解吸、扩散和渗流的主要通道，也是决定“人造气藏”气井产能的关键因素。生产制度优化设计要求：(1) 最大限度地利用注入能量；(2) 建立合理的生产压差，防止裂缝出砂，破坏缝网系统，造成气井砂堵，影响气井生产；(3) 满足配产要求。

第三节　油气体积开发原则与流程

一、油气体积开发原则

油气藏体积开发，总体上坚持少投入、多产出，保持油气藏能量，实现油气藏较长时间的高产稳产。强调油气藏流体纵向与平面流动的复杂叠合，坚持开发效益、储量动用和油气藏采收率最大化，遵循地质工程一体化、一井一工程的原则，体积开发主要遵循以下原则：

（1）坚持效益开发的原则。以单井控制储量和最终累积产量评价为基础，分级分类优选开发区，制订相应的成本目标。同时优化钻完井及采油采气工艺设计，降低工程成本，总体保证开发的效益。

（2）以体为单位开发的原则。碳酸盐岩缝洞型油藏是以单个缝洞体或多个缝洞体组合为开发单元，页岩气是以人工缝网单元体为开发单元。针对天然缝洞单元体和人工缝网单元体特定地质条件，制订钻完井及采油采气工艺条件的个性化工程设计方案，保障体积流动单元空间最大化和三维流动参数匹配最优化。

（3）按体配产的原则，天然缝洞单元体由一个或多个缝洞单元体构成，开发井是一口或多口，配产应按缝洞单元体配产；页岩气人工缝网体，一口井就是一个体单元，就是一个相对独立的人工气藏，按设计的单井人工缝网体配产或单段配产。

（4）人工补充能量开发的原则，碳酸盐岩缝洞型油藏注水、注气，页岩气先期压裂液注液携砂增能衰竭开采，能量衰竭后期注 CO_2 补能开采，进而保证长时间的高产稳产或者降低油气井产量递减率，确保采收率最大化。

（5）坚持全生命周期生产管理的原则，以油气藏地质和储层综合研究为基础，针对不同的体积流动单元，统筹不同开发阶段的地质工程、钻井工程、采油采气工程和油藏工程手段，制定全流程、全生命周期的开发技术政策。

二、油气体积开发流程

基于对碳酸盐岩缝洞型油藏特征的认识、缝洞单元体的识别、储层流体分布及性质的深入了解，建立科学的井网部署方式、开发策略、技术政策、动态监测方案及管理模式等，根据生产实践反馈的信息，修正完善先前对地下复杂天然缝洞单元体地质特征的认识偏差，并根据新的认识，在地质工程一体化的开发理念指导下，不断优化开发技术政策，实现缝洞型油藏资源的高效开发。具体开发流程如图 1–3–1 所示。

“甜点”区（段）评价是实现海相页岩气体积开发的前提，开发方案优化设计是基础，基于地质力学的钻井、压裂优化设计是关键，全流程施工质量是保障，实现全生命周期效益开发是目标（图 1–3–2）。

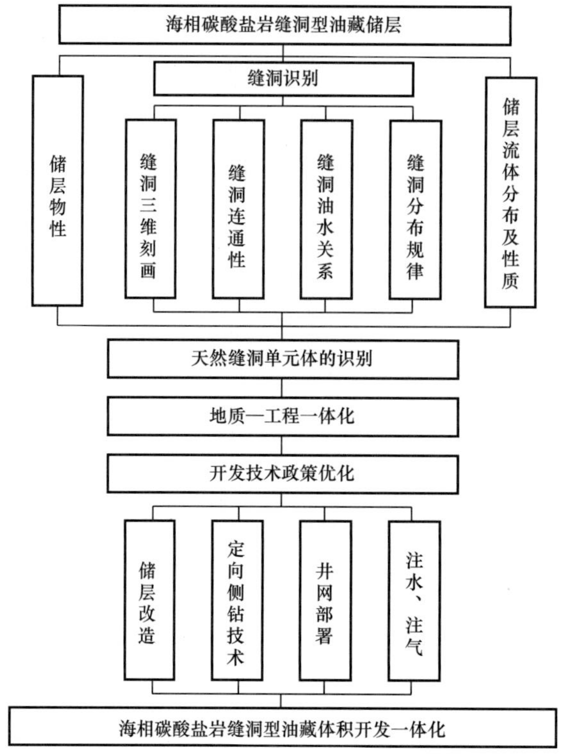

图 1-3-1　缝洞型油藏体积开发流程图

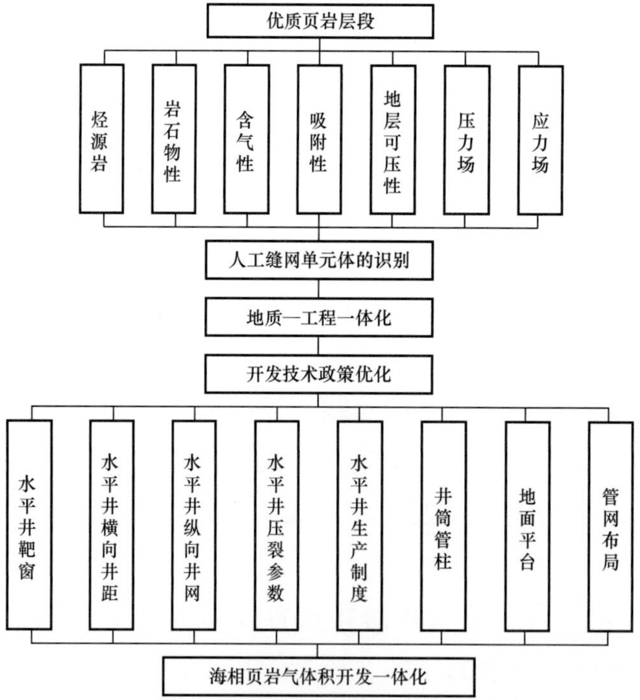

图 1-3-2　海相页岩气体积开发流程图

小 结

总结塔里木盆地塔河油田碳酸盐岩缝洞型油藏、顺北油田断溶体油气藏和四川盆地海相页岩气的多年开发实践，创新提出了不同于传统层状油气藏开发的体积开发理论，形成了较完整的体积开发理论体系。体积开发以体积流动单元为基本开发单元，通过空间结构井网和体积压裂等工程手段建立立体驱替系统或能量封存箱，具有天然缝洞单元体或人工缝网单元体两种主要的流动空间格架，呈现洞穴流、渗流、解吸、扩散等多种流态耦合的复合体积流动特征，实现储量的充分利用。突破以“层流动”为核心的分层开发理论，创建了以“体流动”为核心的体积开发理论。

第二章　碳酸盐岩缝洞型油藏体积开发技术

碳酸盐岩缝洞型油藏的独特性是由其特殊的储集体结构和流体流动特征决定的。其储集体是由大小不一、形态各异、集群式离散分布的“天然缝洞单元体”构成的。这些天然缝洞单元体的形成受断裂和岩溶作用控制，在地下空间呈三维立体分布，明显不同于砂岩油藏的层状储层分布特征；而且天然缝洞单元体内多尺度的溶洞、溶孔和裂缝系统中流体流动表现为洞穴流、管流、渗流等多种流态，整体表现为复合体积流场。因此，其开发方式不同于砂岩油藏的“分层开发”，将其定义为“立体开发”。立体开发的技术特点主要体现在：（1）采用特殊的地球物理方法，动静态资料相结合，描述缝洞单元体三维空间分布；（2）形成以天然缝洞单元体为对象的地质建模技术、多种流态等效的数值模拟技术，来指导开发优化设计；（3）按照单元体逐体开发的原则，采用多种井型，建立非规则的空间结构井网，实现储量最大限度的控制和动用；（4）以油水和油气重力差驱动原理为主，注水从下向上顶替原油，或注气形成次生气顶从上向下垂向驱替原油，建立立体注采关系，实现补充能量提高采收率。

第一节　天然缝洞单元体精细雕刻技术

定量刻画孔、洞、缝在三维空间的展布，精细雕刻天然缝洞单元体是该类油藏开发的基础。塔河碳酸盐岩油藏的天然缝洞单元体主要由岩溶洞穴、孔洞、裂缝的各种组合形式构成，裂缝和溶洞尺度变化范围大，储集空间具有多类型、多尺度的特征。溶洞包括大型溶洞、中小尺度溶洞、溶蚀孔洞，裂缝包括大尺度裂缝、中型裂缝、小型裂缝和微裂缝。因此，天然缝洞单元体精细雕刻需要分类分级，其中地震模式识别是实现精细雕刻的核心技术。

天然缝洞单元体量化雕刻的主要思路。首先，基于工区地震数据质量，对尺度大于地震资料分辨率的地质体，如大型溶洞、大尺度裂缝等，利用地震属性信息，采用确定性方法，建立大型缝洞体的几何空间结构模型；对尺度小于地震资料分辨率的地质体，如中小尺度以下的溶洞和小尺度以下的裂缝等，综合地震、钻井和测井信息建立地质体发育趋势场，在其约束下应用多点统计建模，采用随机性方法，预测缝洞体间的次级溶洞—裂缝发育特征。然后将大型缝洞体与次级缝洞融合，结合实际钻井资料或类比资料，建立天然缝洞单元体。最后，利用地震反演信息，求取天然缝洞单元体内部的孔隙度场，并计算有效储集空间体积，完成量化雕刻研究。

图 2-1-1 为不同大小六边形溶洞模型与叠前深度偏移处理结果的叠合图。可以看出，根据缝洞的地震可识别尺度，可将天然缝洞单元体分为 3 种类别：定量刻画尺度、半定量识别尺度和定性预测尺度。其中，大尺度的缝洞可以精细刻画其体积大小、外形轮廓特征、顶底边界以及空间结构特征，进行定量描述和刻画；中小尺度溶洞只能识别其空间位置、缝洞中心点，而体积计算的不确定性较大，仅能进行半定量描述和识别；而孔缝尺度的储集体仅能在平面上大致预测其分布范围，在地震剖面中描述其反射特征，仅能进行定性描述或预测。三种尺度的划分标准可基于正演模型分析来确定。

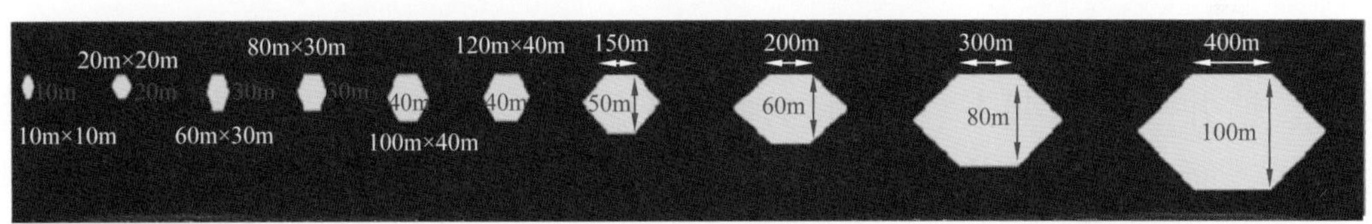

a. 不同尺度溶洞模型

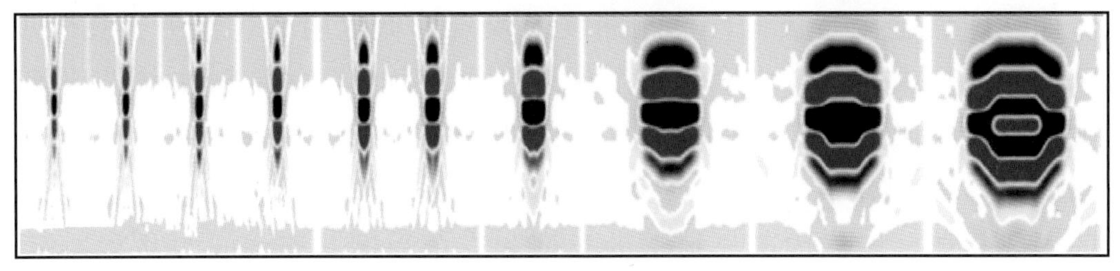

b. 正演模拟地震剖面

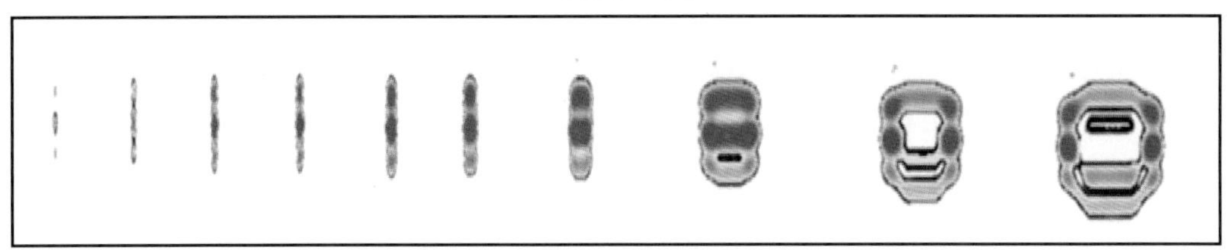

c. 均方根振幅剖面

图 2-1-1　不同大小六边形溶洞模型与叠前深度偏移处理结果的叠合图

当缝洞较小时，地震记录为短串珠状反射。当溶洞高度大于 40m 时，从均方根振幅和振幅变化率来看，顶底能较清晰地分离，当溶洞高度小于 10m 时，反射强度属性与顶底位置的对应关系有误差。利用地震成像的纵向分辨率的一般理论值（1/4 波长）也可估算得到其近似范围。

$$R=\lambda/4=v/4f \tag{2-1-1}$$

式中 R——分辨率；

λ——波长，m；

v——速度，m/s；

f——地震波主频，Hz。

一、天然缝洞单元体空间几何结构

1. 溶洞型储集体

大型溶洞是指地震尺度可以准确识别的溶洞储集体，根据塔河油田地震资料识别精度，大型溶洞高度一般大于 5.0m。未充填溶洞不能取心，充填溶洞可根据充填物进行确定性观察和识别，钻井过程中一般表现为钻具放空、钻井液严重漏失、井涌和掉钻等现象，导致提前完钻，有的可能无法测井，所取岩心破碎甚至无法取心。常规测井中未充填的溶洞井段测井曲线畸变，部分井溶洞井段能取得合格的测井曲线，表现出明显的测井特征，如钻时常会降至极低，电测曲线上表现为低电阻率、低中子孔隙度、低密度、高声波时差，成像测井图像表现为暗色阴影区或斑块状；地震剖面上最典型的识别特征为振幅属性中的“串珠”，包含整体串珠状反射、表层弱反射 + 内幕串珠状反射、低阻抗等特征。溶洞垮塌是影响溶洞储集空间的主要机制，溶洞内部充填物的类型和充填程度对溶洞的测井和地震识别特征有很大影响。

小型溶洞是指高度为 0.5～5.0m 的溶洞储集体，受分辨率的限制，利用三维地震资料不能确定性地识别，仅可利用岩心、成像测井和常规测井进行准确识别。由于岩溶作用强度较小，小型溶洞区域上具有分布广、数量多的特点，岩心上可根据破碎角砾、充填物进行确定性观察和识别；钻井表现为钻具放空、钻井液漏失、井涌和掉钻；地震反射和反演波阻抗特征不明显，通常只能将地震作为软信息用于综合预测；常规测井表现为低电阻、低密度、中子孔隙度和声波时差增大等特征；成像测井显示暗色阴影。

溶蚀孔洞是指孔洞直径为 2～500mm 的孔隙空间，利用岩心、常规测井和成像测井可有效识别。如塔河油田 TK407 井 5391.37～5397.83m 井段岩心显示溶蚀孔洞十分发育，孔密度为 3.5～8.5 个 /10cm，同时见多条高角度构造裂缝，孔缝均充满原油，钻录井并未发现溶洞型储层响应，但却发生井喷，反映溶蚀孔洞具有良好的储集性能。

2. 裂缝储集体

裂缝储集体可分为大尺度裂缝、中尺度裂缝、小尺度裂缝及微裂缝。

大尺度裂缝是指可基于原始地震数据体人工直接解释的断裂，塔河油田 4 区的裂缝宽度一般大于 10mm，延伸长度一般大于 68m。

中尺度裂缝是指人工解释难以穷尽，需辅以地震相干体或蚂蚁体追踪等技术识别和预测的断裂，塔河油田 4 区裂缝宽度一般大于 10mm，延伸长度一般介于 17～68m 之间。

小尺度裂缝是指地震数据不能识别，只能依靠岩心、成像测井、常规测井等资料识别的裂缝，塔河油田 4 区裂缝宽度一般为 0.1～10.0mm，延伸长度介于 0.3～17.0m 之间。

微裂缝是指在岩心或显微薄片上才能识别的微观尺度的裂缝，对渗流的贡献与孔隙相当，塔河油田发育程度低，对开发意义不大，见表 2–1–1。

表 2–1–1 裂缝分级标准

裂缝类型	裂缝延伸长度 /m	裂缝宽度 /mm	识别手段
大尺度裂缝	＞68	＞10	人工解释断层
中尺度裂缝	17.0～68	＞10	蚂蚁体追踪
小尺度裂缝	0.3～17.0	0.1～10.0	岩心、成像 / 常规测井
微裂缝	＜0.3	＜0.1	岩心、薄片

3. 多储集体融合

将大型溶洞、小型溶洞、溶蚀孔洞和裂缝 4 类缝洞储集体模型，按照同位赋值的方法融合在一起，构建典型缝洞单元离散分布模型。储集体赋值优先顺序为大型溶洞、小型溶洞、溶蚀孔洞、裂缝。图 2–1–2 展示了断溶体储层溶洞体和断裂带融合的实例。图 2–1–3 所示为缝洞空间结构刻画。

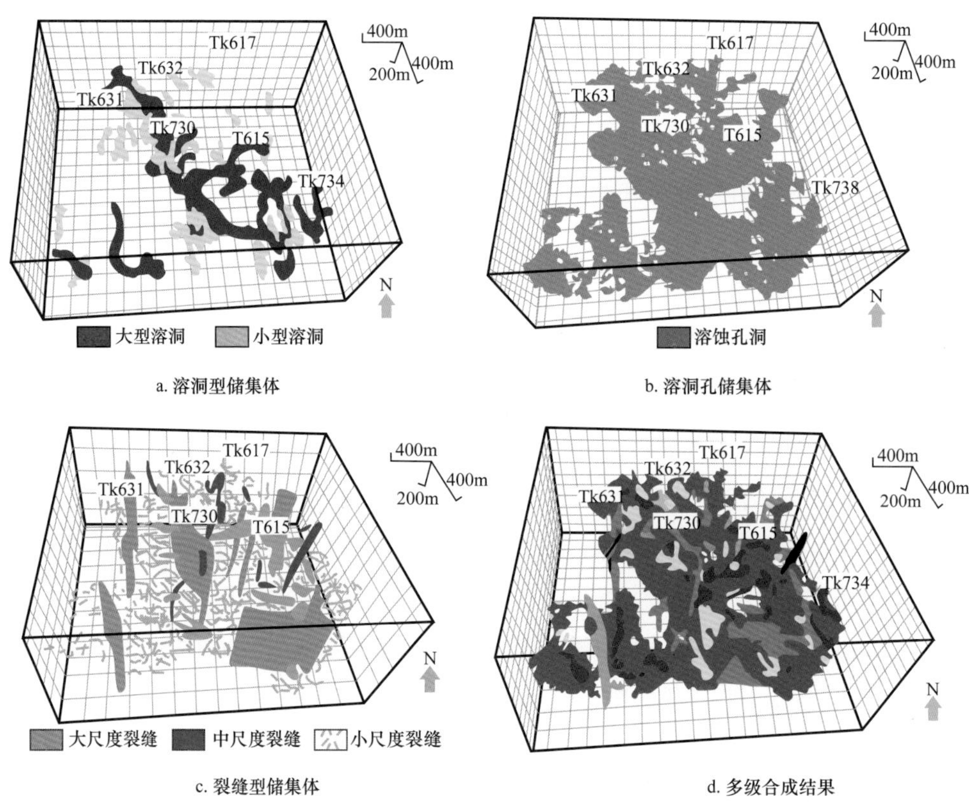

图 2-1-2　典型天然缝洞单元体离散分布模型

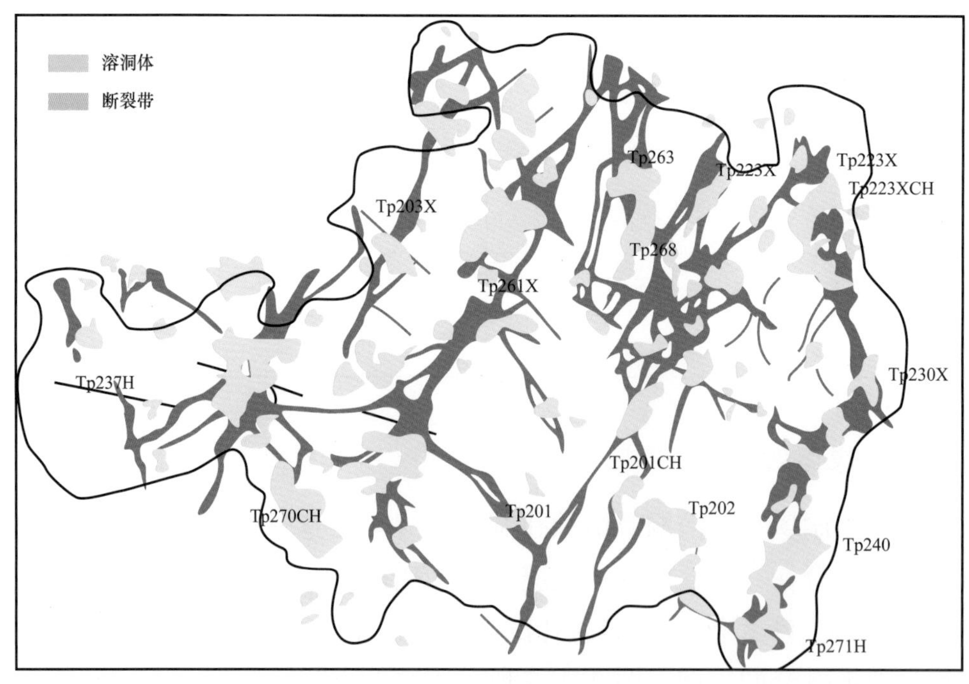

图 2-1-3　缝洞空间结构刻画

二、天然缝洞单元体地震反射特征及模式识别

塔河油田奥陶系碳酸盐岩油藏埋藏深、储集空间类型多样、非均质性极强。储集类型以溶洞为主，连续性特征尺度大，其储集空间以岩溶改造成因为主，受古地貌、构造运动、古水系等多因素控制。缝洞储集体发育并非受控于沉积相，而是受控于构造作用和岩溶作用。岩溶相对碳酸盐岩油气的聚集与产能具有非常大的控制作用，所形成的天然缝洞单元体在三维空间高度离散分布，因此，天然缝洞单元体的定量化描述高度依赖地震解释，地震信息是实现天然缝洞单元体雕刻的核心依据。经过多年的探索和实践，逐渐形成了以地震反射特征分析为主体的三维地震综合识别和缝洞预测技术，主要包括：不同类型地震反射特征与缝洞储集体的对应关系，地震反射特征分类，利用计算机对储集体的地震反射模式进行量化识别技术。

天然缝洞单元体模型的正演模拟是研究缝洞储集体地震响应特征的基础，即根据钻井提供的地层厚度、岩性及速度等资料，抽象出理想、简化的数学模型，并使之与地震子波褶积来模拟野外实际地震记录，再通过道集合并、叠加、偏移归位，采用“叠加型”多尺度随机介质模型构建方法，建立单井岩溶缝洞型储集体地震地质模型；以单井模型为约束条件，结合地震属性数据体，采用非线性映射方法，建立逼近实际储集体的剖面岩溶洞穴型储层地震地质模型。不同宽度变化下的单层洞模型正演地震波场特征表现为随着溶洞宽度的增加，异常反射波所占的道数并没有明显增多，但反射能量增强；地震异常在时窗内的深度异常范围增大，溶洞反射表现为负波谷—正波峰—负波谷的复合波，并且第一个负波谷振幅最大，对应洞顶反射（图 2-1-4）。统计塔河油田奥陶系油藏近 500 口井，建立的不同方向地震时间偏移剖面，结合缝洞发育规模、缝洞发育部位、溶洞的充填情况、产能大小、建产方式等信息，把反射特征分为 4 大类、9 个亚类、20 个小类，见表 2-1-2。

通过塔河油田天然缝洞单元体识别与产能分析，有利的地震反射识别模式有 5 类，分别为表层弱 + 内幕串珠状反射、表层强 + 内幕串珠状反射、整体串珠状反射、表层弱 + 内幕弱反射及杂乱强反射。

随着塔河油田勘探开发的不断深入，明确了 9 个亚类中的 6 类地震反射特征，对应天然缝洞单元体发育且油井产能较高：表层强内幕串珠状反射、表层

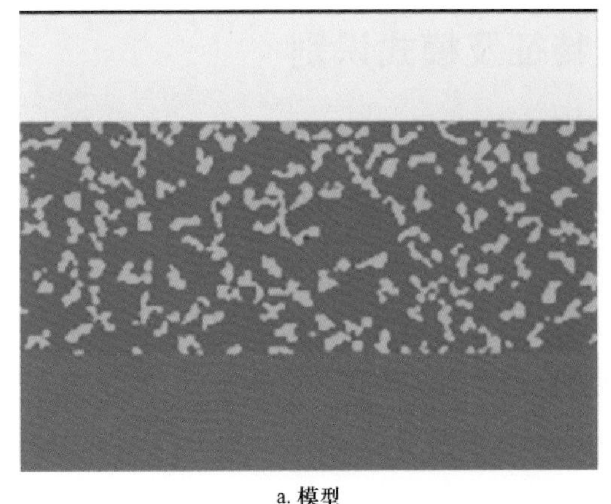

a. 模型

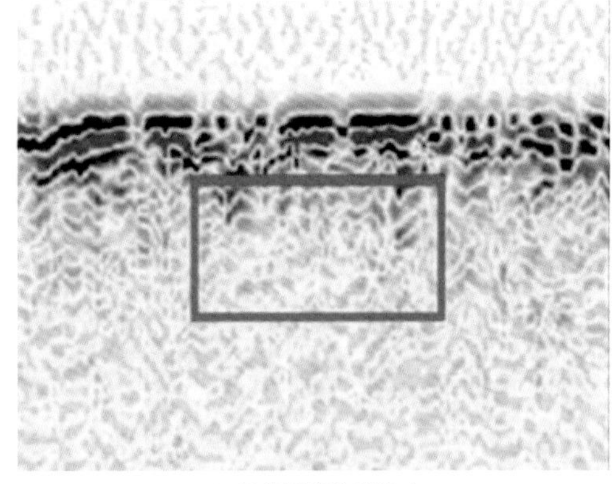

b. 叠前深度偏移剖面

图 2-1-4 孔洞模型正演

弱内幕串珠状反射、整体串珠状反射、深部串珠状反射、杂乱强反射、杂乱弱反射。

根据井震标定、波形特征、能量特征等对这 6 个亚类进行了描述，并建立标准样本图版。通过对典型地震反射特征的井进行统计，使用井附近的道提取属性，用高斯拟合的方法对属性值的范围进行分析。属性量化的范围采用近似正态分布的方法来进行量化，使用均值 μ 表示类型 K 的属性 A 分布的中心位置，使用方差表示属性分散的范围区间。6 种反射类型的属性量化特征值见表 2-1-3。其中 μ 表示均值，即中心位置，d 表示属性分布的范围区间，理论上离 μ 的值越大，样本的分布概率越小，在提取样本时，也按照这样的原则进行，表 2-1-3 中为空的栏目表示该属性的值对反射特征基本不起作用。

表 2-1-2 塔河油田碳酸盐岩缝洞型油藏地震反射特征分类表

大类	亚类	小类
串珠状反射（Ⅰ）	表层弱 + 内幕串珠状反射（Ⅰ1）	残丘褶皱 + 表层弱 + 内幕串珠状反射（Ⅰ11）
		无残丘褶皱 + 表层弱 + 内幕串珠状反射（Ⅰ12）
	表层强 + 内幕串珠状反射（Ⅰ2）	残丘褶皱 + 表层强 + 内幕串珠状反射（Ⅰ21）
		无残丘褶皱 + 表层强 + 内幕串珠状反射（Ⅰ22）
	整体串珠状反射（Ⅰ3）	残丘褶皱 + 整体串珠状反射（Ⅰ31）
		无残丘褶皱 + 整体串珠状反射（Ⅰ32）
	深部串珠状反射（Ⅰ4）	残丘褶皱 + 深部串珠状反射（Ⅰ41）
		无残丘褶皱 + 深部串珠状反射（Ⅰ42）

续表

大类	亚类	小类
内幕弱反射（Ⅱ）	表层弱 + 内幕弱反射（Ⅱ1）	残丘褶皱 + 表层弱 + 内幕弱反射（Ⅱ11）
		无残丘褶皱 + 表层弱 + 内幕弱反射（Ⅱ12）
	表层强 + 内幕弱反射（Ⅱ1）	残丘褶皱 + 表层强 + 内幕弱反射（Ⅱ21）
		无残丘褶皱 + 表层强 + 内幕弱反射（Ⅱ22）
内幕强反射（Ⅲ）	表层弱 + 内幕强反射（Ⅲ1）	残丘褶皱 + 表层弱 + 内幕强反射（Ⅲ11）
		无残丘褶皱 + 表层弱 + 内幕强反射（Ⅲ12）
	表层强 + 内幕强反射（Ⅲ2）	残丘褶皱 + 表层强 + 内幕强反射（Ⅲ21）
		无残丘褶皱 + 表层强 + 内幕强反射（Ⅲ22）
	杂乱强反射（Ⅲ3）	残丘褶皱 + 杂乱强反射（Ⅲ31）
		无残丘褶皱 + 杂乱强反射（Ⅲ32）
非典型反射（Ⅳ）	残丘褶皱 + 非典型反射（Ⅳ1）	残丘褶皱 + 非典型反射（Ⅳ1）
	无残丘褶皱 + 非典型反射（Ⅳ2）	无残丘褶皱 + 非典型反射（Ⅳ2）

表 2-1-3　塔河缝洞型油藏典型天然缝洞单元体储体反射特征值

储集体反射特征	属性量化特征值						模板井
	表层平均振幅	内幕平均振幅	深部平均振幅	表层振幅变化率	内幕振幅变化率	信噪比	
杂乱强反射	$\mu=18000$ $d=4000$	$\mu=18000$ $d=4000$	$\mu=12000$ $d=3000$	$\mu=3$ $d=1$	$\mu=3.5$ $d=0.7$	$\mu=2$ $d=0.5$	TK604 TK718
二落 / 珠状反射	$\mu=12000$ $d=2500$	$\mu=20000$ $d=4000$	—	$\mu=1.2$ $d=0.5$	$\mu=2.8$ $d=0.5$	$\mu=1.8$ $d=0.8$	TK715 TK729
表层弱 + 内幕珠状反射	$\mu=12000$ $d=2500$	$\mu=20000$ $d=4000$	—	$\mu=2$ $d=0.5$	$\mu=2.8$ $d=0.5$	$\mu=2.8$ $d=1$	TK829 TK252
整体串珠状反射	$\mu=20000$ $d=2500$	$\mu=22000$ $d=4000$	$\mu=20000$ $d=4000$	$\mu=3$ $d=0.8$	$\mu=2.8$ $d=0.5$	$\mu=1.5$ $d=0.6$	TK830 TK839
杂乱弱反射	$\mu=13000$ $d=4000$	$\mu=15000$ $d=3000$	$\mu=13000$ $d=3000$	$\mu=3$ $d=4000$	$\mu=2.8$ $d=0.5$	$\mu=2$ $d=0.5$	S99 TK632
深部串珠状反射	$\mu=1300$ $d=5000$	$\mu=13900$ $d=5000$	$\mu=22000$ $d=4000$	—	$\mu=2.8$ $d=0.5$	$\mu=1.8$ $d=1.4$	AD9 T708
背景	$\mu=12000$ $d=5000$	$\mu=12000$ $d=5000$	$\mu=12000$ $d=5000$	$\mu=1$ $d=1$	$\mu=1$ $d=1$	$\mu=2$ $d=1$	—

近年来，塔河油田根据实钻标定、模型正演分析，形成了预测中尺度溶洞空间位置“三定法”，即应用3种技术方法确定中尺度天然缝洞单元体的中心点位置，具体为叠前深度偏移定中心点、分频能量定横向边界、阻抗反演定纵向顶深3种技术组合。叠前深度偏移主要解决偏移成像问题，进一步提高天然缝洞单元体的平面中心点位置精度；分频可提高横向分辨率，刻画天然缝洞单元体的横向分隔；叠后反演相对振幅能量可提高天然缝洞单元体纵向分辨率，确定储层的顶底面及纵向分段。

三、天然缝洞单元体雕刻方法与流程

天然缝洞单元体雕刻必须是在三维地震资料基础上，完成叠前时间偏移或叠前深度偏移处理，成果资料在信噪比、缝洞储层成像、目的层波组特征、主频率、频带等方面能够满足断裂构造解释与缝洞储层雕刻的需求。

天然缝洞单元体雕刻方法包括两种方法：一种是地震属性体与地震反演体相结合的地震缝洞雕刻方法；另一种是地质建模的地震缝洞雕刻方法。两种方法均适用于探明储量、控制储量和预测储量计算，可任选一种方法求取面积、厚度和孔隙度参数。

地震属性体和地震反演体相结合的地震缝洞雕刻方法，关键是地震属性体与地震反演体相结合进行缝洞雕刻，雕刻流程如图2-1-5所示，包括：

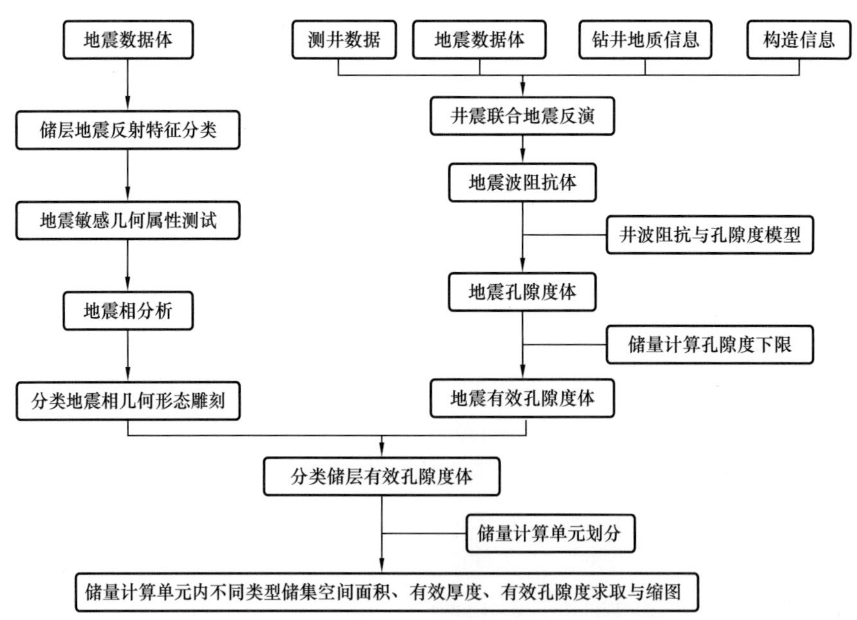

图2-1-5　地震属性体与地震反演体相结合的地震缝洞雕刻流程图

（1）依据保真地震数据体，结合储层井震标定，识别出有效储层的地震反射特征并进行分类。

（2）在地震敏感属性优选与雕刻门槛值测试的基础上，雕刻出不同储层类型地震相的三维几何形态。

（3）开展井震联合地震反演，求取地震有效孔隙度体。

（4）将分类地震相几何形态雕刻成果，和对应的地震有效孔隙度体相融合，并求取交集，得到分类储层有效孔隙度体。

（5）依据储量计算单元划分成果，利用分类储层有效孔隙度体求取储量计算单元内不同储集空间的面积、有效厚度及有效孔隙度，并编制图件。

地质建模的地震缝洞雕刻方法是将地质建模思路引入地震缝洞雕刻中，雕刻流程图如图 2-1-6 所示，包括：

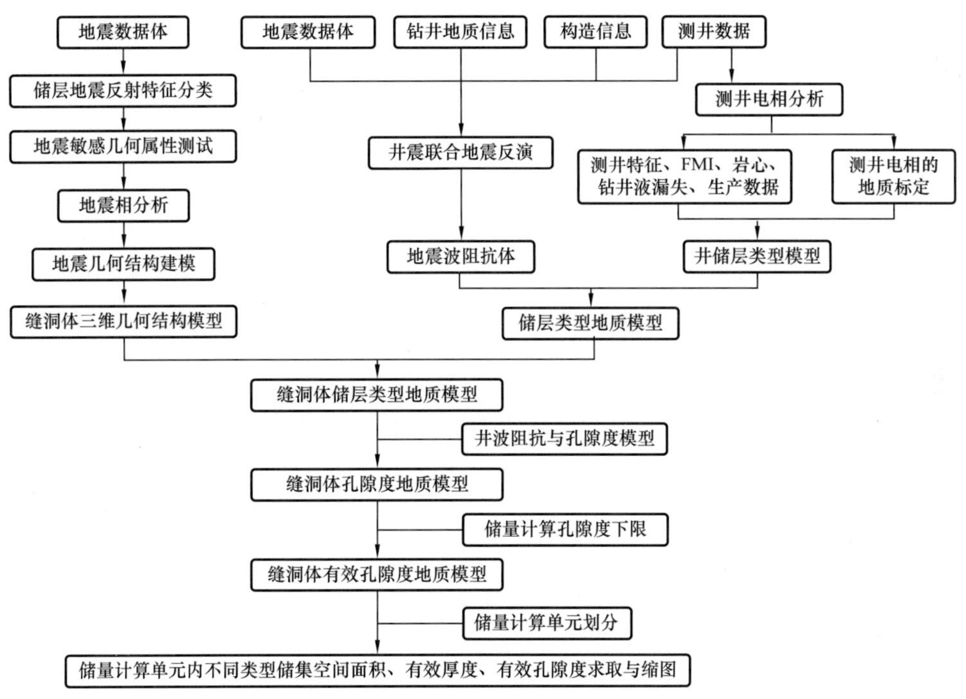

图 2-1-6　地质建模的地震缝洞雕刻流程图

（1）依据保真地震数据体，结合储层井震标定，识别出有效储层的地震反射特征并进行分类。

（2）在地震敏感属性优选与雕刻门槛值测试的基础上，雕刻出不同储层类型地震相的三维几何形态。

（3）在地质建模思路指导下，将不同储层类型地震相三维几何形态转变为缝洞体三维几何结构模型。

（4）开展井震联合地震反演，求取地震波阻抗约束建模体。

（5）在单井测井建模与地震波阻抗约束建模基础上，结合缝洞体三维几何结构模型，得到缝洞体有效孔隙度地质模型。

依据储量计算单元划分成果，利用分类储层有效孔隙度体，求取储量计算单元内不同储集空间的面积、有效厚度及有效孔隙度，并编制图件。

第二节　天然缝洞单元体动静态描述技术

由于缝洞型油藏储集空间类型和分布的复杂性，仅靠静态方法难以进行定量化描述，且可靠性较低，需要借助动态方法提高表征精度。本节主要介绍动态物质平衡方法、多天然缝洞单元体试井分析方法和井间连通性综合分析方法。

一、动态物质平衡方法

缝洞型油藏储集空间的分布具有高度离散性，井间地层可对比性差，使得静态法计算储量时很难准确获取相关参数。但储层渗透率较高，油井的产量变化和压力的扰动，能够在较短时间内波及整个天然缝洞单元体区域，所以物质平衡方法成为计算油藏动态储量的主要方法，并得到广泛应用。

物质平衡方法考虑的因素包括油藏中原油的体积系数和弹性能量、溶解气和溶解气的驱动能量、边底水侵入量、油气水产量、注入水量、岩石的弹性能量。

常规物质平衡方程为：

$$
\begin{aligned}
&N_{\mathrm{p}}B_{\mathrm{o}}+\left(G_{\mathrm{p}}-N_{\mathrm{p}}R_{\mathrm{s}}\right)B_{\mathrm{g}}+W_{\mathrm{p}}B_{\mathrm{w}}-W_{\mathrm{e}}-G_{\mathrm{in}}B_{\mathrm{g}}-W_{\mathrm{in}}B_{\mathrm{w}}= \\
&N\left(B_{\mathrm{o}}-B_{\mathrm{oi}}\right)+N\left(R_{\mathrm{si}}-R_{\mathrm{s}}\right)B_{\mathrm{g}}+ \\
&mNB_{\mathrm{oi}}\frac{\left(B_{\mathrm{g}}-B_{\mathrm{i}}\right)}{B_{\mathrm{gi}}}+\frac{NB_{\mathrm{oi}}}{1-S_{\mathrm{w}}}\left(1+m\right)\left(S_{\mathrm{w}}C_{\mathrm{w}}+C_{\mathrm{f}}\right)\left(p_{\mathrm{i}}-p\right)
\end{aligned}
\tag{2-2-1}
$$

式中　N_{p}——地面累计产油量，m^3；

B_{o}——原油体积系数；

G_{p}——地面累计产气量，m^3；

R_{s}——生产气油比，$\mathrm{m}^3/\mathrm{m}^3$；

B_g——天然气体积系数；

B_w——流体的地层体积系数；

W_p——地面累计产水量，m^3；

W_e——水侵量，m^3；

W_{in}——地面累计注水量，m^3；

G_{in}——注气量，m^3；

N——原油储量（地面），m^3；

B_i——原始状态下体积系数；

B_{oi}——原始状态下原油体积系数；

B_{gi}——原始状态下天然气体积系数；

R_{si}——原始油藏条件下溶解气油比，m^3/m^3；

m——原始油藏条件下天然气与原油的体积比；

S_w——含水饱和度；

C_w——水的压缩系数，MPa^{-1}；

C_f——裂缝的压缩系数，MPa^{-1}；

p_i——原始油藏压力，MPa；

p——目前油藏压力，MPa。

塔河油田油藏压力高，具有很大的地饱压差，开发过程中油藏压力基本高于饱和度压力，所以公式可简化为：

$$N_p B_o + \left(W_p - W_{in}\right) B_w - W_e = N B_{oi}^{init} \left(S_w C_w + C_f\right)\left(p_{init} - p\right) \qquad (2\text{-}2\text{-}2)$$

式中　B_{oi}^{init}——原始压力下体积系数；

p_{init}——原始压力。

由于缝洞型油藏储集空间类型多样，需要按基岩孔隙、各级裂缝、各级溶洞及不同填充情况进行分类，分别计算其弹性能量，然后代数求和。

考虑不同介质或不同区域岩石压缩系数的差异，将式（2-2-2）改进为：

$$\sum_j N_{pj} B_o + \left(W_p - W_i\right) B_w - \sum_j W_{ej} = \sum_j N_j B_{oi} \left(S_{wi} C_w + c_{fj}\right)\left(p_{init} - p_j\right) \qquad (2\text{-}2\text{-}3)$$

式中　j——平衡区内第 j 个子区域。

利用压缩系数（C）描述弹性能量的大小，其对物质平衡计算结果影响非常大。其定义为：

$$C = -\frac{1}{V_p}\frac{dV_p}{dp} \tag{2-2-4}$$

式中　V_p——孔隙体积，m^3。

常规油藏可以根据实验测量孔隙度随压力的变化关系进行近似计算，有：

$$C = \frac{1}{\phi}\frac{d\phi}{dp} \approx \frac{2}{\phi_1 + \phi_2}\frac{\phi_1 - \phi_2}{p_1 - p_2} \tag{2-2-5}$$

由于缝洞单元体在空间的分布稀疏，且不均衡，严格讲没有孔隙度的概念，只有孔隙体积比，不能采用上述公式进行计算，也无法通过实验进行测量。

对于无法取得完整样品的裂缝和溶洞体，需要建立相应的数学计算方法。方法原理是根据双重有效应力的概念，提出基于基岩孔隙的压缩系数，计算溶洞或大尺度裂缝的压缩系数。如图 2-2-1 所示，各图中溶洞空腔体积相同，对比发现，形态 A 和形态 C 比形态 B 和形态 D 更容易发生变形。

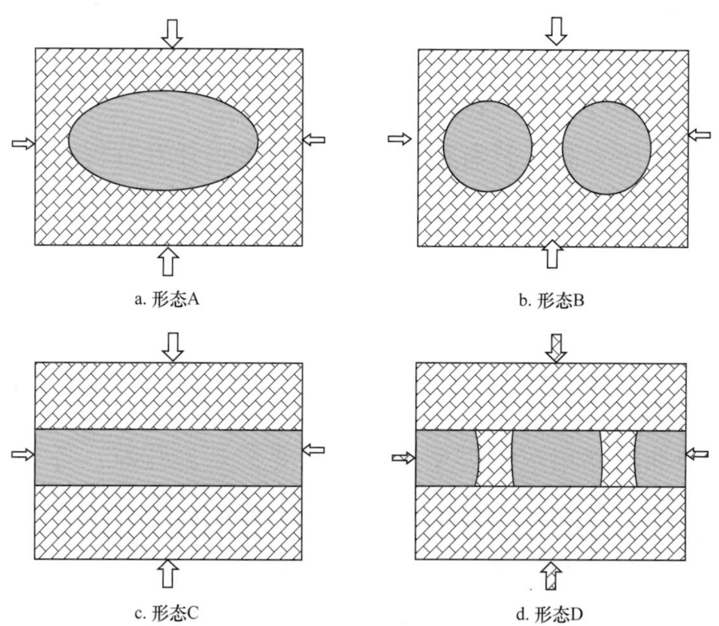

图 2-2-1　不同形态的缝洞单元体孔隙体积随压力的变化程度

首先，考虑基岩没有流体充注的情况，岩石骨架的压缩系数为：

$$C = -\frac{1}{V}\frac{dV}{d\sigma} \tag{2-2-6}$$

根据固体力学的知识，可以得到岩石骨架的压缩系数为：

$$C_{\mathrm{s}}=\frac{3(1-2\nu)}{E_{\mathrm{s}}} \quad (2\text{–}2\text{–}7)$$

对于基岩而言，包括了基岩骨架和基岩孔隙。于是根据李传亮的力学平衡公式有：

$$\sigma_{\mathrm{m}}=\phi p+(1-\phi)\sigma_{\mathrm{s}} \quad (2\text{–}2\text{–}8)$$

式中　p——流体压力；

ϕ——孔隙度；

σ_{s}——岩石骨架受到的应力。

这里考虑两种情况：

（1）基岩孔隙中没有流体，其压力为0，岩石骨架受到的应力为：

$$\sigma_{\mathrm{s}}=\frac{1}{1-\phi}\sigma_{\mathrm{m}} \quad (2\text{–}2\text{–}9)$$

在这种情况下，通过改变外部压力测量的岩石总压缩系数为：

$$C_{\mathrm{m}}=-\frac{1}{V_{\mathrm{m}}}\frac{\mathrm{d}V_{\mathrm{pm}}}{\mathrm{d}\sigma}=-\frac{1}{\dfrac{V_{\mathrm{s}}}{1-\phi}}\frac{\mathrm{d}\left(\dfrac{V_{\mathrm{s}}}{1-\phi}\right)}{\mathrm{d}\sigma}=-\frac{1}{V_{\mathrm{s}}}\frac{\mathrm{d}V_{\mathrm{s}}}{\mathrm{d}\left[(1-\phi)\sigma_{\mathrm{s}}\right]}=(1-\phi)C_{\mathrm{s}} \quad (2\text{–}2\text{–}10)$$

对于没有流体充填的多孔介质而言，其压缩系数应等于岩石骨架压缩系数。上述结论也可以通过岩石固体力学的知识推导得到。

对于多孔介质而言，其弹性模型 E 与岩石骨架的弹性模型具有以下关系：

$$E_{\mathrm{s}}=\frac{E_{\mathrm{m}}}{1-\phi} \quad (2\text{–}2\text{–}11)$$

（2）考虑流体充满条件下的流固两相压缩系数计算公式。将 $\mathrm{d}p=\frac{C_{\mathrm{s}}}{C_l}\mathrm{d}\sigma_{\mathrm{s}}$ 代入式（2–2–8）得到：

$$\mathrm{d}\sigma=\phi\mathrm{d}p+(1-\phi)\mathrm{d}\sigma_{\mathrm{s}}=\frac{\phi C_{\mathrm{s}}}{C_l}\mathrm{d}\sigma_{\mathrm{s}}+(1-\phi)\mathrm{d}\sigma_{\mathrm{s}}=\left[\frac{\phi C_{\mathrm{s}}}{C_l}+(1-\phi)\right]\mathrm{d}\sigma_{\mathrm{s}} \quad (2\text{–}2\text{–}12)$$

进而得到基质的压缩系数：

$$C_{\mathrm{m}}=-\frac{1}{V}\frac{\mathrm{d}V}{\mathrm{d}\sigma}=-\frac{1}{V_{\mathrm{s}}}\frac{\mathrm{d}V_{\mathrm{s}}}{\left[\frac{\phi C_{\mathrm{s}}}{C_l}+(1-\phi)\right]\mathrm{d}\sigma_{\mathrm{s}}}=\frac{C_{\mathrm{s}}}{\left[\frac{\phi C_{\mathrm{s}}}{C_l}+(1-\phi)\right]\mathrm{d}\sigma_{\mathrm{s}}}=\frac{C_{\mathrm{s}}C_l}{\phi C_{\mathrm{s}}+(1-\phi)C_l} \tag{2-2-13}$$

以上各式中，下角 m 和 s 分别表示基质骨架和岩石骨架；l 表示流体（l=o，w，g）。

然后，计算得到裂缝和溶洞的压缩系数。决定裂缝和溶洞压缩性的因素主要包括：构成裂缝和溶洞的基岩的几何形态、裂缝或溶洞的充填程度，确定其压缩系数大小通常需要具体实例具体分析。

以 Warrem-Root 模型的裂缝为例，说明如何根据不同的缝洞结构，计算缝洞单元体的压缩系数。考虑裂缝的各向异性，不同方向的裂缝面的宽度不同、裂缝密度不同。

图 2-2-2 所示为裂缝面法线在 x 轴方向的裂缝示意图，假如岩块受到 x 方向的应力为 σ_x，裂缝原来的宽度为 b，横截面为 A_x，支撑裂缝面积为 $A_{\mathrm{m}x}$，定义 $\varphi_x=1-\frac{A_{\mathrm{m}x}}{A_x}$，相当于横截面上的面孔隙度。

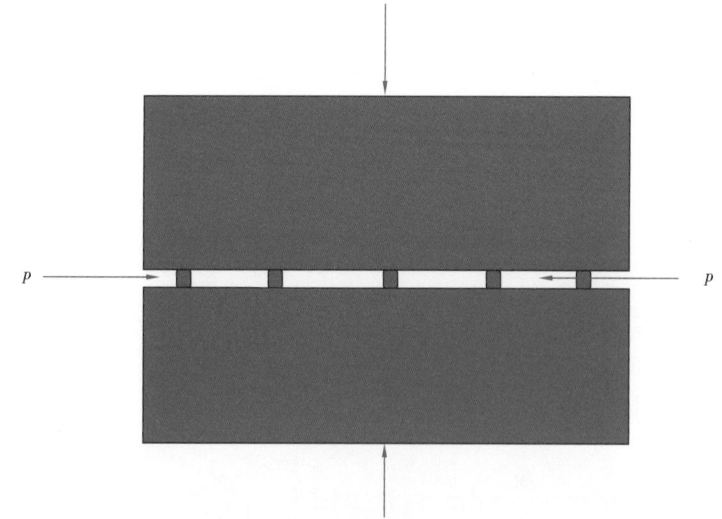

图 2-2-2　局部颗粒支撑的缝洞单元体应力分析示意图

当裂隙中充满流体，流体的压力为 p，根据平衡条件：

$$\sigma_x=\varphi_x p+(1-\varphi_x)\sigma_{mx} \tag{2-2-14}$$

即

$$\sigma_{mx}=\frac{\sigma_x-\varphi_x p}{1-\varphi_x} \tag{2-2-15}$$

考虑 x 方向应力的变化，可以得到：

$$d\varepsilon_x=-\frac{1}{E}\left[d\sigma_{mx}-\nu\left(d\sigma_{my}^X+d\sigma_{m}^X\right)\right]=-\frac{1}{E}\left(d\sigma_{mx}-2\nu dp\right) \tag{2-2-16}$$

代入 σ_{mx}，可得：

$$d\varepsilon_x=-\frac{1}{E_m}\left[d\left(\frac{\sigma_x-\varphi_x p}{1-\varphi_x}\right)-2\nu dp\right]=\left[\frac{1}{E_m}\left(\frac{\varphi_x}{1-\varphi_x}+2\nu\right)\right]dp \tag{2-2-17}$$

$$d\varepsilon_x=-\frac{1}{E_s}\left[d\sigma_{sx}-\nu\left(d\sigma_{sy}+d\sigma_{sz}\right)\right]=-\frac{1}{E_s}\left[d\left(\frac{\sigma_x-p\varphi_x}{1-\varphi_x}\right)-2\nu dp\right] \tag{2-2-18}$$

裂缝内颗粒在垂直裂缝面方向上的变形，即为裂缝的宽度变形：

$$C_{px}=\frac{1}{V_{fx}}\frac{dV_{fx}}{dp}=\frac{1}{(Lb)}\frac{d(Lbd\varepsilon_x)}{dp}=\frac{d\varepsilon_x}{dp}=\frac{-\frac{1}{E_s}\left[d\left(\frac{\sigma_x-p\varphi_x}{1-\varphi_x}\right)-2\nu dp\right]}{dp} \tag{2-2-19}$$

假设 σ_m 稳定，则：

$$C_{px}=\frac{1}{E_s}\left(\frac{\varphi_x}{1-\varphi_x}+2\nu\right) \tag{2-2-20}$$

同理可得：

$$C_{py}=\frac{1}{E_s}\left(\frac{\varphi_y}{1-\varphi_y}+2\nu\right),\quad C_{pz}=\frac{1}{E_s}\left(\frac{\varphi_z}{1-\varphi_z}+2\nu\right) \tag{2-2-21}$$

因此，总压缩系数为：

$$C = \frac{1}{V_{\mathrm{fx}} + V_{\mathrm{fy}} + V_{\mathrm{fz}}} \frac{\mathrm{d}\left(V_{\mathrm{fx}} + V_{\mathrm{fy}} + V_{\mathrm{fz}}\right)}{\mathrm{d}p} \tag{2-2-22}$$

$$C = \frac{1}{\phi_{\mathrm{f}} E_{\mathrm{s}}}\left[\frac{\phi_{\mathrm{fx}}\varphi_x}{1-\varphi_x} + \frac{\phi_{\mathrm{fy}}\varphi_y}{1-\varphi_y} + \frac{\phi_{\mathrm{fz}}\varphi_z}{1-\varphi_z} + 2\nu\left(\varphi_x + \varphi_y + \varphi_z\right)\right] \tag{2-2-23}$$

二、多天然缝洞单元体试井分析方法

1. 大尺度缝洞型油藏主要特征

常规试井理论是建立在连续介质渗流理论基础上，并不适于大尺度缝洞油藏的试井解释。实践表明，通过常规试井解释的地质特征与实际油藏常常不相符。

以一个和两个大尺度天然缝洞单元体为例，建立拟稳态条件下的流动方程，采用 Laplace 变换和逆变换，得到实空间的解析解。结果表明，单个天然缝洞单元体与封闭均质油藏中一口油井条件下拟稳态流动阶段的试井曲线相同，两个天然缝洞单元体时压力导数曲线在早期为开口向下的抛物线，在早期末出现了与常规双重介质模型相似的凹形曲线段，在双对数图版上晚期表现为斜率为 1 的直线段，没有水平直线段；压力—时间双对数曲线在早期和晚期都表现为斜率为 1 的直线段。将模型用于塔河某天然缝洞单元体做试井分析，解释结果与地质模型相一致。

2. 一个天然缝洞单元体的试井模型

确定天然缝洞单元体的个数，主要根据天然缝洞单元体内的压力变化是否一致。如果缝洞区域内压力变化相同，则可划为同一个天然缝洞单元体。如图 2–2–3 所示，可将复杂边界油藏简化为零维模型。

用 1 和 2 标志两个相连的天然缝洞单元体，由拟稳态流动方程可以得到缝洞区 2 到缝洞区 1 的流量：

$$\frac{\mathrm{d}V_2}{\mathrm{d}t} = \alpha_2\left(p_1 - p_2\right) \tag{2-2-24}$$

式中　α_2——缝洞区 2 对缝洞区 1 的补给常数。

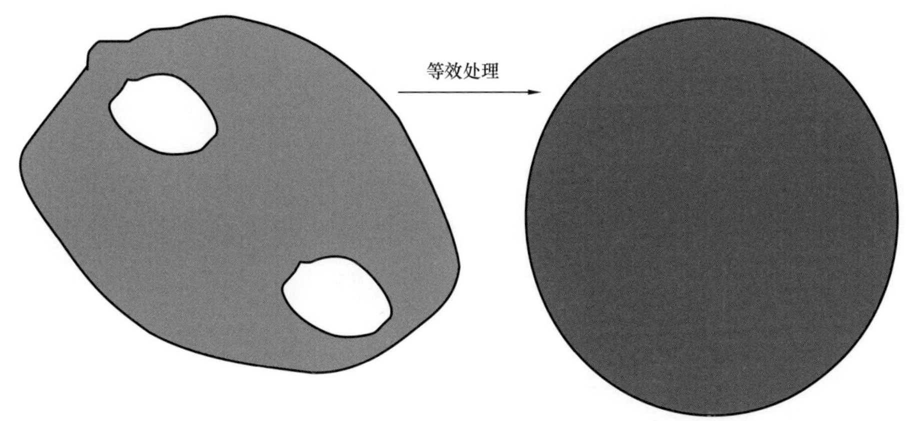

图 2-2-3　复杂边界油藏简化为零维模型示意图

缝洞区 1 的流体变化包括与井筒和缝洞区 2 的流量交换，有：

$$C_tV_1\frac{dp_1}{dt}=\alpha_2\left(p_2-p_1\right)+\alpha_1\left(p_w-p_1\right)=\alpha_2\left(p_2-p_1\right)-\frac{qB}{24} \quad (2\text{-}2\text{-}25)$$

由式（2-2-24）和式（2-2-25）可得：

$$\frac{d\Delta p_w}{dt}t=\frac{qBt}{V_1C_t}-\frac{\alpha_2 qB}{C_tV_1}\frac{t^2}{C_tV_1} \quad (2\text{-}2\text{-}26)$$

说明在早期压力—时间曲线为直线，斜率为 qB/V_1C_t。压力导数—时间曲线为向下的抛物曲线，抛物线的中点位于 $t=C_tV_1/\alpha_2$。当 $t\rightarrow\infty$ 时，有：

$$\Delta p_w=\frac{qB}{\alpha_1}+\frac{qBV_2^2}{\alpha_2\left(V_1+V_2\right)^2}+\frac{qBt}{\left(V_1+V_2\right)C_t} \quad (2\text{-}2\text{-}27)$$

$$\frac{d\Delta p_w}{dt}t=-\frac{dp_1}{dt}t=\frac{qBt}{\left(V_1+V_2\right)C_t} \quad (2\text{-}2\text{-}28)$$

说明在晚期压力—时间曲线仍为直线，斜率为 $\frac{qB}{\left(V_1+V_2\right)C_t}$，斜率小于早期的直线斜率，压力导数—时间曲线也是一直线，斜率与压力—时间曲线斜率相同。

根据式（2-2-28）作出完整的压力—时间以及压力导数—时间的双对数曲线，如图 2-2-4 至图 2-2-6 所示。可以看出：

（1）该双对数图形的三条直线相互平行，即压力—时间早期直线和晚期直线，压力导数—时间晚期曲线。

（2）早期结束阶段，压力导数—时间曲线表现为“凹子”，该特征与双重连续介质模型的试井特征曲线相同。

（3）双重连续介质模型的压力—时间和压力导数曲线在晚期趋近为水平线，反映了拟径向流特征。双缝洞单元体的曲线与之不同，在晚期没有拟径向流，不出现水平直线段，而是斜率为 1 的直线段。

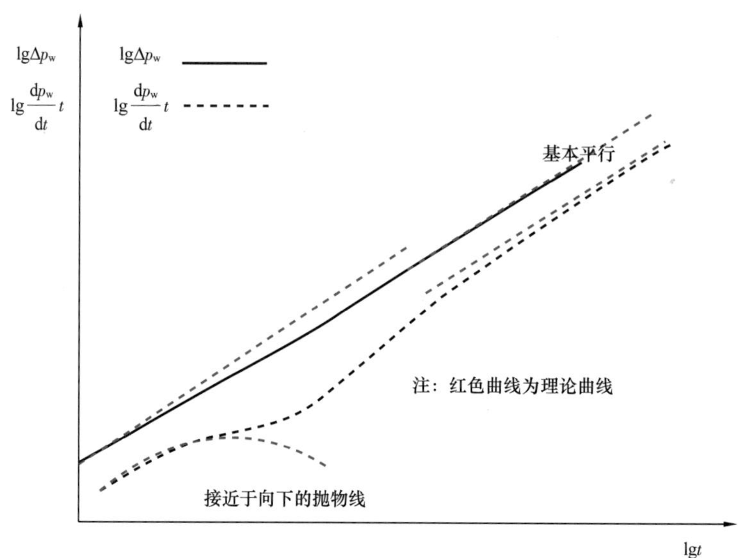

图 2-2-4　两个缝洞的试井曲线特征

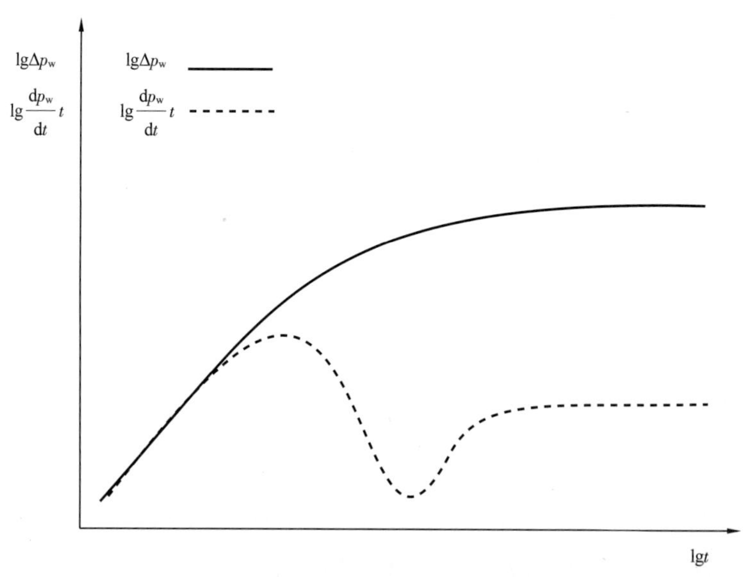

图 2-2-5　裂缝—基岩模型试井曲线特征

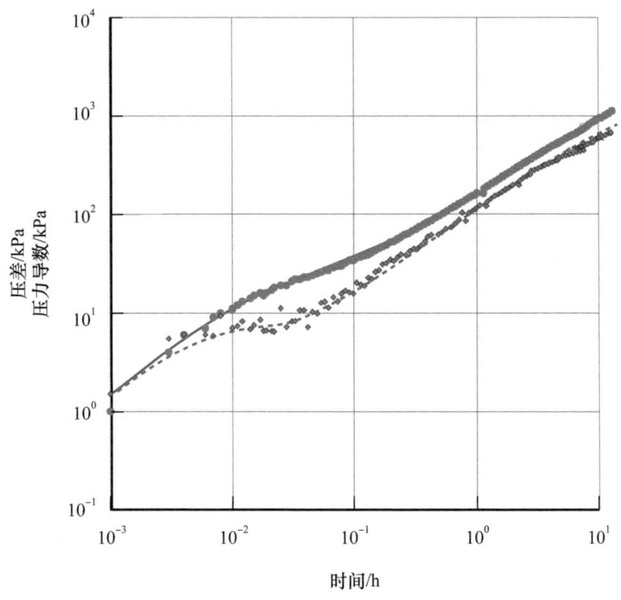

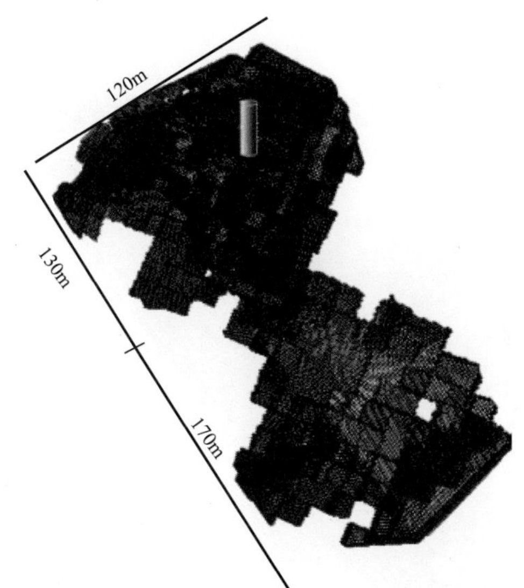

图 2-2-6　塔河油田某井解释实例

三、井间连通性综合分析方法

塔河油田碳酸盐岩缝洞型油藏是经过多期构造运动、古岩溶作用形成的岩溶碳酸盐岩缝洞型油藏。其岩溶天然缝洞单元体的形态、规模和空间分布特征存在差异，导致对天然缝洞单元体内部空间结构和储层特征的描述存在困难，油藏描述方法难以对井间连通天然缝洞单元体和大尺度裂缝通道进行有效描述，致使对井间缝洞连通体和裂缝通道的识别不清，影响了油田开发效果。

缝洞型油藏的连通性识别与常规油藏区别较大，常规油藏储层具有较好的横向连续性，储层在横向上的展布可预测性强，主要通过动态法（压力干扰分析）识别。但塔河油田碳酸盐岩缝洞型油藏的储集体呈网络状分布，仅根据动态资料进行井间连通性判定，难以确定其连通形式和路径。如图 2-2-7 所示，在 W1 井和 W2 井之间存在 3 个流动通道 L1、L2 和 L3，通过压力干扰或者示踪剂分析，即使显示两口井之间存在干扰，也无法判定流动通道 L1、L2 和 L3 各自的连通情况；即使通过动态法监测 W2 井和 W3 井之间存在连通性，但两口井之间的连通路径也不同于常规油气藏，并不是以两口井连线为路径连通，而是沿着复杂曲折的 L4 路径连通。对于此类空间高度离散的油藏类型，井间的连通性需要结合油藏三维地质模型，采用动态和静态结合的研究模式。在塔河油田的开发过程中，采用静态方法分析井间连通性主要依赖于地震属性，通过对比，发现最大曲率地震属性对微断裂—裂缝体系进行识别和描述最为有效。

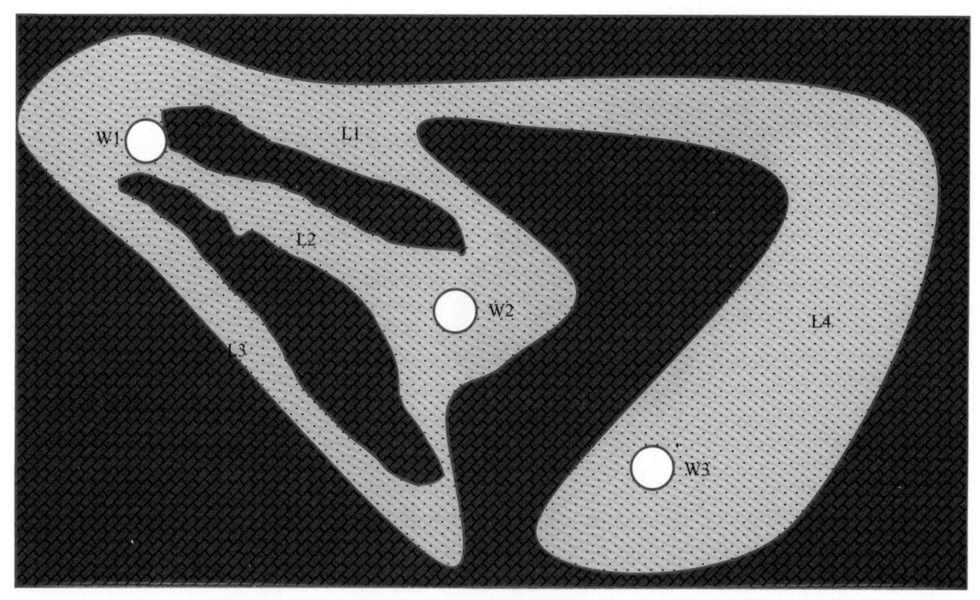

图 2-2-7　碳酸盐岩缝洞型油藏连通性示意图

1. 静态法评价连通性

由于碳酸盐岩缝洞型油藏具有极强的非均质性，实施多井天然缝洞单元体注水开发过程中存在对井间连通性认识不清的难题，极大地影响了注水开发效果。通过对判识油藏连通性的地震属性进行优选，确定的最大曲率属性在反映油藏微断裂和裂缝的发育程度、描述垂向上的非连续性以及表征裂缝的线型特征等方面，均优于相干和地震倾角属性。因此，利用最大曲率属性识别和描述微断裂—裂缝体系，追踪大尺度裂缝的延伸方向，并结合振幅梯度属性，刻画天然缝洞连通体的空间形态。在碳酸盐岩缝洞型油藏多井天然缝洞单元体注水开发过程中，最大曲率属性可以清晰地反映微断裂—裂缝体系的空间分布，确定其与溶洞的空间组合关系，为井间静态连通性的判定提供依据；利用多种地震属性刻画的缝洞连通体，可以指导注采井部署和优化注采关系；根据追踪的大尺度裂缝连通的主方向，可以预测注水受效方向。

碳酸盐岩缝洞型油藏发育的裂缝不仅是有效的储集空间，还是连通溶洞的高渗透通道，准确识别和刻画裂缝的形态将直接影响对连通性的判定。相干、地震倾角（方位角）和曲率等多种地震属性虽均可用于断裂解释，但在识别和描述微断裂和裂缝特征等方面却存在差异。相干属性常用于识别和刻画储层的断裂特征和地质体的非连续性，可用于描述大型断裂特征。岩性的不连续河道边界和断裂也会引起相干属性的变化，但其对于小型断裂、与裂缝相关的成岩特征以及河道边界、河谷底部等的分辨效果却较差。断裂和裂缝在地震倾角属性平面图上，往往表现为长条形的线型特征，可确定其长度，但无法确定其形态，难以区分出断裂和褶曲。曲率属性在反映某些微小断裂、裂缝和褶皱时的效果很好，表现为可以分辨的挠曲特征；其中，最大曲率属性是非常有效地描述断裂和裂缝边界特征的地震属性。在最大曲率属性中，断裂表现为正负相间曲率的特征，正、负曲率分别代表断裂的上升盘和下降盘，可以识别一些小型的断裂和裂缝。因此，最大曲率属性是认识微裂缝—裂缝系统的有效手段，其优点包含了形状的信息，可用来区别断裂和褶曲的线型特征，反映微断裂和裂缝的发育程度；可识别小型的挠曲、褶皱和凸起等，更好地描述垂向上岩性的非连续性；可展现裂缝的线型特征，进而反映天然缝洞单元体的空间分布、配置关系及其连通性。

2. 利用示踪剂评价连通性

塔河油田 S48 井组在实施单元试注水及注水压锥、注水替油期间，共对 26 口井、32 井次实施注示踪剂监测。根据监测井的示踪剂响应曲线分析发现，示踪剂响应曲线多呈单峰和多峰两种形态，具有较好连通性的检测井多以单峰突进为主；同时，根据突破时间、见峰值时间和井距，可以计算水驱前缘推进速度，用于判定注入流体各方向的推进速度；具有较好连通性的井组，必定是注入流体的主分流方向，示踪剂响应具有较高的峰值，峰值和背景值的比值可以作为判定井间连通性的重要指标。通过大量的统计分析，确定了判定井间连通性的半定量化原则：示踪剂检测验证了具有较好级别连通性的井组，倍数（峰值 / 背景值）通常不小于 15，突破时间一般小于 15 天，见峰时间小于 20 天，推进速度一般大于 120m/d，响应曲线以单峰突破为主，具有这些特征的井组作为一级连通井组；2 级连通井组在倍数（峰值 / 背景值）上通常为 5～15，且突破时间一般不小于 15 天，见峰时间不小于 20 天，推进速度一般小于 120m/d，响应曲线以多峰突破为主，具有这些特征的井组作为 2 级连通井组。此外，该判定原则主要用于荧显光示踪剂（BY-1、BY-2、BY-3）的判定；峰值取法：呈现峰值大于 2 个；曲线形态：明显高于背景值，监测值变化明显；倍数判定：井组整体检测值偏低，则下调倍数根据整体情况判定。

以 S48 井组为例，TK411 井、TK425CH 井和 TK410 井为注水井，S48 井为监测井，示踪剂监测结果见表 2-2-1 和表 2-2-2 及图 2-2-8。

表 2-2-1　注示踪剂判定井间连通性分级原则表

连通级别	示踪剂判定井间连通性的特征值				
	倍数（峰值 / 背景值）	突破时间 / d	见峰时间 / d	推进速度 / m/d	曲线形态
Ⅰ级	≥15	＜15	＜20	＞120	单峰为主
Ⅱ级	5～15	≥15	≥20	≤120	多峰为主

表 2-2-2　S48 井组示踪剂监测表

注水井	监测井	突破时间 / d	见峰值时间 / d	峰值浓度 A_{max}/ cd	背景值 A_i/ cd	A_{max}/A_i
TK411	S48	3	8	4239	33	128
TK425CH		4	6	3679	30	123
TK410		7	9	783	49	16

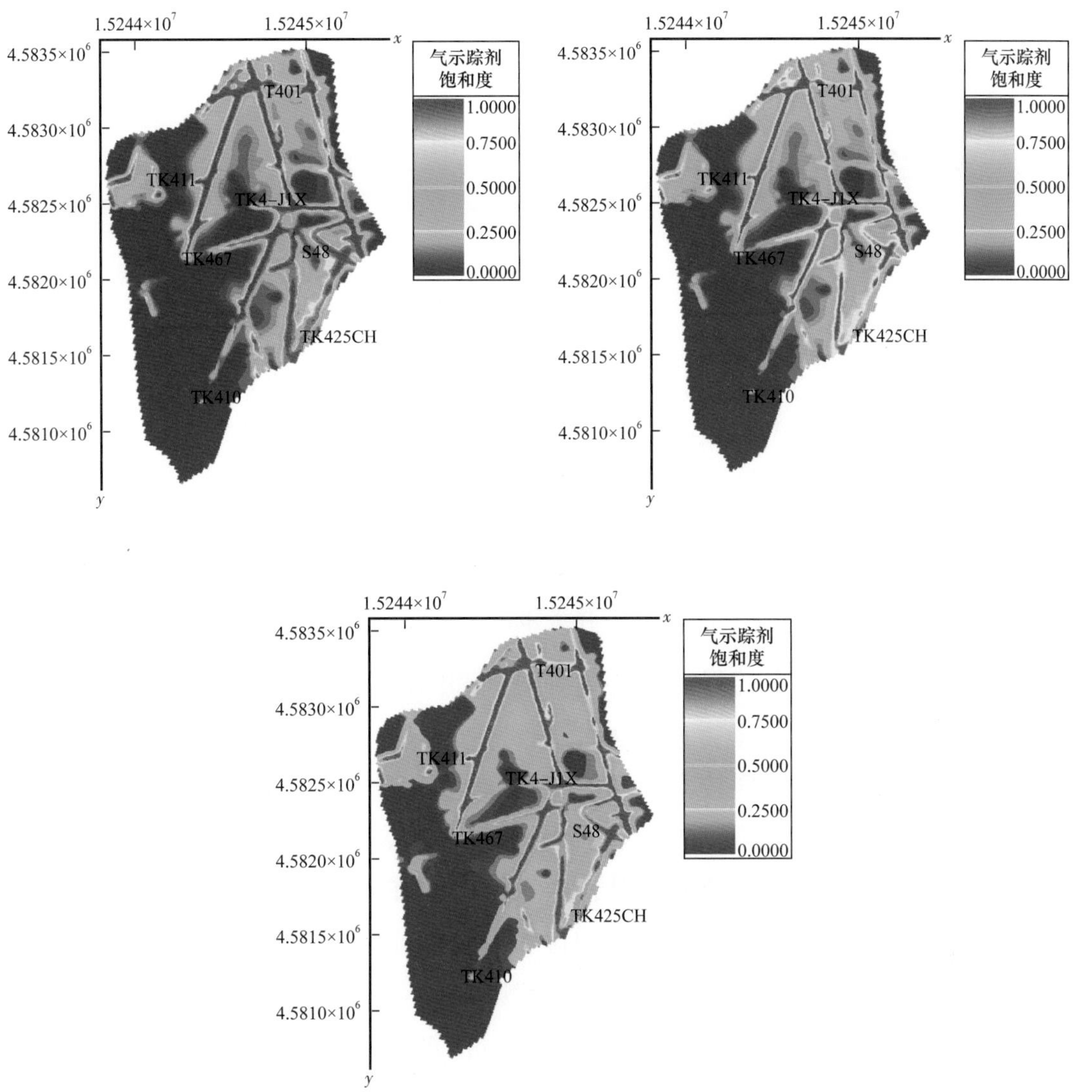

图 2-2-8 通过地震测井解释和注气示踪剂测试联合解释的井间连通性实例

单井组示踪剂监测曲线如图 2-2-9 所示。由此判定，以 S48 井为中心，S48 井组间响应，连通性强，TK411-S48 井和 TK425CH-S48 井连通性强，TK410-S48 井连通性相对差一些。

3. 注采响应法评价连通性

注水动态响应特征是判断井间连通性最直接有效的方法，即从注水井出发分析周围生产井的动态反映特征，将日产液、日产油、含水、油压以及动液面等，作为动态响应的主要评价指标进行综合判定。

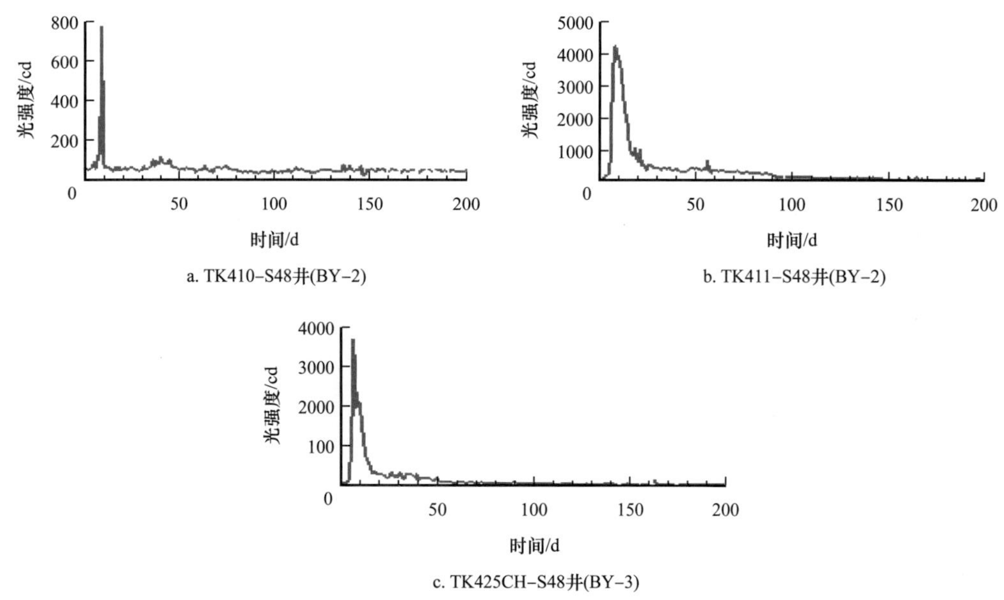

图 2-2-9　S48 井组邻井示踪剂测试曲线

多井单元实施注水的目的是要达到横向和纵向驱油。对于注水受效的自喷井，首先是井筒附近某个方向上能量得到补充，油井油压呈现波动，日产液、日产油和含水在后期呈现较大幅度的变化，同时注水井的注水方式和井间的连通性级别也是影响受效特征的重要因素；对于注水受效的机抽井，在工作制度不变的情况下，首先是动液面抬升，由于注入水在井间可能是驱油也可能是驱水，所以受效井的日产油、日产液和含水变化特征呈现多样性。根据现场注采井的受效特征，确定注采响应连通性判定原则：

（1）Ⅰ级连通井组。受效井日产液、日产油、含水率、油压 / 套压、动液面至少两个参数呈现明显变化；且受效井具有一定的受效期，同时注采井对应关系明确。

（2）Ⅱ级连通井组。受效井日产液、日产油、含水率、油压和动液面有变化，但是可能有注水以外的其他因素影响，不能明确一定是注水连通。

表 2-2-3 为 TK449H 井组注采井连通及受效情况。

以 TK449H 井组为例，针对注水动态响应进行了井间连通性评价（图 2-2-10）。TK449H 井组共完钻 7 口井（TK449H、TK462H、TK421、TK421CH、TK486、TK427、TK427CH），有 2 口井 6 井组有井间动态连通关系，其中“表层—表层”3 井组，“深层—表层”3 井组。该井组注采（或井间）增油超过 10×10^4t。

表 2-2-3　TK449H 井组注采井连通及受效情况

井组	注水井	受效井	连通级别	受效程度
TK449H 井组	TK421CH	TK462H	Ⅰ	明显
	TK427		Ⅱ	一般
	TK427CH		Ⅱ	明显
	TK440	TK449H	Ⅰ	明显
	TK421CH		Ⅰ	明显
	T402		Ⅱ	明显
	TK446CH	TK438CH	Ⅰ	明显

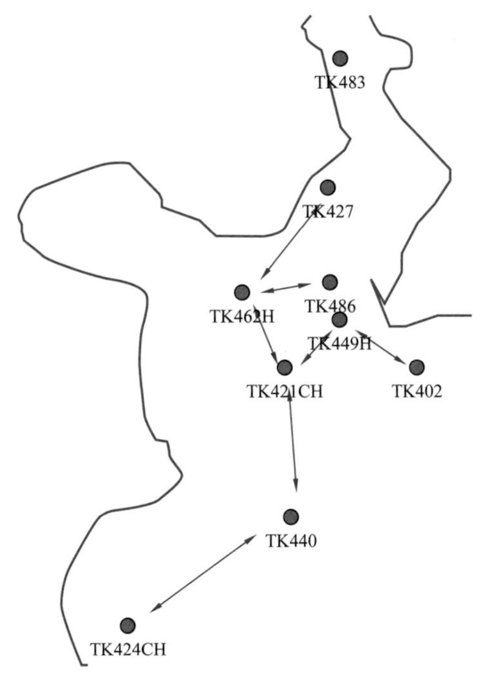

图 2-2-10　TK449H 井组井间连通性示意图

第三节　多尺度天然缝洞单元体地质建模与数值模拟技术

三维地质建模和数值模拟是开展油藏工程研究、设计开发方案和制订开发技术政策的基础。由于碳酸盐岩缝洞型油藏的强非均质性，很难建立起井间的三维分布模型；并且传统上描述缝洞型油藏流动规律的数学模型主要采用多重介质渗流模型，不能适应多尺度的油藏地质特征，渗流模型与流体流动规律之间存在很大的差异。本节基于塔河油田的研究实践，重点介绍多尺度天然缝洞单元体的三维地质建模方法和数值模拟方法。

一、三维地质建模方法

1. 三维地质建模流程

在借鉴国内外缝洞型油藏三维地质建模的基础上，通过深化塔河油田的油藏地质研究，形成一套比较实用的三维地质建模方法。

第一步，测井资料处理。当油井钻遇大尺度的溶洞体，将给测井带来困难，这些层段的测井曲线并不能反映实际储层的物性。主要分两种情况：第一，很多油井油层段因为没有测井，导致这些油层段缺失测井曲线。进行储层建模时，软件系统往往将缺失测井曲线段，处理为致密段，例如 X48 井最为突出。另外，由于常规地震信息只能识别 100m 以上的地质体，而实际的溶洞层厚一般在几米，从而导致溶洞与围岩在地震属性上的差异不够明显，对所建立的三维地质模型没有反映真实油藏中的溶洞体，所建立的地质模型与实际油藏的产能分布不相吻合。第二，由于钻井过程中扩径、井壁垮塌导致有的层段测井曲线的缺失，因为这样的层位也往往是较好的储层。同样因为测井曲线缺失，系统一般将作为 0 值处理，导致实际油藏中的主力油层在三维地质模型中得不到反映。

第二步，建立岩相和沉积相模型，在模型中应用相控约束属性建模。将溶洞储层划分为未充填溶洞、半充填溶洞、全充填溶洞和基质 4 种相，建立各相分布的测井曲线，并应用该测井曲线进行溶洞相建模，建立各相在整个区块上的空间分布模型，为后面建立属性空间分布模型奠定基础。

第三步，建立三维地震属性模型，模型中采用地震控制。地震资料是建模中很可靠的储层资料，原始模型中，采用了从地震数据中提取出的 RMS 属性，应用协同克里金方法，以测井数据为硬数据，将地震数据作为软数据，控制建模中孔隙度的空间分布。应用地震控制，可以对井间储层进行控制，减少随机建模过程中模型的不确定性，提高建模的准确性和精度。

第四步，建立离散裂缝模型。应用地震数据等资料建立裂缝在各个方向上分布的密度数据，利用蚂蚁追踪等技术，建立裂缝空间分布离散网络模型，并采用属性粗化方法，将离散裂缝网络模型粗化到网格模型中，形成等效物性模型。

第五步，建立溶洞模型。

建模中，将溶洞储层划分为 3 种类型，即未充填型溶洞储层、半充填型溶洞储层、全充填型溶洞储层。对这 3 种不同类型溶洞在空间中分布模型的建立，可以采用相模型的建立方法，简称为溶洞相模型。溶洞相模型建立主要包括单井溶洞相测井曲线的建立、地震数据对溶洞相模型的控制、变差函数设计，以及相建模方法的选择和溶洞相空间分布模型的建立。溶洞的描述和识别采用以下几种方式：

（1）利用钻井完井过程中的溶洞显示。钻井中的放空漏失段揭示了在该井段处有大型溶洞存在，钻井中出现的严重井漏、放空和钻时降至极低是识别大型溶洞的标志。溶洞储层厚度的确定，需要根据测井解释出的储层厚度，以及地震数据中的反射特征等来确定。

（2）利用测井数据中的溶洞显示。对于在钻井过程中出现井漏或者放空段的井，很多井没有常规测井曲线，只有少部分井取得了相应的测井资料。常规测井曲线的井在钻遇溶洞储层时，由于测井仪器不贴壁，出现深侧向（RD）、密度（DEN）、补偿中子（CNL）和声波时差（AC）等的异常现象，此类洞穴钻井过程中出现放空，伴有严重井漏。通过高分辨率井眼电阻率成像测井的处理解释，可以得到地层、裂缝、孔洞分析结果和精细井旁构造分析结果。

（3）利用溶洞的地震响应特征。地震波的传播速度可以反映出地层的岩性、物性等性质，在碳酸盐岩储层中，当有溶洞或者裂缝存在时，地震波的波速将会减小，而且波速减小的程度越大，代表溶洞或者裂缝越发育。所以，可以应用波速的变化进行储层的非均质性研究，预测储层溶洞裂缝发育情况。地震数据能够较好地识别厚度大于 10m 的岩溶洞穴。从原始地震数据中提取出的不同地震属性体，均可以在一定程度上反映不同类型储层的空间分布状态，因为储层物性的变化会使地震波的反射情况、频率、速度和振幅等发生变化。同时，通过采用蚂蚁追踪技术提取出的蚂蚁追踪数据体，可以用来预测储层中裂缝的存在。

第六步，相控结合地震控制孔隙度模型。相控建模的关键在于准确认识储层非均质性，对非均质储层进行细分并描述出各类储层分布的边界，对边界控制范围内的储层参数分布进行空间模拟。相控建模一般采用“二步建模法”：首先，根据储层的非均质特征细分储层，建立为储层参数空间分布提供边界控制信息的离散型模型（即相模型）；然后，在相边界的控制下进行储层连续参数的空间模拟，即相控属性参数建模。在这层含义上，常规的相控建模即沉积相（微相）相控建模与岩石相相控建模及流体相相控建模一致。对于基质相，因为没有储渗能力，不需要建立相模型；对于溶洞储层，根据测井数据，采用序贯高斯模拟方法并结合地震数据建立模型，地震融合体数据作为软数据，采用协同克里金方法将地震资料有机地加入储层地质建模中。

第七步，建立缝洞型油藏渗透率模型。建立溶洞渗透率模型有两个难点：一是溶洞的孔隙空间变化尺度大，从微米到数米以上，对于较大尺度的溶洞，即使形态清楚，但因为溶洞形态不规则，流体的流动规律类似于管流，从理论上无法计算出严格的渗透率，从实验上也没有办法测量出固定的渗透率值（因为在管流条件下，等效渗透率与流速相关）；二是目前国内外还没有可以直接测试大型溶洞的手段，虽然经历了很多尝试，实践效果都不理想。为此，前期的地质建模对于溶洞渗透率的研究，基本上利用孔隙度来建立，虽然孔隙度与渗透率之间具有相关性，但前期方法处理上还不完善，只是简单地利用孔隙度与渗透率的关系函数得到渗透率值，所建立的渗透率场可靠性较差。为了解决这一技术难题，采用了保比截断法。

第八步，用油藏数值模拟历史拟合校正地质模型。

2. 多点统计法属性建模

1）建模步骤

常规油藏的连续建模或基于单点统计的随机建模方法，都不适合缝洞型碳酸盐岩油藏建模，基于多点地质统计学的储层建模方法，通过多点之间的相关性以弥补两点地质统计学的不足，在相建模过程中应用“训练图像”而非变差函数，应用多点的数据样板扫描训练图像并构建搜索树，从搜索树中求取条件概率分布函数。在属性建模过程中以象元为模拟单元，采用序贯算法能够再现目标的几何形态，因此，多点地质统计学方法克服了传统两点地质统计学难以表征复杂空间结构的不足，为缝洞型碳酸盐岩油藏的定量描述提供了很好的手段。其建模步骤为：

（1）在天然缝洞单元研究的基础上提出岩溶相的概念，进行单井岩溶相划分；

（2）通过训练图像建立溶洞相模式；

（3）采用多点统计学方法模拟溶洞相分布；

（4）以岩相分布模型作为约束，利用序贯算法实现溶洞相孔隙定量建模；

（5）在岩相分布模型的基础上，以孔隙定量模型为约束，结合保比截断法建立渗透率场，并分析油藏的连通性。

图 2-3-1 所示为多点地质统计学相建模原理示意图，表 2-3-1 为典型缝洞单元体测井曲线特征。

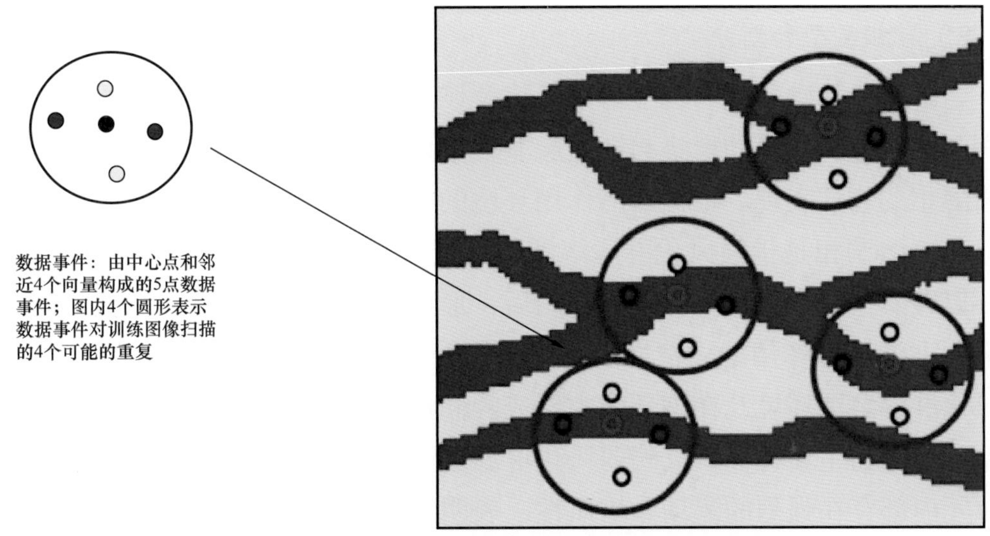

图 2-3-1 多点地质统计学相建模原理示意图

表 2-3-1 典型天然缝洞单元体测井曲线特征

测井参数	溶洞型储层响应特征	溶洞型储层因素分析	裂缝型储层响应特征	因素分析
深浅侧向（RD、RS）	明显低值，一般＜400Ω·m，有大缝大洞时，＜20Ω·m；RD≥RS	孔洞缝均发育，钻井液滤液侵入较深	呈中高阻，RT值为：100～400Ω·m，大部分正幅度差	裂缝引起钻井液侵入
声波时差 Δt	明显增大，呈钝尖状，一般＞50μs/ft	孔洞发育	周波跳跃	裂缝对波的影响
中子孔隙度 ϕ_N	略有增大，局部出现钝尖状	孔洞发育	略增大	裂缝发育

续表

测井参数	溶洞型储层响应特征	溶洞型储层因素分析	裂缝型储层响应特征	因素分析
地层密度 DEN	显示低值，常呈现低谷	孔洞缝均发育	曲线有较小幅度起伏	裂缝引起破裂
自然伽马 GR	与纯灰岩比，GR 值略高，一般大于 25API	岩溶作用时地表砂泥质充填	与纯灰岩比，GR 值略高，一般大于 20API	裂缝被砂泥充填
井径 CAL	部分有扩径现象	部分有扩径现象	部分有扩径现象	裂缝造成岩块破碎

2）岩相类型和划分

岩溶相是指碳酸盐岩构造岩溶环境及该环境中形成的岩溶特征的综合，岩溶相对碳酸盐岩油气的聚集与产能起非常重要的控制作用，岩溶储层发育特征是岩溶相的物质表现。根据岩溶作用环境的不同，岩溶相可分为溶洞相和构造裂缝相。溶洞相是指强风化淋滤溶蚀环境及该环境中形成的岩溶特征的综合，主要以碳酸盐岩经风化淋滤溶蚀作用后，形成的大型洞穴为主要特征，反映了强风化淋滤溶蚀作用的构造岩溶环境。构造裂缝相是指构造裂缝发育背景下，弱风化淋滤溶蚀环境及在该环境中形成的储集体特征的综合，主要以发育各种类型的裂缝为主要特征，反映弱风化淋滤溶蚀作用环境。岩溶相充分体现了缝洞单元内部存在强烈的流动非均质性，表明缝洞单元是溶洞相和构造裂缝相的有机结合体。

（1）表层堆积相，是碳酸盐岩风化壳表层受风化淋滤及地表径流改造而破碎，经短距离搬运汇集于地势相对较低洼处的堆积物。其形成与古地貌关系较为密切，在古地貌较高处不存在此相。测井曲线上，因其泥质含量较高，其自然伽马值呈中高值，视电阻率呈中低值，显示出由下伏正常海相纯灰岩向上覆巴楚组泥岩逐渐过渡的特征，自然伽马逐渐升高，电阻率逐渐降低的特征。

（2）洞顶相，是一套洞穴的顶板，经历了严重的淡水淋滤作用和上覆地层的压应力作用，构造裂缝、溶蚀缝和缝合线等极为发育，且裂缝多被化学充填，由于岩溶相的伴生关系，顶板相的裂缝发育度与其下面的其他岩溶微相相关性较大。岩心观察上，顶板相具有密集发育的各类裂缝特征，因其裂缝系统多被充填，测井上较难与骨架相区别，但因其特殊的岩溶微相意义，可根据溶洞相和填充相等在测井曲线上的特征对其进行判断识别，一般孔隙度较低。

（3）溶洞相。溶洞在录井、测井和岩心上都有十分成熟的识别标志。溶洞相的主要特征有：钻井放空、漏失、低钻时；井径明显扩大；孔隙度曲线显示很高的视孔隙度、较低的自然伽马值；井径一般不扩大、自然伽马能谱测井显示钾钍含量很高，表明溶洞被严重充填；如果自然伽马能谱显示铀高、同时钾钍含量稍低、电阻低值，表明溶洞被部分充填。

（4）充填相，是溶洞相被改造的产物，表现为溶洞被洞穴坍塌物、机械和化学等填积物填满，其具有重要储集意义，也是岩溶微相中储集性较好的一类微相，根据填积物的不同又可分为物理填积和化学填积，因为填积方式的不同其识别标志也有所不同，岩心上充填相可见到暗河充填沉积物、角砾岩、碳酸盐岩砂砾屑、巨晶方解石等多类充填物。

物理充填常规测井曲线上的特征为：自然伽马值异常增高，井径可因洞穴沉积物在钻井过程中发生垮塌而出现扩大，电阻率仍呈现异常低值，声波时差可出现增大，FMI 成像测井图像色调与上下地层有明显区别。化学充填主要为巨晶方解石，在常规测井曲线上，它与普通灰岩难以区别。由于纯巨晶方解石比普通灰岩中的方解石更纯，导电性更差，溶洞充填巨晶方解石在 FMI 成像上表现为很亮的颜色，与普通灰岩有明显的界面。因而，在无取心时，FMI 成像测井是识别巨晶方解石充填溶洞的重要依据。

（5）坍塌相，为洞顶相的衍生物，由于洞顶相受到物理及化学风化作用及上覆地层压力等多种因素的影响，发生坍塌并与洞底的暗河沉积物等一起形成坍塌相，岩性多为角砾状灰岩。坍塌相可部分或全部被岩溶作用改造，改造作用对坍塌相的物性会有所影响，整体上坍塌相储集性较差。岩心上坍塌相的主要识别标志是岩性单一的垮塌角砾岩，测井上较难识别该类岩溶相，但可根据洞穴的形成时间和填充程度间接判断坍塌相。

（6）构造裂缝相。其主要特征为：深浅侧向电阻率正差异明显，两条曲线呈现明显“双轨”现象，深侧向电阻率介于 100～1000Ω·m 之间；孔隙度曲线值接近于基岩；自然伽马低值小于 15API，接近基岩；井径不变化或微小变化；FMI 图像显示为深色的正弦曲线形态；斯通利波显示较强的衰减，反映地层流动能力较好，裂缝发育。

（7）基岩骨架相。可定义为碳酸盐岩地层受岩溶作用后所表现的空间形态，是所有其他岩溶相形成的基础，基岩骨架相受岩溶作用改造。

3）溶洞训练图像模式的建立

从地震储层响应特征分析可知，由于溶洞与基岩之间存在很大的速度差，溶洞往往在地震剖面上表现为反射较强的“串珠”，反映能量的均方根振幅属性对溶洞具有较好的反应，因此，采用截断后的均方根振幅作为三维训练图像。在单井溶洞相划分的基础上，通过单井溶洞相标定，均方根振幅截断值确定为3500μm。由于三维图像训练过程计算量非常大，加之全区溶洞地震响应模式相近，采用局部小区域作为训练图像。对上述图像进行训练，建立溶洞相模式训练图像，如图2–3–2所示。

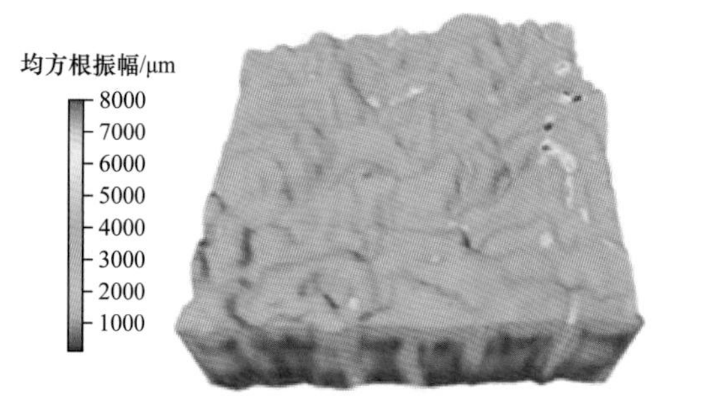

a. 均方根振幅

b. 截断后溶洞相模式训练图像

图2–3–2　溶洞相模式训练图像

4）溶洞相建模

应用上述图像训练结果，采用对溶洞反映较好的均方根振幅地震属性作为软约束条件，进行多点地质统计模拟，从图2–3–3中可以看出，所建立的模型能够很好地反映溶洞分布。模型在井点上既与储层分类基本一致，又符合溶洞整体分布趋势；而在相同硬数据及软约束条件下，采用传统的序贯指示方法得到的结果则很难反映溶洞分布规律，溶洞基本沿点状分布，没有体现出地震上所表现的溶洞分布模式。

5）溶洞相属性建模

几何空间结构模型不能描述天然缝洞单元体内部空间特征，需要结合井数据进行分析和标定，包括钻井资料（放空和钻井液漏失）、地质信息（岩性、分层）和测井数据等。通过测井电相分析和地质数据的标定，建立单井地质模型。

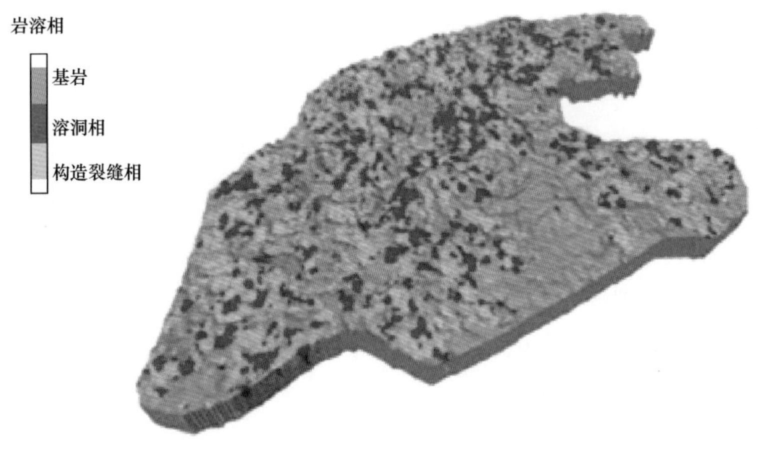

a. 多点统计学模拟结果

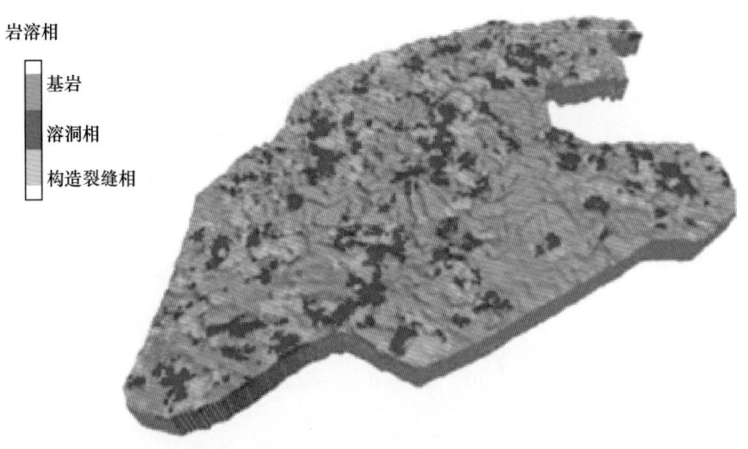

b. 两点统计学模拟结果

图 2-3-3　不同建模方法结果对比

储层地质模型建立后，利用测井解释孔隙度数据，分析每种储层类型的孔隙度分布特征，分别建立每种储层类型的孔隙度与波阻抗的交会关系。把测井解释孔隙度作为硬数据，把波阻抗数据体和天然缝洞单元体储层地质模型作为空间约束，采用协同克里金模拟方法，结合天然缝洞单元体几何空间结构模型，在溶洞分布模型控制下，采用序贯高斯方法建立三维孔隙度模型。

首先，选择具有钻井、测井、录井与 FMI 资料的关键井的溶洞层段，利用成像测井资料，采用图像分割法标定关键井段溶洞体积，分析成像测井与常规曲线之间的关系，应用多元回归分析方法或者神经网络深度学习方法，建立溶洞体积与常规曲线钻时、中子和密度等参数之间的定量关系式，并计算溶洞体积。溶洞体积比的多元回归关系式为：

$$R_V = a + b\mathrm{AC} + c\mathrm{CNL} + d\mathrm{DEN} \tag{2-3-1}$$

式中 a，b，c，d——拟合系数，a=−204.1869246，b=3.8677，c=−0.4827307453，d=12.365416315；

R_V——体积比；

AC——声波时差测井，ms/m；

CNL——中子孔隙度测井，%；

DEN——密度测井，g/cm^3。

该关系式的相关系数为 0.993，显著水平为 0.00010，说明所建立的回归方程是可靠的，可以用来计算溶洞的缝洞单元体积比。

以溶洞相为目标体，以井点定量解释的数据作为属性建模的已知数据，统计井点不同岩相类型各项参数的变化规律，分不同相类型分析各项属性数据的正态分布规律。同时，通过三向变差函数的拟合，求取 3 个方向的变程，建立溶洞体积分布变异函数。在溶洞相分布的约束下，得到缝洞孔隙体积分布数据体，如图 2-3-4 所示。

图 2-3-4　缝洞型油藏孔隙度场建模

二、油藏数值模拟方法

国内外很多学者对碳酸盐岩缝洞型油藏的流动机理进行了研究，提出了很多流动模型，包括管流模型、等势体模型、等效达西或非达西渗流模型、Brinkman 模型、Darcy-Stokes 耦合模型，Darcy-Brinkman-Stokes 耦合模型（可归类为 Darcy-Stokes 的衍生模型）。其中，Darcy-Stokes 及其衍生的系列模型被公认为在理论上较为严谨，但在 2007 年以前，关于该模型的研究仅限于单相流。

随着塔河油藏进入注水或注气开发阶段，推动了国内外学者针对油、气、水多相流 Darcy-Stokes 耦合模型的研究，并将油水两相流作为油、气、水三相流的特殊情况。首先，根据油藏的地质特征和生产特征，进行模型假设：（1）考虑到氮气在油、水中溶解度低，所以油、气、水三相流动不需要考虑溶解气和挥发油。（2）将储集空间分为两类：一类为渗流区，包括微小裂缝和溶洞，采用重组型双重介质描述；另一类为溶洞，对于填充溶洞，采用离散大溶洞介质模型和渗流方程描述；对于未充填溶洞，即空腔，用离散大溶洞模型和 Stokes 方程描述。（3）因裂缝和溶洞的毛细管力很小，可以忽略。Darcy-Stokes 模型包括 4 个部分：（1）渗流区的渗流数学模型；（2）空腔流区的 Navier-Stokes 模型；（3）渗流区和空腔连接面法向关于压力和流速的连接条件，该条件又称为 BJS 条件（Beavers-Joseph-Saffman 条件）；（4）渗流区和空腔连接面切向关于压力和流速的连接条件，需要解决流体力学领域介质突变引起的流量计算问题。

图 2-3-5 所示为缝洞型油藏 Darcy-Stokes 耦合模型结构。

1. 基于窜流方向的介质重数

在渗流区需要完善多重介质渗流理论关于多重介质重数的确定方法。传统渗流理论建立多重连续介质模型的依据主要考虑两个因素：（1）要存在不同类型或尺度的储集空间类型；（2）储集空间的特征尺度足够小，以至于可以用连续介质模型来描述。但发现传统的多重介质渗流理论并不完善，一方面，连续介质的数量并不是决定多重连续介质渗流模型重数的所有因素，因为多重连续介质模型隐含了对窜流项的简化，将窜流用源汇项描述；另一方面，从微观孔隙的角度，不同介质类型的多孔介质内的流动通道都能用流体力学理论进行描述，即都可以描述为对流扩散项。对窜流究竟适合对流扩散项还是适合用源汇项描述，就需要结合具体的传质方式进行分析，不同类型或不同尺度介质间的流体交换可能符合源汇项，也可能符合对流项，在油藏数值模拟中，对流扩散项和源 / 汇项对流场具有不同的影响，如图 2-3-6 所示。如果窜流项不符合源汇项，则不适合用多重介质模型。

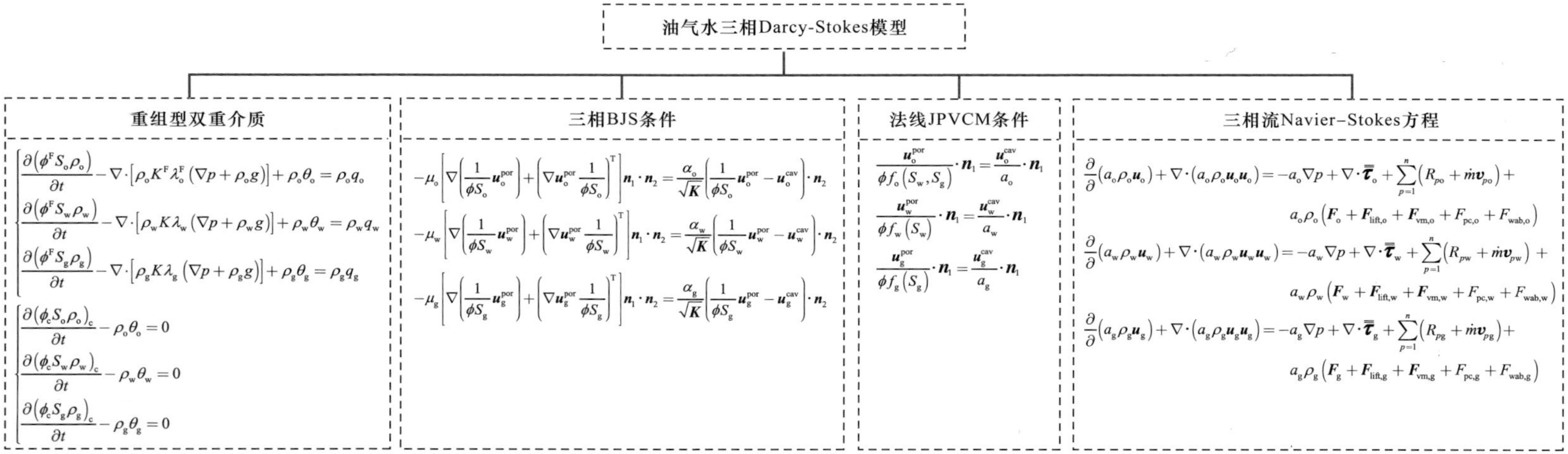

油气水三相Darcy-Stokes模型

重组型双重介质

$$\begin{cases}\dfrac{\partial(\phi^{F}S_o\rho_o)}{\partial t}-\nabla\cdot\left[\rho_o K^{F}\lambda_o^{F}(\nabla p+\rho_o g)\right]+\rho_o\theta_o=\rho_o q_o\\ \dfrac{\partial(\phi^{F}S_w\rho_w)}{\partial t}-\nabla\cdot\left[\rho_w K\lambda_w(\nabla p+\rho_w g)\right]+\rho_w\theta_w=\rho_w q_w\\ \dfrac{\partial(\phi^{F}S_g\rho_g)}{\partial t}-\nabla\cdot\left[\rho_g K\lambda_g(\nabla p+\rho_g g)\right]+\rho_g\theta_g=\rho_g q_g\end{cases}$$

$$\begin{cases}\dfrac{\partial(\phi_c S_o\rho_o)_c}{\partial t}-\rho_o\theta_o=0\\ \dfrac{\partial(\phi_c S_w\rho_w)_c}{\partial t}-\rho_w\theta_w=0\\ \dfrac{\partial(\phi_c S_g\rho_g)_c}{\partial t}-\rho_g\theta_g=0\end{cases}$$

三相BJS条件

$$-\mu_o\left[\nabla\left(\frac{1}{\phi S_o}\boldsymbol{u}_o^{por}\right)+\left(\nabla\boldsymbol{u}_o^{por}\frac{1}{\phi S_o}\right)^{T}\right]\boldsymbol{n}_1\cdot\boldsymbol{n}_2=\frac{\alpha_o}{\sqrt{\boldsymbol{K}}}\left(\frac{1}{\phi S_o}\boldsymbol{u}_o^{por}-\boldsymbol{u}_o^{cav}\right)\cdot\boldsymbol{n}_2$$

$$-\mu_w\left[\nabla\left(\frac{1}{\phi S_w}\boldsymbol{u}_w^{por}\right)+\left(\nabla\boldsymbol{u}_w^{por}\frac{1}{\phi S_w}\right)^{T}\right]\boldsymbol{n}_1\cdot\boldsymbol{n}_2=\frac{\alpha_w}{\sqrt{\boldsymbol{K}}}\left(\frac{1}{\phi S_w}\boldsymbol{u}_w^{por}-\boldsymbol{u}_w^{cav}\right)\cdot\boldsymbol{n}_2$$

$$-\mu_g\left[\nabla\left(\frac{1}{\phi S_g}\boldsymbol{u}_g^{por}\right)+\left(\nabla\boldsymbol{u}_g^{por}\frac{1}{\phi S_g}\right)^{T}\right]\boldsymbol{n}_1\cdot\boldsymbol{n}_2=\frac{\alpha_g}{\sqrt{\boldsymbol{K}}}\left(\frac{1}{\phi S_g}\boldsymbol{u}_g^{por}-\boldsymbol{u}_g^{cav}\right)\cdot\boldsymbol{n}_2$$

法线JPVCM条件

$$\frac{\boldsymbol{u}_o^{por}}{\phi f_o(S_w,S_g)}\cdot\boldsymbol{n}_1=\frac{\boldsymbol{u}_o^{cav}}{a_o}\cdot\boldsymbol{n}_1$$

$$\frac{\boldsymbol{u}_w^{por}}{\phi f_w(S_w)}\cdot\boldsymbol{n}_1=\frac{\boldsymbol{u}_w^{cav}}{a_w}\cdot\boldsymbol{n}_1$$

$$\frac{\boldsymbol{u}_g^{por}}{\phi f_g(S_g)}\cdot\boldsymbol{n}_1=\frac{\boldsymbol{u}_g^{cav}}{a_g}\cdot\boldsymbol{n}_1$$

三相流Navier-Stokes方程

$$\frac{\partial}{\partial}(a_o\rho_o\boldsymbol{u}_o)+\nabla\cdot(a_o\rho_o\boldsymbol{u}_o\boldsymbol{u}_o)=-a_o\nabla p+\nabla\cdot\overline{\overline{\boldsymbol{\tau}}}_o+\sum_{p=1}^{n}(R_{po}+\dot{m}\boldsymbol{v}_{po})+a_o\rho_o(\boldsymbol{F}_o+\boldsymbol{F}_{lift,o}+\boldsymbol{F}_{vm,o}+F_{pc,o}+F_{wab,o})$$

$$\frac{\partial}{\partial}(a_w\rho_w\boldsymbol{u}_w)+\nabla\cdot(a_w\rho_w\boldsymbol{u}_w\boldsymbol{u}_w)=-a_w\nabla p+\nabla\cdot\overline{\overline{\boldsymbol{\tau}}}_w+\sum_{p=1}^{n}(R_{pw}+\dot{m}\boldsymbol{v}_{pw})+a_w\rho_w(\boldsymbol{F}_w+\boldsymbol{F}_{lift,w}+\boldsymbol{F}_{vm,w}+F_{pc,w}+F_{wab,w})$$

$$\frac{\partial}{\partial}(a_g\rho_g\boldsymbol{u}_g)+\nabla\cdot(a_g\rho_g\boldsymbol{u}_g\boldsymbol{u}_g)=-a_g\nabla p+\nabla\cdot\overline{\overline{\boldsymbol{\tau}}}_g+\sum_{p=1}^{n}(R_{pg}+\dot{m}\boldsymbol{v}_{pg})+a_g\rho_g(\boldsymbol{F}_g+\boldsymbol{F}_{lift,g}+\boldsymbol{F}_{vm,g}+F_{pc,g}+F_{wab,g})$$

图 2-3-5　缝洞型油藏 Darcy-Stokes 耦合模型结构

ϕ—孔隙度，%；ρ_o，ρ_g，ρ_w—油、气、水密度，kg/m^3；$\boldsymbol{K}$—渗透率张量，D；λ_o，λ_g，λ_w—油、气、水流度，D/（mPa·s）；g—重力加速度，m/s^2；S_o，S_g，S_w—含油、气、水饱和度，%；q_o，q_g，q_w—油、气、水产量，m^3/d；t—时间，d；θ_o，θ_g，θ_w—跨介质的油、气、水流量，m^3/d；$\boldsymbol{u}_l^{por}$（l=o，g，w）—渗流区相流体（油、气、水）的渗流速度张量，张量的每一元素单位，m/d；$\boldsymbol{u}_l^{cav}$（l=o，g，w）—空腔相流体（油、气、水）的渗流速度张量，张量的每一元素单位，m/d；$\boldsymbol{n}_1$，$\boldsymbol{n}_2$—界面的单位法线矢量；a_o，a_g，a_w—油相、气相、水相体积占比；$\boldsymbol{F}_{lift,o}$，$\boldsymbol{F}_{lift,g}$，$\boldsymbol{F}_{lift,w}$—单位面积浮力作用项，m/t^2；$\boldsymbol{F}_{vm,o}$，$\boldsymbol{F}_{vm,g}$，$\boldsymbol{F}_{vm,w}$—油、气、水受到的虚拟质量力作用项，m/t^2；$F_{pc,o}$，$F_{pc,g}$，$F_{pc,w}$—油、气、水受到综合的界面张力作用项，m/t^2；$F_{wab,o}$，$F_{wab,g}$，$F_{wab,w}$—油、气、水单位面积受到固壁界面的吸附作用项，m/t^2；α_o，α_g，α_w—关系常数；$\overline{\overline{\boldsymbol{\tau}}}_l$（$l$=o，g，w）—$l$ 相的压力应变张量；$\overline{\boldsymbol{R}}_{pq}$（$q$=o，g，w）—$p$ 相和 q 相的相互力作用项，N；$\boldsymbol{v}_{pq}$—相间的速度差，m/d

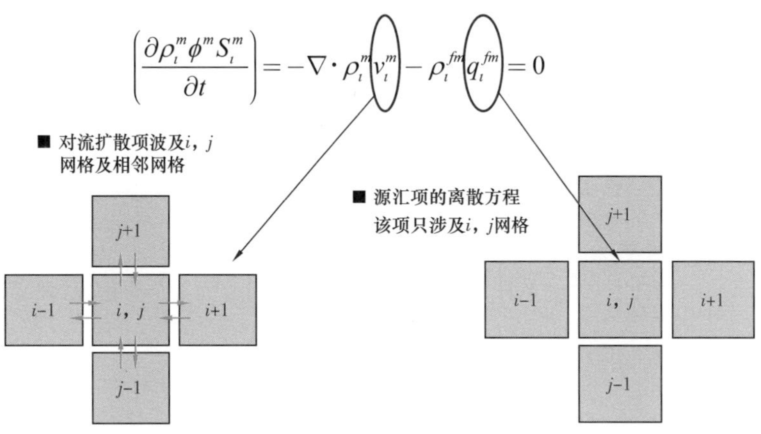

图 2-3-6　对流项与源汇对渗流场的影响示意图

v—渗流速度，m/d；q_l^{fm}—流体 l（l=o，w，g）在介质 m 与介质 f 间的窜流量，m^3/d；i，j—网格编号，整数

基于此，提出新的完善条件：多重介质渗流模型不仅要考虑储渗空间类型和特征尺度，还要考虑不同介质间的窜流是否具有方向性，只有当窜流的方向性可以忽略时，多重介质渗流模型才适用。根据所提出的理论，当溶洞仅有一个开口与外界连通时，才能和裂隙组成双重介质，一般情况下溶洞与裂缝应当组成复合单重介质，基岩的溶洞个体如果不相连通，不能与孔隙构成溶洞—基岩型双重介质。因此，渗流区的缝洞介质，需要根据提出的多重介质重数的补充条件进行重组与划分，从而形成新的缝洞多重介质模型，称为重组型缝洞多重介质模型。

2. 重组型缝洞双重介质模型

重组型缝洞双重介质渗流模型，是窜流方向性确定多重介质重数的典型应用（图 2-3-7）。

a. 符合裂缝—溶洞双重介质(窜流无方向性)　　b. 服从裂缝溶洞复合的单一介质(窜流有方向性)

图 2-3-7　缝洞空间组合与窜流方向性示意图

重组型双重介质模型将裂缝和Ⅱ型溶洞作为整体，组成复合介质作为一种连续介质，为了描述方便标记为介质 F；Ⅰ型溶洞作为一种连续介质，为了方便描述标记为介质 C。窜流量的计算公式需要由单重介质推广到三重介质。

对于复合介质区域的油、气、水三相连续性方程：

$$\begin{cases}\dfrac{\partial\left(\phi^{\mathrm{F}}S_{\mathrm{o}}\rho_{\mathrm{o}}\right)}{\partial t}-\nabla\cdot\left[\rho_{\mathrm{o}}K^{\mathrm{F}}\lambda_{\mathrm{o}}^{\mathrm{F}}\left(\nabla p+\rho_{\mathrm{o}}g\right)\right]+\rho_{\mathrm{o}}\theta_{\mathrm{o}}=\rho_{\mathrm{o}}q_{\mathrm{o}}\\ \dfrac{\partial\left(\phi^{\mathrm{F}}S_{\mathrm{w}}\rho_{\mathrm{w}}\right)}{\partial t}-\nabla\cdot\left[\rho_{\mathrm{w}}K\lambda_{\mathrm{w}}\left(\nabla p+\rho_{\mathrm{w}}g\right)\right]+\rho_{\mathrm{w}}\theta_{\mathrm{w}}=\rho_{\mathrm{w}}q_{\mathrm{w}}\\ \dfrac{\partial\left(\phi^{\mathrm{F}}S_{\mathrm{g}}\rho_{\mathrm{g}}\right)}{\partial t}-\nabla\cdot\left[\rho_{\mathrm{g}}K\lambda_{\mathrm{g}}\left(\nabla p+\rho_{\mathrm{g}}g\right)\right]+\rho_{\mathrm{g}}\theta_{\mathrm{g}}=\rho_{\mathrm{g}}q_{\mathrm{g}}\end{cases}\tag{2-3-2}$$

对于Ⅰ型溶洞介质，因为溶洞彼此并不连通，所以不考虑扩散项，因此，连续性方程为：

$$\begin{cases}\dfrac{\partial\left(\phi^{\mathrm{C}}S_{\mathrm{o}}\rho_{\mathrm{o}}\right)}{\partial t}-\rho_{\mathrm{o}}\theta_{\mathrm{o}}=0\\ \dfrac{\partial\left(\phi^{\mathrm{C}}S_{\mathrm{w}}\rho_{\mathrm{w}}\right)}{\partial t}-\rho_{\mathrm{w}}\theta_{\mathrm{w}}=0\\ \dfrac{\partial\left(\phi^{\mathrm{C}}S_{\mathrm{g}}\rho_{\mathrm{g}}\right)}{\partial t}-\rho_{\mathrm{g}}\theta_{\mathrm{g}}=0\end{cases}\tag{2-3-3}$$

窜流量 θ 的计算公式：

$$\theta_{\mathrm{o}}=T_{\theta}K_{\mathrm{ro}}^{\mathrm{up}}\left(p^{\mathrm{C}}-p^{\mathrm{F}}\right)\tag{2-3-4}$$

$$\theta_{\mathrm{w}}=T_{\theta}K_{\mathrm{rw}}^{\mathrm{up}}\left(p^{\mathrm{C}}-p^{\mathrm{F}}\right)\tag{2-3-5}$$

$$\theta_{\mathrm{g}}=T_{\theta}K_{\mathrm{rg}}^{\mathrm{up}}\left(p^{\mathrm{C}}-p^{\mathrm{F}}\right)\tag{2-3-6}$$

与试井解释不同，数值模拟需知道窜流系数才能计算，但许多学者利用裂缝—溶洞双重介质模型时，一般调用裂缝—基岩的窜流计算公式。事实上，裂缝—溶洞双重介质与裂缝—基岩双重介质具有很大差别。通过建立的裂缝—溶洞双重介质模型，推导裂缝—缝洞窜流公式，解决了数值模拟过程中的这一难题，并且分析了缝洞双重介质的渗流特征：当窜流系数较低时，单相流的双对数试井曲线出现凹形特征；当窜流系数足够大时，单相流的曲线形态与单一介质相似，不出现凹形特征，但油水两相流动可导致油井的含水率出现阶梯状。

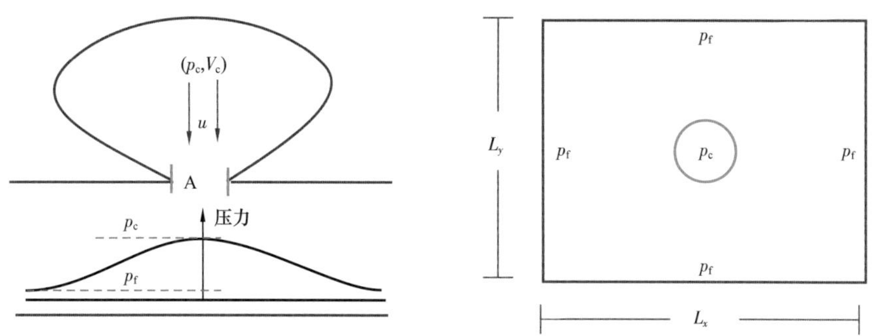

图 2-3-8　裂缝—溶洞在微观尺度下的流体交换示意图

p_c，p_f—溶洞、裂缝内的压力，MPa；V_c—溶洞体积，m^3；
L_x，L_y—裂缝在 x 方向和 y 方向的间隔距离，m

其中

$$
LN_{e_1e_2}=\begin{cases}\ln\left\{\dfrac{\operatorname{th}\left(\dfrac{\pi l_{e_1e_2}}{2l_{e_1}}\right)\operatorname{th}\left[\dfrac{\pi\left(R_c-l_{e_2}\right)}{2l_{e_1}}\right]\operatorname{th}\left[\dfrac{\pi\left(R_c+l_{e_2}\right)}{2l_{e_1}}\right]}{\operatorname{th}\left(\dfrac{\pi R_c}{l_{e_1}}\right)\operatorname{th}\left(\dfrac{-\pi l_{e_2}}{4l_{e_1}}\right)\operatorname{th}\left(\dfrac{3\pi l_{e_2}}{4l_{e_1}}\right)}\right\} & \left(l_{e_1}>l_{e_2}\right)\\[2ex] \ln\left\{\dfrac{\operatorname{th}\left(\dfrac{\pi l_{e_1}}{2l_{e_2}}\right)\operatorname{th}\left[\dfrac{\pi\left(R_c-l_{e_1}\right)}{2l_{e_2}}\right]\operatorname{th}\left[\dfrac{\pi\left(R_c+l_{e_1}\right)}{2l_{e_2}}\right]}{\operatorname{th}\left(\dfrac{\pi R_c}{l_{e_2}}\right)\operatorname{th}\left(\dfrac{-\pi l_{e_1}}{4l_{e_2}}\right)\operatorname{th}\left(\dfrac{3\pi l_{e_1}}{4l_{e_2}}\right)}\right\} & \left(l_{e_1}<l_{e_2}\right)\end{cases}\quad(e_1,e_2=x,y,z)
$$

（2-3-7）

3. 油水两相和油气水三相 Navier-Stokes 流动模型

油、气、水三相在空腔流区域的流动用 Navier-Stokes 方程建立数学模型。通过调研国内外文献发现，当前还没有针对缝洞型油藏的油、气、水三相流动数学模型。我们根据注氮气过程的油气水三相流体在空腔流动过程的受力条件，建立 Navier–Stokes 方程。对于多相流而言，建立流动数学模型的方法包括 VOF 法、MIXTURE 方法、EULIER 方法，本书采用 Euler 方法。

质量守恒方程：

$$\frac{\partial a_{\mathrm{o}}\rho_{\mathrm{o}}}{\partial t}+\nabla\cdot\left(a_{\mathrm{o}}\rho_{\mathrm{o}}\boldsymbol{u}_{\mathrm{o}}\right)=\rho_{\mathrm{o}}q_{\mathrm{o}} \tag{2-3-8}$$

$$\frac{\partial a_{\mathrm{w}}\rho_{\mathrm{w}}}{\partial t}+\nabla\cdot\left(a_{\mathrm{w}}\rho_{\mathrm{w}}\boldsymbol{u}_{\mathrm{w}}\right)=\rho_{\mathrm{o}}q_{\mathrm{o}} \tag{2-3-9}$$

$$\frac{\partial a_{\mathrm{g}}\rho_{\mathrm{g}}}{\partial t}+\nabla\cdot\left(a_{\mathrm{g}}\rho_{\mathrm{g}}\boldsymbol{u}_{\mathrm{g}}\right)=\rho_{\mathrm{g}}q_{\mathrm{g}} \tag{2-3-10}$$

动量守恒方程，即狭义的 Navier–Stokes 方程，考虑压力应变张量、外部体积力（重力），升力、虚拟质量力、界面张力、壁面的黏附力等，有如下方程：

油相方程

$$\begin{aligned}\frac{\partial}{\partial}\left(a_{\mathrm{o}}\rho_{\mathrm{o}}\boldsymbol{u}_{\mathrm{o}}\right)+\nabla\cdot\left(a_{\mathrm{o}}\rho_{\mathrm{o}}\boldsymbol{u}_{\mathrm{o}}\boldsymbol{u}_{\mathrm{o}}\right)=-a_{\mathrm{o}}\nabla p+\nabla\cdot\overline{\overline{\boldsymbol{\tau}}}_{\mathrm{o}}+\sum_{p=1}^{n}\left(\overline{R}_{p\mathrm{o}}+\dot{m}\boldsymbol{v}_{p\mathrm{o}}\right)+\\a_{\mathrm{o}}\rho_{\mathrm{o}}\left(\boldsymbol{F}_{\mathrm{o}}+\boldsymbol{F}_{\mathrm{lift,o}}+\boldsymbol{F}_{\mathrm{vm,o}}+F_{\mathrm{pc,o}}+F_{\mathrm{wab,o}}\right)\end{aligned} \tag{2-3-11}$$

水相方程

$$\begin{aligned}\frac{\partial}{\partial}\left(a_{\mathrm{w}}\rho_{\mathrm{w}}\boldsymbol{u}_{\mathrm{w}}\right)+\nabla\cdot\left(a_{\mathrm{w}}\rho_{\mathrm{w}}\boldsymbol{u}_{\mathrm{w}}\boldsymbol{u}_{\mathrm{w}}\right)=-a_{\mathrm{w}}\nabla p+\nabla\cdot\overline{\overline{\boldsymbol{\tau}}}_{\mathrm{w}}+\sum_{p=1}^{n}\left(\overline{R}_{p\mathrm{w}}+\dot{m}\boldsymbol{v}_{p\mathrm{w}}\right)+\\a_{\mathrm{w}}\rho_{\mathrm{w}}\left(\boldsymbol{F}_{\mathrm{w}}+\boldsymbol{F}_{\mathrm{lift,w}}+\boldsymbol{F}_{\mathrm{vm,w}}+F_{\mathrm{pc,w}}+F_{\mathrm{wab,w}}\right)\end{aligned} \tag{2-3-12}$$

气相方程

$$\begin{aligned}\frac{\partial}{\partial}\left(a_{\mathrm{g}}\rho_{\mathrm{g}}\boldsymbol{u}_{\mathrm{g}}\right)+\nabla\cdot\left(a_{\mathrm{g}}\rho_{\mathrm{g}}\boldsymbol{u}_{\mathrm{g}}\boldsymbol{u}_{\mathrm{g}}\right)=-a_{\mathrm{g}}\nabla p+\nabla\cdot\overline{\overline{\boldsymbol{\tau}}}_{\mathrm{g}}+\sum_{p=1}^{n}\left(\overline{R}_{p\mathrm{g}}+\dot{m}\boldsymbol{v}_{p\mathrm{g}}\right)+\\a_{\mathrm{g}}\rho_{\mathrm{g}}\left(\boldsymbol{F}_{\mathrm{g}}+\boldsymbol{F}_{\mathrm{lift,g}}+\boldsymbol{F}_{\mathrm{vm,g}}+F_{\mathrm{pc,g}}+F_{\mathrm{wab,g}}\right)\end{aligned} \tag{2-3-13}$$

式中 p_q——压力；

$\overline{\overline{\boldsymbol{\tau}}}_q$——相的压力应变张量；

F_q——外部体积力，

$\boldsymbol{F}_{\mathrm{lift},\ q}$——升力；

$F_{vm,q}$——虚拟质量力；

$F_{pc,q}$——界面张力；

$F_{wab,q}$——壁面的黏附力；

$\mu_{\lambda q}$——剪切黏度；

μ_q——运动黏度；

下标 p，下标 q——流体类型。

4. 渗流区和空腔流区分界面切向方向流体压力和流速的连接条件

沿该界面的切向方向的连接条件，又称为 Beaver–Joseph–Saffman 条件，简称 BJS 条件。单相流的 BJS 条件为：

$$-\mu\left[\nabla\left(\frac{1}{\phi}\boldsymbol{u}^{\mathrm{por}}\right)+\left(\nabla\boldsymbol{u}^{\mathrm{por}}\frac{1}{\phi}\right)^{\mathrm{T}}\right]\boldsymbol{n}_1\cdot\boldsymbol{n}_2=\frac{\alpha}{\sqrt{\boldsymbol{K}}}\left(\frac{1}{\phi}\boldsymbol{u}^{\mathrm{por}}-\boldsymbol{u}^{\mathrm{cav}}\right)\cdot\boldsymbol{n}_2 \quad (2\text{-}3\text{-}14)$$

式中　$\boldsymbol{K}$——渗透率张量；

α——关系常数，通过实验测定；

$\boldsymbol{n}_1$——界面的法线方向；

$\boldsymbol{n}_2$——界面的切线方向。

对于油水两相 Darcy–Stokes 模型，需要将 BJS 条件由单相流推广到两相流；同理，对于油气水三相 Darcy–Stokes 模型，需要将 BJS 条件由单相流扩展到油气水三相流。因裂缝和溶洞一般属于超细毛管多孔介质范畴，毛细管力可以忽略不计，故可认为在该界面处油、气、水有相同的分界点，如图 2-3-9 所示，于是三相流的 BJS 条件为：

油相

$$-\mu_{\mathrm{o}}\left[\nabla\left(\frac{1}{\phi S_{\mathrm{o}}}\boldsymbol{u}_{\mathrm{o}}^{\mathrm{por}}\right)+\left(\nabla\boldsymbol{u}_{\mathrm{o}}^{\mathrm{por}}\frac{1}{\phi S_{\mathrm{o}}}\right)^{\mathrm{T}}\right]\boldsymbol{n}_1\cdot\boldsymbol{n}_2=\frac{\alpha_{\mathrm{o}}}{\sqrt{\boldsymbol{K}}}\left(\frac{1}{\phi S_{\mathrm{o}}}\boldsymbol{u}_{\mathrm{o}}^{\mathrm{por}}-\boldsymbol{u}_{l}^{\mathrm{cav}}\right)\cdot\boldsymbol{n}_2 \quad (2\text{-}3\text{-}15)$$

水相

$$-\mu_{\mathrm{w}}\left[\nabla\left(\frac{1}{\phi S_{\mathrm{w}}}\boldsymbol{u}_{\mathrm{w}}^{\mathrm{por}}\right)+\left(\nabla\boldsymbol{u}_{\mathrm{w}}^{\mathrm{por}}\frac{1}{\phi S_{\mathrm{w}}}\right)^{\mathrm{T}}\right]\boldsymbol{n}_1\cdot\boldsymbol{n}_2=\frac{\alpha_{\mathrm{w}}}{\sqrt{\boldsymbol{K}}}\left(\frac{1}{\phi S_{\mathrm{w}}}\boldsymbol{u}_{\mathrm{w}}^{\mathrm{por}}-\boldsymbol{u}_{\mathrm{w}}^{\mathrm{cav}}\right)\cdot\boldsymbol{n}_2 \quad (2\text{-}3\text{-}16)$$

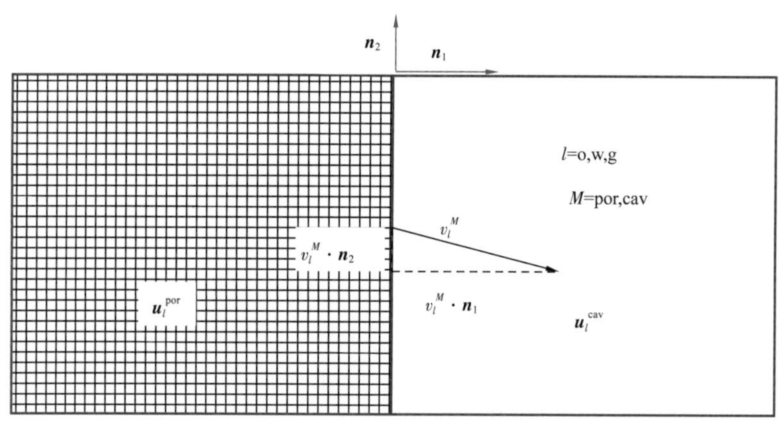

图 2-3-9　BJS 界面连接条件示意图

气相

$$-\mu_g\left[\nabla\left(\frac{1}{\phi S_g}\boldsymbol{u}_g^{por}\right)+\left(\nabla\boldsymbol{u}_g^{por}\frac{1}{\phi S_g}\right)^{T}\right]\boldsymbol{n}_1\cdot\boldsymbol{n}_2=\frac{\alpha}{\sqrt{\boldsymbol{K}}}\left(\frac{1}{\phi S_g}\boldsymbol{u}_g^{por}-\boldsymbol{u}_g^{cav}\right)\cdot\boldsymbol{n}_2 \tag{2-3-17}$$

式中　$\boldsymbol{K}$——渗透率张量。

5. Darcy-Stokes 模型中渗流区和空腔界面法向连接条件

法向界面条件是指渗流区和空腔流区界面处法向的压力和流速条件，渗流区和空腔流区的分界面，是典型的跨介质类型的突变界面。已有的 Darcy-Stokes 模型只限于单相流体，在渗流区和空腔流区的分界面处，有如下压力和法向流速的连接条件：

$$\frac{1}{\phi}\boldsymbol{u}^{por}\cdot\boldsymbol{n}_1=\boldsymbol{u}^{cav}\cdot\boldsymbol{n}_2 \tag{2-3-18}$$

$$p^{por}=p^{cav} \tag{2-3-19}$$

根据 CPVCM，在渗流区—空腔界面处，流速和压力依然连续。对于油水两相或油、气、水三相 Darcy-Stokes，根据已有的多相渗流理论和多相流体力学理论可知，渗流区—空腔界面处的压力和各相流速仍然连续（为了方便叙述，称为 CPVCM），以油水两相为例有关系式：

$$\frac{1}{\phi S_o}\boldsymbol{u}_o^{por}\cdot\boldsymbol{n}_1=\boldsymbol{u}_o^{cav}\cdot\boldsymbol{n}_2 \tag{2-3-20}$$

$$\frac{1}{\phi S_{\mathrm{w}}}\boldsymbol{u}_{\mathrm{w}}^{\mathrm{por}}\cdot\boldsymbol{n}_1=\boldsymbol{u}_{\mathrm{w}}^{\mathrm{cav}}\cdot\boldsymbol{n}_2 \tag{2-3-21}$$

$$p_{\mathrm{o}}^{\mathrm{por}}=p_{\mathrm{o}}^{\mathrm{cav}} \tag{2-3-22}$$

$$p_{\mathrm{w}}^{\mathrm{por}}=p_{\mathrm{w}}^{\mathrm{cav}} \tag{2-3-23}$$

有学者认为CPVCM忽视了流体的在跨介质的突变情况，与流体力学描述的激波界面连接条件Rankine–Hugoniot相矛盾（可由质量守恒方程推导得到）。也有学者根据质量连续方程和运动方程，建立了新的界面条件，压力和流速可以不连续。根据JPVCM，在不考虑毛细管力的情况下，渗流区和空腔流区全局压力相等，总流速（油的速度与水速度之和）相等。特别指出JPVCM与CPVCM有区别，不是各相流体的流速相等。渗流区和空腔流区在界面处有如下连接关系：

$$\begin{cases}\dfrac{1}{\phi}v_{\mathrm{t}}^{\mathrm{por}}\cdot\boldsymbol{n}_1=v_{\mathrm{t}}^{\mathrm{cav}}\cdot\boldsymbol{n}_2\\ v_{\mathrm{o}}^{\mathrm{por}}=\left[1-f_{\mathrm{w}}\left(S_{\mathrm{w}}\right)\right]v_{\mathrm{t}}^{\mathrm{por}},v_{\mathrm{w}}^{\mathrm{por}}=f_{\mathrm{w}}\left(S_{\mathrm{w}}\right)_{\mathrm{t}}^{\mathrm{por}}\\ v_{\mathrm{o}}^{\mathrm{cav}}=\alpha_{\mathrm{o}}v_{\mathrm{t}}^{\mathrm{cav}};v_{\mathrm{w}}^{\mathrm{cav}}=\alpha_{\mathrm{w}}v_{\mathrm{t}}^{\mathrm{cav}}\\ p_{\mathrm{o}}^{\mathrm{por}}+\displaystyle\int_{S_{\mathrm{w}}}^{1}f_{\mathrm{w}}^{\mathrm{por}}\left(\xi\right)\frac{\mathrm{d}p_{\mathrm{c}}^{\mathrm{por}}\left(\xi\right)}{\mathrm{d}\xi}\mathrm{d}\xi=p_{\mathrm{o}}^{\mathrm{cav}}\end{cases} \tag{2-3-24}$$

对于油气水三相，根据JPVCM，采用总流速相等的原理，可以推导得到如下公式：

$$\frac{\boldsymbol{u}_{\mathrm{t}}^{\mathrm{por}}}{\phi}\cdot\boldsymbol{n}_1=\boldsymbol{u}_{\mathrm{t}}^{\mathrm{cav}}\cdot\boldsymbol{n}_1 \tag{2-3-25}$$

因此，关于流速的法向连接条件：

$$\frac{\boldsymbol{u}_{\mathrm{o}}^{\mathrm{por}}}{\phi f_{\mathrm{o}}\left(S_{\mathrm{w}},S_{\mathrm{g}}\right)}\cdot\boldsymbol{n}_1=\frac{\boldsymbol{u}_{\mathrm{o}}^{\mathrm{cav}}}{a_{\mathrm{o}}}\cdot\boldsymbol{n}_1 \tag{2-3-26}$$

$$\frac{\boldsymbol{u}_{\mathrm{w}}^{\mathrm{por}}}{\phi f_{\mathrm{w}}\left(S_{\mathrm{w}}\right)}\cdot\boldsymbol{n}_1=\frac{\boldsymbol{u}_{\mathrm{w}}^{\mathrm{cav}}}{a_{\mathrm{w}}}\cdot\boldsymbol{n}_1 \tag{2-3-27}$$

$$\frac{\boldsymbol{u}_{\mathrm{g}}^{\mathrm{por}}}{\phi f_{\mathrm{g}}\left(S_{\mathrm{g}}\right)}\cdot\boldsymbol{n}_{1}=\frac{\boldsymbol{u}_{\mathrm{g}}^{\mathrm{cav}}}{a_{\mathrm{g}}}\cdot\boldsymbol{n}_{1} \tag{2-3-28}$$

其中

$$f_{l}=\frac{\lambda_{l}}{\lambda_{\mathrm{o}}+\lambda_{\mathrm{w}}+\lambda_{\mathrm{g}}}\qquad(l=\mathrm{o,w,g}) \tag{2-3-29}$$

$$\lambda_{\mathrm{o}}=\frac{K_{\mathrm{ro}}\left(S_{\mathrm{w}},S_{\mathrm{g}}\right)}{\mu_{\mathrm{o}}}\quad\lambda_{\mathrm{w}}=\frac{K_{\mathrm{ro}}\left(S_{\mathrm{w}}\right)}{\mu_{\mathrm{w}}}\quad\lambda_{\mathrm{g}}=\frac{K_{\mathrm{ro}}\left(S_{\mathrm{g}}\right)}{\mu_{\mathrm{g}}}$$

另外有压力的连接条件：

$$p_{\mathrm{o}}^{\mathrm{por}}=p_{\mathrm{o}}^{\mathrm{cav}} \tag{2-3-30}$$

$$p_{\mathrm{w}}^{\mathrm{por}}=p_{\mathrm{w}}^{\mathrm{cav}} \tag{2-3-31}$$

$$p_{\mathrm{g}}^{\mathrm{por}}=p_{\mathrm{g}}^{\mathrm{cav}} \tag{2-3-32}$$

三、地质建模与数值模拟一体化应用实例

以塔河油田某区块的油藏为例，通过所建立的油藏数值模拟方法对油藏的生产历史进行拟合。通过结合地震、测井、完井和生产资料，主要对以下参数进行了调整：

（1）模型孔隙度。塔河油田缝洞型油藏油井放空的溶洞段没有测井曲线，结合经验公式对孔隙度进行调整。

（2）模型渗透率。缝洞型油藏多重空间介质渗透率属性差异较大，且空间组合关系复杂，测井及地震的解释结果具有一定的不确定性，因此，属于不确定性较大的参数，模型中的调整范围为 0.1～1000mD。

（3）水体规模。属于不确定参数，可以做较大幅度的调整。例如 TK457 井和 TK622 井，平均日产水量高达 80m^3，根据见水特征和储层条件，分别在两口井下方设置添加水体，并以此实现产水拟合。

（4）油水相对渗渗透率曲线。对单井指定不同井点初始的端点值拟合初期含水。

（5）大尺度溶洞采用原形空腔描述。

通过以上方法，结合地震及测井资料，对典型井生产过程进行历史拟

合，并根据拟合状况，在合理范围内进行参数调整，如图 2-3-10 和图 2-3-11 所示。

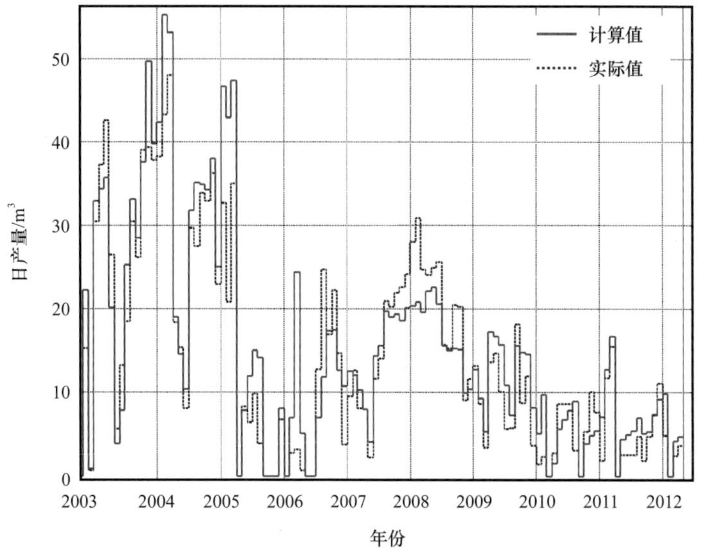

图 2-3-10　TK457 井日产油量历史拟合图

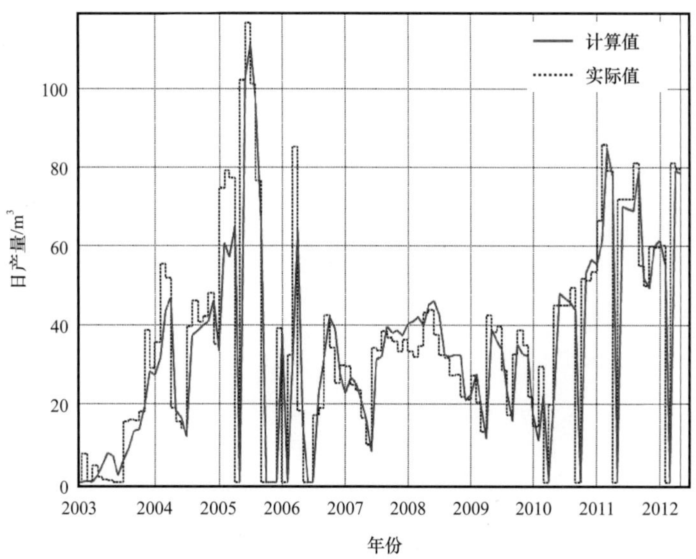

图 2-3-11　TK457 井日产水量历史拟合图

在建立的油藏定量化模型和历史拟合的基础上，对该油藏进行注气方案预测。对比了 Darcy-EPC 缝洞型油藏模型和传统数值模拟方法（离散裂缝粗化建立的油藏数值模型）的计算结果（图 2-3-12 和图 2-3-13）。采用上述方法，所预测的注入氮气窜进方向以及波及范围与实际注气监测情况基本相符，能够反映注入氮气沿裂缝快速窜进的情况；而传统方法反映的裂缝、溶洞及基质流动规律与实际情况差距较大。

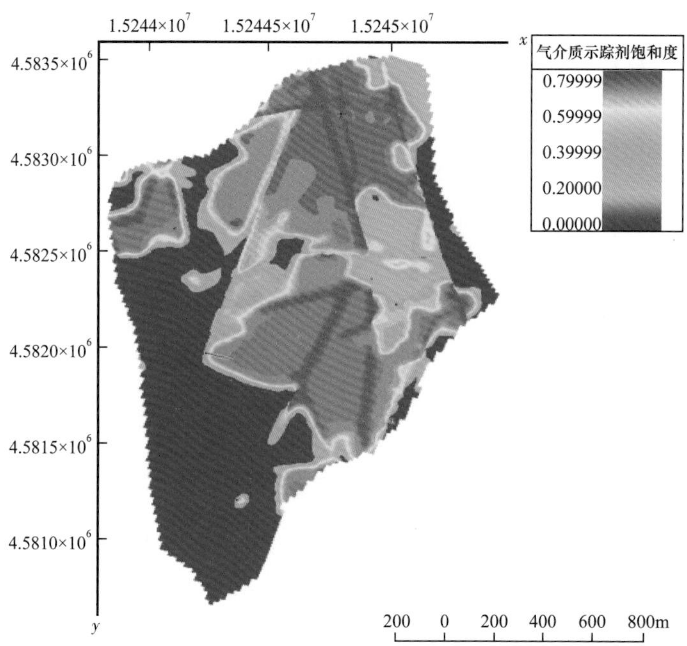

图 2-3-12　传统数值模拟方法预测的注入气分布图

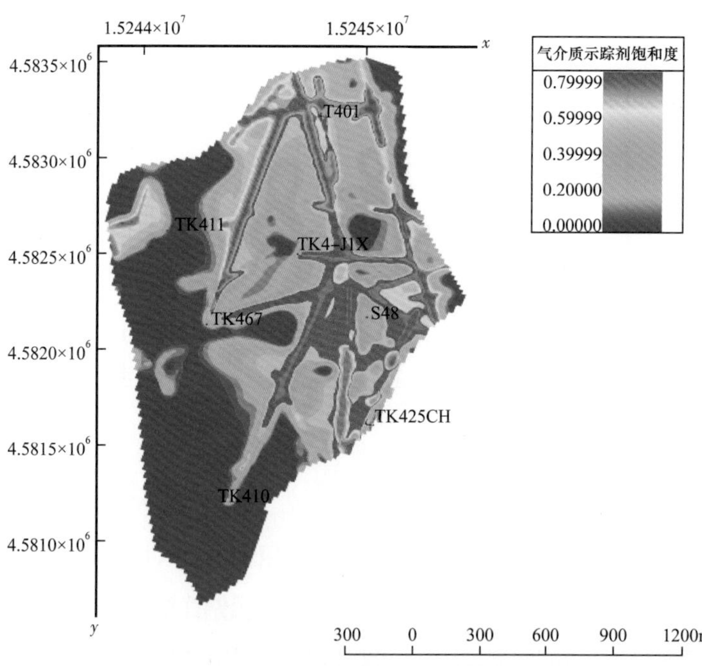

图 2-3-13　Darcy-EPC 缝洞型油藏模型预测的注入气分布图

第四节　单元体空间结构井网优化设计技术

常规多层砂岩油藏一般根据储层分布特征，采用以平面面积控制和垂向层位控制为基础的规则面积井网，如五点法井网、反九点井网或排状井网等。对于碳酸盐岩缝洞型油藏，由于缝洞分布的不连续性及随机性，采用常规面积井网难以实现天然缝洞单元体的有效动用，需要打破常规井网的范畴，根据储集空间类型、缝洞结构和连通关系确定井网形式，采用单元体空间结构井网部署方式进行有效开发，并在塔河、哈拉哈塘、顺北和富满等油田进行了成功实践。

一、单元体空间结构井网的内涵和构建原则

1. 单元体空间结构井网的内涵

缝洞型油藏储集空间结构呈强非均质性特征，导致开发单元连通范围、储量分布和能量大小等差异很大，需要建立适应的井网形式。对比缝洞型碳酸盐岩油藏与砂岩油藏在储集空间分布、连通方式和流动模式上的差异性，规则井网构建方法在缝洞型油藏已不适用。基于缝洞结构的复杂性以及空间分布的不规则性，针对含油缝洞的控制，提出了“单元体空间结构井网”设计方法，在缝洞空间展布和配置关系基础上，考虑洞洞连通、井洞匹配关系，构建井控储量和开发效益最大化的井网。空间结构井网主要包含了早期产建阶段的基础井网、中期注水注气开发的注采井网和后期调整的井网，考虑不同能量接替开发方式下全生命周期的井网构建等。

单元体空间结构井网的理论内涵是指以“缝洞空间展布、缝洞配置关系”为基础，考虑缝洞空间展布特点和缝洞连接关系特点，实现立体化设计；以“匹配井洞关系、构建注采关系”为条件，充分利用井与缝洞的位置关系和连接部位的关系，构建最有利的注采井位置，实现结构化设计；以“注水、注气重力驱替理论”为指导，考虑油、气、水 3 种介质的密度差、缝洞结构的高度差、大尺度不同连通通道的速度差，对天然能量驱、人工补充能量驱分阶段进行井网系统化设计。单元体空间结构井网以实现“立体化、结构化、系统化”为构建思想核心，实现缝洞有效控制、储量高效动用、油水均衡驱替的开发目标。

2. 构建单元体空间结构井网构建的基本原则

缝洞型油藏单元体空间结构井网在缝洞与注采井的优化配置基础上，实现立体化、结构化和系统化的井网构建与优化。井网构建遵循以下三项基本原则。

原则一：以“平面一井多控，纵向一井多洞”为控制原则。缝洞型油藏以溶洞为主要储集空间，裂缝为主要连接通道，实现井网高效控洞率关键在于控制缝洞连通枢纽。通过在平面上优选和设计关键井，实现在平面多向连通基础上达到一井多控的目的；在考虑缝洞空间结构特征的基础上，利用结构中的枢纽缝洞体实现水驱或气驱在储量上的多洞控制，控制原则保证了基础井网和注采井网控制储量的最大化。

原则二：以“便于注采转换、气水协同驱替”为动用原则。注采井网是空间结构井网构建的重要阶段，注采井网构建要考虑不同能量接替开发下，全生命周期的井网特点和需求，要兼顾注水、注气开发井网的阶段性和后期井网优化与重构的整体性。注采关系的设计中，要考虑缝洞结构的高低和储集体类型差异，不仅要考虑注水开发，也要有利于后期注气开发，兼顾气水协同驱替，以缝洞结构的立体动用最优化为目标。

原则三：以“实现储量空间、立体动用最大化”为优化原则。随着缝洞型油藏地震雕刻技术和油藏工程方法的进步，对剩余油分布和连通关系的认识逐步加深，结合动态开发过程中井网控制效果，需要从缝洞关系、井洞关系、连通关系不断系统优化井网，实现储量控制动用以及经济效益上的最大化。

缝洞型油藏单元体空间结构井网的构建原则，明显不同于规则井网的构建原则，行列井网和面积井网要考虑井网密度、排距行距以及基础井网控制储量80%以上等条件。空间结构井网以匹配缝洞空间结构的立体化、结构化、系统化构建为核心，建立不规则立体注采井网，如图2-4-1所示。

在遵循构建原则、明确构建表征要素的基础上，建立了单元体空间结构井网构建的5步技术流程：

第一步，缝洞连通结构分析。利用缝洞空间结构和连通关系表征结果，确定最大化储量动用的思路和对策。

第二步，井洞关系标定。基于第一步的系统认识，设计井型、井距与溶洞平面、纵向组合模式，确定井控范围，开展井、洞位置关系和连接关系分析，明确井洞的组合模式。

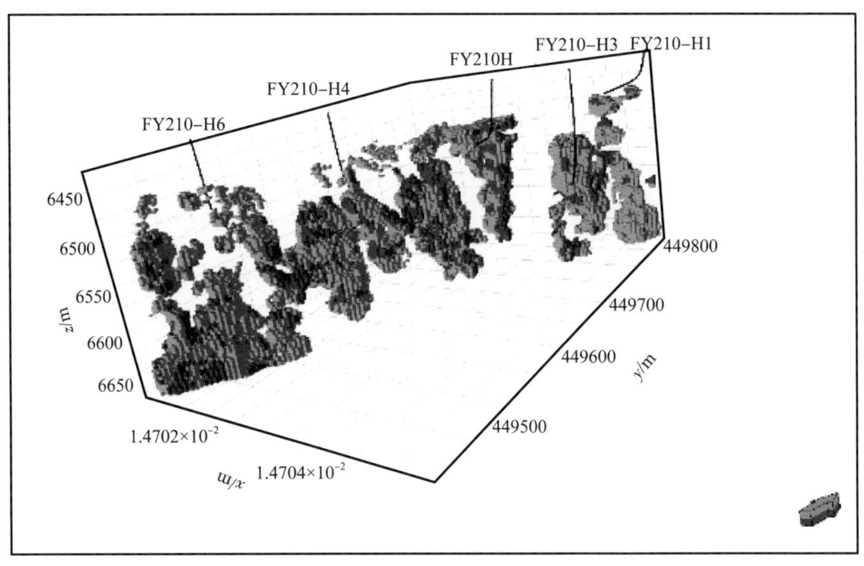

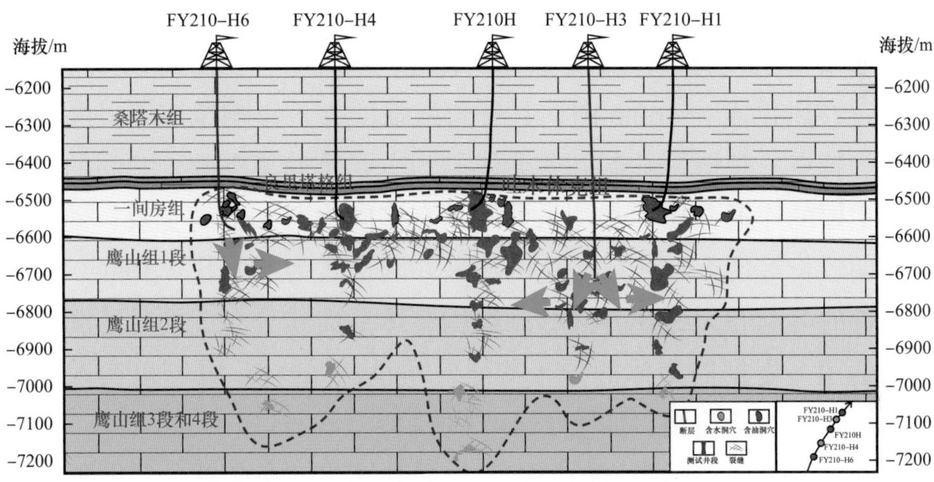

图 2-4-1　FY210H 连通井组空间结构井网构建模式图

第三步，注采井部署。结合储量和能量状况的表征结果，以储量控制最大化为目标，系统部署注采井的位置。

第四步，注采方式设计。基于注采结构表征对注采关系、驱替路径和注采方式的分析，开展采油井和注入井井别设计，建立注采关系，根据剩余油分布状况优化注入介质和方式。

第五步，井网优化调整。开展井网完善程度评价，利用数值模拟手段，优化井网调整方案。当控制程度较低时，新增注采完善井和注水井，提高天然缝洞单元体储量的控制程度；当动用程度较低时，考虑调整注采结构、注采关系等方式，增大天然缝洞单元体储量的动用程度。

二、碳酸盐岩缝洞型油藏单元体空间结构井网的构建方法

碳酸盐岩缝洞型油藏以天然缝洞单元体为开发和管理目标，实施“按洞布井、逐洞开发”原则，构建单元体空间结构井网。前面章节已经论述，天然缝洞单元体是由一个溶洞或若干个由裂缝网络沟通的溶洞所组成的相互连通的缝洞储集体，具有统一的压力系统和油水关系，是一个独立的油藏，自成油水体系。在开发过程中，以缝洞储集体的展布特征为依据，实施逐洞部署开发井。对风化壳型储集体的岩溶残丘溶洞优先部署、裂缝和孔洞次之；断控缝洞型储集体的主干断裂优先部署、次级断裂次之；暗河型储集体的主暗河段和深部暗河优先部署、分支暗河和浅层暗河次之。对不同岩溶地质背景下的缝洞储集体，形成了不规则的开发井网形式。

风化壳型：储集体连通方向多样，注采井网为不规则的“面状”井网形式。表层岩溶带上发育的风化壳型储集体是塔河油田主要的储集体发育模式，其主要发育在风化面 0～60m 内，具有岩溶强度大、影响范围广、局部构造呈面状分布等特点。裂缝、孔洞和残余溶洞为主要的储集空间，井间的裂缝和岩溶管道是主要的连通介质，在注采井间具有多向连通、多向受效、受效特征明显和有效期较长等特点，所以构建的注采井网形式为“面状”井网。如 TK611 井区，发育的溶洞和裂缝使井区缝洞结构整体呈面状分布，同时溶洞之间存在多条连通通道。根据储集体的分布特征，“面状”的注采井网可实现对天然缝洞单元体最大限度的控制，如图 2–4–2a 所示。

断控型：储集体沿断裂方向展布，注采井网为“条带状”井网形式。断控型储集体主要包含了主干断裂带和次级断裂带缝洞。主干断裂带为岩溶作用提供了主要通道，伴生的次级断裂为岩溶的发育提供了有利条件，油气运移后形成了油气富集且规模较大的沿断裂带分布的油气富集带。断控型储集体的裂缝和孔洞比较发育，特别是方向性的裂缝是井间主要的连通通道和连通路径，注采井组具有受效方向单一、注水井控制有限等特点。因此，在断控型储集体上，构建的注采井网主要为“条带状”井网形式。如 TP226X 井区，储集体受主干断裂控制，溶洞沿断裂延展方向分布，注水井主要部署在裂缝上，油井主要部署在溶洞上，建立“条带状”的注采井网形式，如图 2–4–2b 所示。

暗河型：储集体为暗河岩溶，注采井网为沿暗河展布的“线状”井网形式。在潜流溶蚀带上的古暗河岩溶储集体的形成，受地表水系和地下暗河的双

重作用，在平面上分为主暗河和分支暗河、纵向上分浅层暗河和深部暗河。暗河岩溶主要在距风化面 60～220m 的中深部，以较大规模溶洞为主；同时，通过纵向高角度裂缝局部沟通，形成了浅层暗河和深部暗河连通的岩溶暗河系统。暗河岩溶上的注采井组具有连通方向明确、受效期长等特点。因此，暗河岩溶上构建的注采井网呈“线状”分布，以实现平面主暗河、分支暗河和纵向浅层暗河、深部暗河的有效控制。如 S67 井区，发育浅层和深部暗河，且局部暗河段纵向连通，注水井主要部署在暗河低部位，实施暗河平面分段、纵向分层驱替，构建“线状”注采井网形式，如图 2-4-2c 所示。

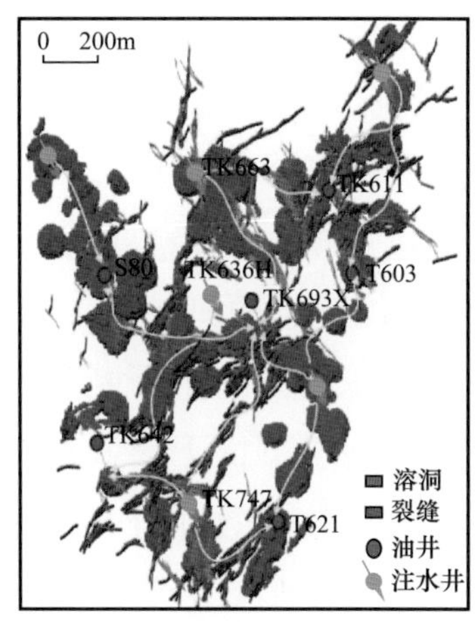

a. 风化壳岩溶井网形式

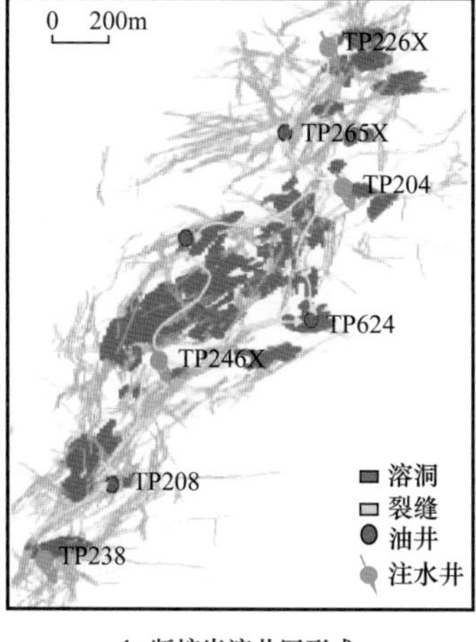

b. 断控岩溶井网形式

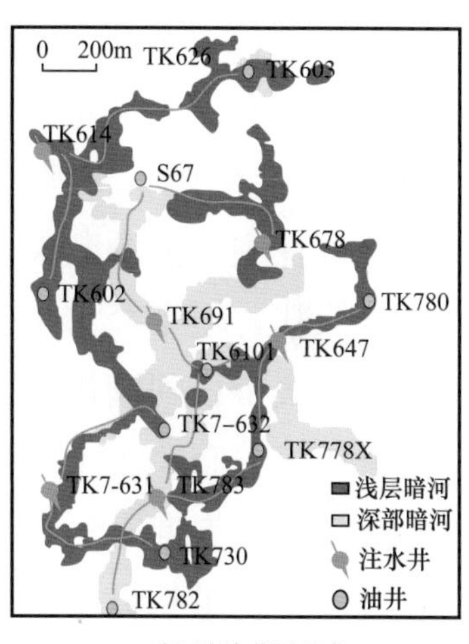

c. 暗河岩溶井网形式

图 2-4-2　塔河油田 3 种岩溶地质背景下的井网形式

碳酸盐岩缝洞型油藏注水井的部署遵循“缝洞结构空间展布，整体部署、分步实施，油水井试采试注连通分析，逐步完善注采井网，调整优化”的原则，建立注采基础井网。由于缝洞型油藏储集体具有较强的非均质性特征和不规则的开发基础井网，所以构建的注采井网为不规则注采井网，其明显不同于砂岩油藏行列注采井网和面积注采井网。在注采关系上，砂岩油藏分层注采，注采对应关系清楚；缝洞型油藏注入井与采出井对应关系复杂。

三、体积开发井位部署方式

1. 四定高效井位优选

通过多年来的不断认识与实践，在断裂控储成藏地质理论指导下，系统总结高效井特征，形成的断溶体油藏定带、定段、定井、定型的“四定”高效井位部署思路。根据对富满油田油藏地质特征认识，明确了高产高效井具有“近主干油源断裂 + 正地貌 + 长串珠”典型特征，进而形成井位优选技术。结合断裂活动强弱、储层发育程度差异、构造位置高低等方面因素，沿断裂带进行油藏解剖，总结油气差异富集模式，明确了富满油田油气沿主干断裂带富集，充分认识到距主干油源断裂距离明显影响油气充注强度，且分支断裂与主干断裂油水界面明显存在差异。富满油田部分高产井表现长期试采不产水、油压下降慢等特征，计算动态储量大于百万吨。通过动静态储量匹配分析，以及流温、静温测试变化规律研究，认识到部分断裂带局部油柱高度可达300～400m。富满油田高效井油柱高度大、油气产量高，纵向储层规模大、“串珠”长。因此，富满油田靶点优选时应选择纵向为多峰多谷长串珠，并形成了“打在主干油源断裂上；选择多峰多谷长串珠，储量规模大；趋势面精细刻画避低洼，短半径水平井 / 斜度井井型优化”的高效井位优选原则。

定富集带：阿满过渡带碳酸盐岩油藏的富集区多分布在通源的主干断裂带上，呈带状分布，主干断裂纵向上向下断穿至寒武系，有利于下伏下寒武统玉尔吐斯组烃源岩向上运移成藏。统计分析表明，工区绝大多数高效井分布在主干断裂带上，虽然近主干断裂带也有低产井、不稳产井，但大多数分支断裂或远离主干断裂带的井难以高产稳产或失利。位于分支断裂的YueM3-5井2015年6月开钻，目的层为一间房组，钻揭一间房组垂深53m完钻，常规测试，采用ϕ5mm油嘴日产水128.22m^3，日产气微量，测试结论为含气水层。2016年4月，侧钻东部主干断裂一间房组天然缝洞单元体，钻揭一间房组垂深21m完钻，采用ϕ5mm油嘴常规测试日产油122.64m^3、日产气3.1736×10^4m^3，已累计产油5.9×10^4t，2021年6月日产油68t，不含水，油压34MPa。

定富集段：同一级别断裂，不同段油气富集存在差异。按照应力特征不同，平面上可分为3种断裂样式：挤压段、拉张段、平移段。综合分析拉分段发育于应力释放区，岩溶缝洞单元体发育程度最好，单井控制储量大、日产油量及累计产油量高，油气富集程度最高；挤压段分布于应力限制弯曲段，岩溶天然缝洞单元体发育程度、开发效果、单井控制储量均次之。

阿满过渡带$F_{I}6$断裂带整体呈线性特征，但可分为两段：一是不同段之间存在明显的走滑断裂消亡的“马尾”标志；二是不同段之间断层断距存在明显规律性。$F_{I}6$断裂带南段单井气油比为267～363m^3/t，油压为

29～35.8MPa，2021 年 6 月单井累计产油 5×10^4～8.5×10^4t；$F_Ⅰ$6 断裂带北段单井气油比为 85～153m^3/t，油压为 10.4～19MPa，2021 年 6 月单井累计产油 1.5×10^4～2.4×10^4t，两段之间生产特征差异大，南段更为富集，推测是由于不同段充注强度不同造成，如图 2-4-3 所示。

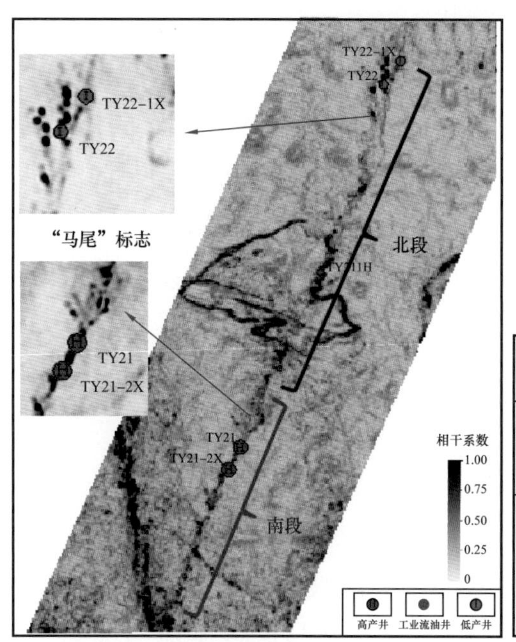

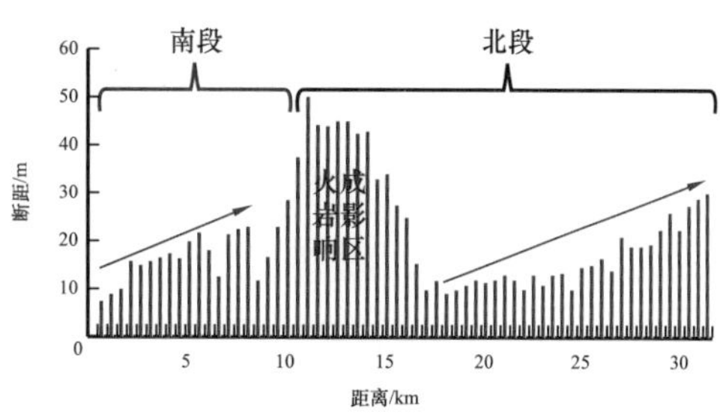

不同段单井生产情况统计

分段	井号	投产时间	初期油压/MPa	初期气油比/m^3/m^3	2021年6月日产油/t	累计产油/10^4t
南段	TY21	2017-10	35.8	267	107	8.5
	TY21-2X	2018-11	29.0	363	97	5.0
北段	TY211H	2019-10	16.0	85	113	2.4
	TY22	2017-3	10.4	153	不出液关井	1.5
	TY22-1X	2018-10	19	111	高含水关井	1.5

图 2-4-3　富满油田 $F_Ⅰ$6 断裂带分段及不同段生产情况图

定高效井：高效井具有“主干断裂 + 正地貌 + 长串珠（纵向油柱高度大）”特征。根据富满油田地震反射特征和钻井储层的对应关系，将富满油田储层地震反射特征分为大型缝洞型、强长串珠型、孤立串珠型和杂乱反射型，其中高产高效井钻遇的储层类型，这几种反射类型均有，但主要以大型缝洞体和强长串珠型为主。强长串珠型和孤立串珠型地震反射特征反演储层类型以洞穴为主，大型缝洞型地震反射特征反演储层类型以洞穴、孔洞和裂缝为主，杂乱反射型地震反射特征反演储层类型以小型孔洞和裂缝为主，钻遇前 3 种反射类型高部位为高产高效井的普遍特征。

定井型：富满油田奥陶系储层主要受北东向及北西向走滑断裂控制。平面上，储层沿断裂呈条带状分布，断裂破碎带两侧储层不发育；根据断裂破碎带野外露头及水平井横穿断裂破碎带的钻井、录井和测井资料显示，其具有三段式的内部结构，一般宽 120～260m，中间为角砾岩支撑的核部，物性最好，易放空，两旁分别是发育裂缝孔洞和裂缝储层的基岩，物性逐渐变差，裂缝孔洞储层段会漏失，裂缝基岩段初始有气测显示，无工程异常。纵向上，储层受断裂面控制，深浅不一。垂直断裂方向，储层一般呈线状，局部呈漏斗状（F_I15 断裂），且储层发育具有穿层现象，可分为一间房组储层、鹰山组储层和一间房组—鹰山组储层；沿断裂方向缝洞储层十分发育，呈“板状体”，根据局部发育程度，一般呈块状、漏斗状和线状。

富满油田断控型储集体，每个单独天然缝洞单元体单独成藏，两个紧邻天然缝洞单元体之间是致密的，相互不连通，单井控制储量小，如仅采用直井钻探单一断溶体方式，成本高，采收率低，开发效益差。应充分利用井筒和地面设施，提出了“穿断裂、短半径、垂直地震剖面（VSP）、封堵易垮塌段”的一体化技术。采用短半径水平井方式，设计钻穿断裂破碎带，设计录取 VSP 资料，提高超深层串珠空间准确性。

2. 四选高效井轨迹设计

在油气差异富集规律认识和“四定”高效井位优选的基础上，进一步优化井轨迹设计，依据叠前深度偏移资料优选井位部署位置，选择振幅变化率属性最强的地方作为钻井靶点，以提高储层钻遇率，利用波阻抗反演资料，确定优质油气储量发育区，提高钻井放空漏率，设计井轨迹与区域主应力大角度相交，以确保井壁稳定性及提高酸压沟通距离。

1）叠前深度偏移选位置

在塔里木盆地台盆区，早期资料处理采用的叠前时间偏移成像方法，无论基于直射线还是弯曲射线，都是建立在水平层状或均匀介质的理论基础上，适用于地下构造简单地区的构造成像，对速度的依赖性较小，成像归位不准确，因此，不太适应塔里木盆地台盆区这种陡倾角以及速度的横向变化大的情况。而叠前深度偏移能处理强烈的横向速度变化和陡倾角地层的成像问题，适应不规则空间采样的地震数据，同时能估计层速度的空间分布，使得成像精度更高，偏移归位更准确。因此，叠前深度偏移是解决碳酸盐岩断控断溶型油藏复杂结构成像的有效手段。

富满油田目的层是奥陶系一间房组和鹰山组，储层为碳酸盐岩岩溶缝洞储集体及断裂破碎带，是典型的断控型碳酸盐岩油藏。一方面，储层具有非常明显的非均值性，因此，对奥陶系风化面反射形态刻画要求和内部的天然缝洞单元体成像精度要求更高，特别是天然缝洞单元体的深度、位置以及形态都要求刻画细致；另一方面，油源断裂的存在与否和位置决定了油藏的开发效果，对断裂的识别和成像也提出更高的要求，需要地震资料上断裂断点归位准确，成像清晰，易于识别，可解释性强，从而为奥陶系碳酸盐岩断溶体油藏井位部署提供更为可靠的资料。因此，目前富满油田地震资料处理，主要以叠前深度偏移处理为主要技术手段。

鹿场三维工区位于塔里木盆地阿满过渡带西部，鹿场 1 井是三维内上钻的第一口探井，位于三维工区东部，2019 年 12 月 31 日酸压测试放喷获高产工业油流。由于碳酸盐岩断溶体油藏储层平面和纵向的强非均质性，对井位钻探靶点位置要求非常高，常常差之毫厘谬以千里。图 2–4–4 所示为过鹿场 1 井叠前深度偏移剖面，剖面中左边轨迹为该井第一次钻井轨迹，钻至目的层发生漏失，测试见油出水，说明储层发育。根据钻后重新处理地震剖面进行侧钻，钻至图 2–4–4a 所示井底位置未发生放空漏失，调整靶点井底平面坐标不变，垂向向下移动 16.95m，在 7588m 左右发生漏失（图 2–4–4b），继续钻进至设计井底完钻，累计漏失钻井液 334.9m^3。经酸压后，用 ϕ5mm 油嘴放喷排液，油压由 15.38MPa 上升至 25.4MPa，套压由 13.95MPa 上升至 19.44MPa，井口温度 19.4℃，折日产油 260m^3［原油相对密度 0.8492（20℃）、0.8288（50℃）］，折日产气 10948m^3，测试获高产。

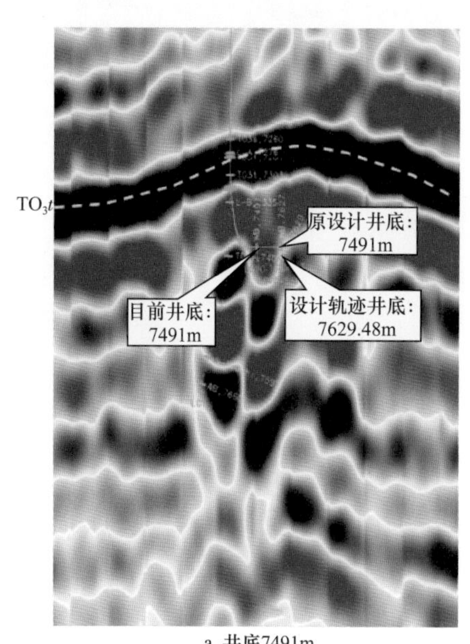

a. 井底7491m

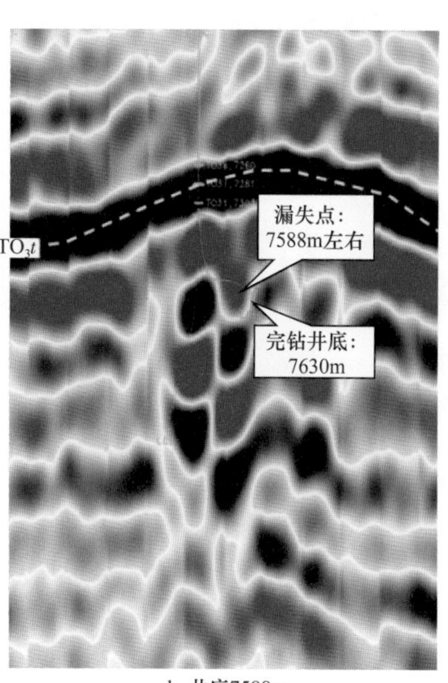

b. 井底7588m

图 2–4–4 过鹿场 1 井叠前深度偏移剖面

2）振幅变化率属性选靶点

富满油田是典型的断控断溶型碳酸盐岩油藏，储层沿断裂展布，纵向树状沿断裂展布，断裂断到哪，储层就在哪发育。基于振幅能量梯度处理之后的振幅变化率属性，可以更好地反映断裂与储层之间的关系，断储相伴生特征更加清晰，而且剖面和平面属性能量变化关系更明显，反映储层更加聚焦，如图 2-4-5 所示。碳酸盐岩井位设计，通常采用大斜度井，为保证钻井地质任务的完成，进入目的层前要保证安全钻进，进入目的层后还要确保钻遇储层，对于富满油田这种超深断控断溶型碳酸盐岩油藏，应用振幅变化率属性，在平面上可以根据其能量变化设计轨迹，剖面上为井位设计提供准确的造斜点和井底坐标，确保较高的储层钻遇率。

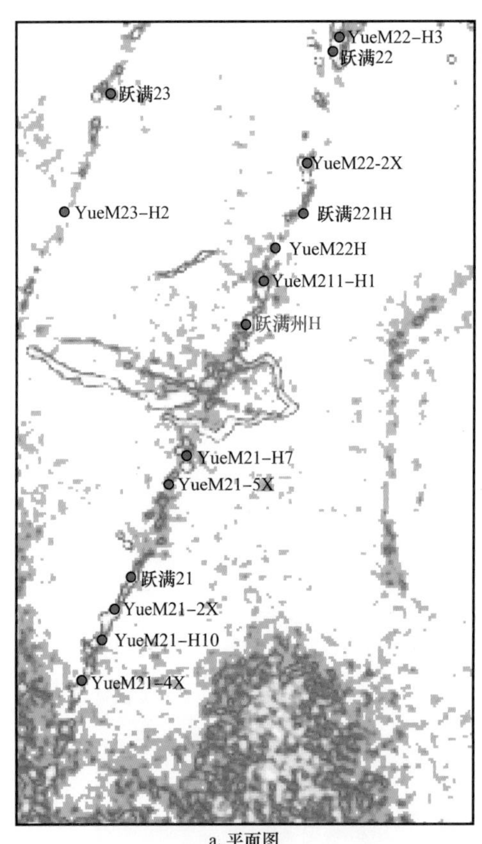

a. 平面图

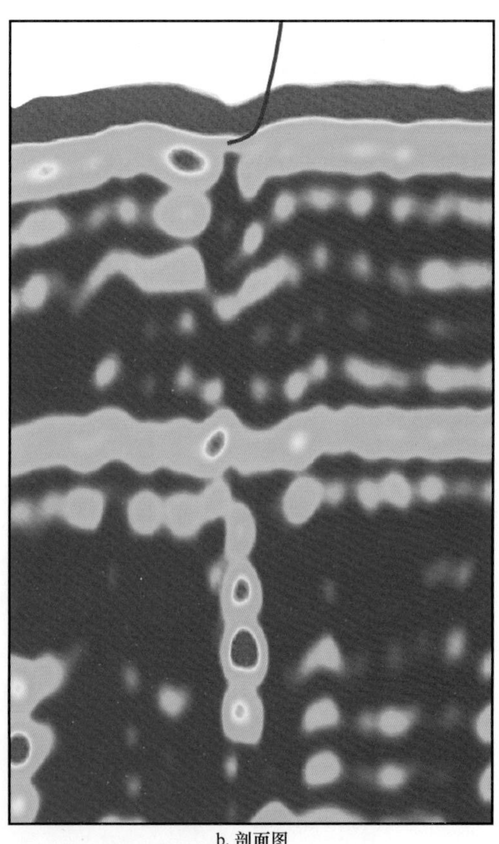
b. 剖面图

图 2-4-5 富满油田跃满区块振幅变化率

3）波阻抗反演选靶层

碳酸盐岩缝洞型储层由于与围岩存在强波阻抗界面，并且由于子波作用，在地震剖面上所有储层均表现为或连续、或杂乱、或连片的强振幅特征，在常规地震剖面上无法确定洞穴、孔洞或裂缝的起始位置，而且碳酸盐岩缝洞型储层具有超强的非均质性，储层段通常由于放空漏失等钻井异常，导致测井资料难以获取，储层特征难以通过测井准确刻画，地震测井联合波阻抗反演技术，就是充分利用钻井、测井和地质资料提供的构造、层位、岩性和物性等信息，将常规的地震反射振幅的变化，转换成波阻抗信息，以此来反映地层的岩性和物性等信息，提高地震资料对储层的识别能力。地震储层反演可以有效去除地震反射的放大效应，是具有明确地球物理意义的波阻抗数据体，同时利用波阻抗数据体，根据孔隙度和波阻抗拟合关系，计算得到更直接表征物性的孔隙度体。反演转换后得到的孔隙度剖面对储层的反映更加明确，可以根据物性的不同，确认储层顶和优质储层的位置，以此确定层靶点，如图 2-4-6 所示。

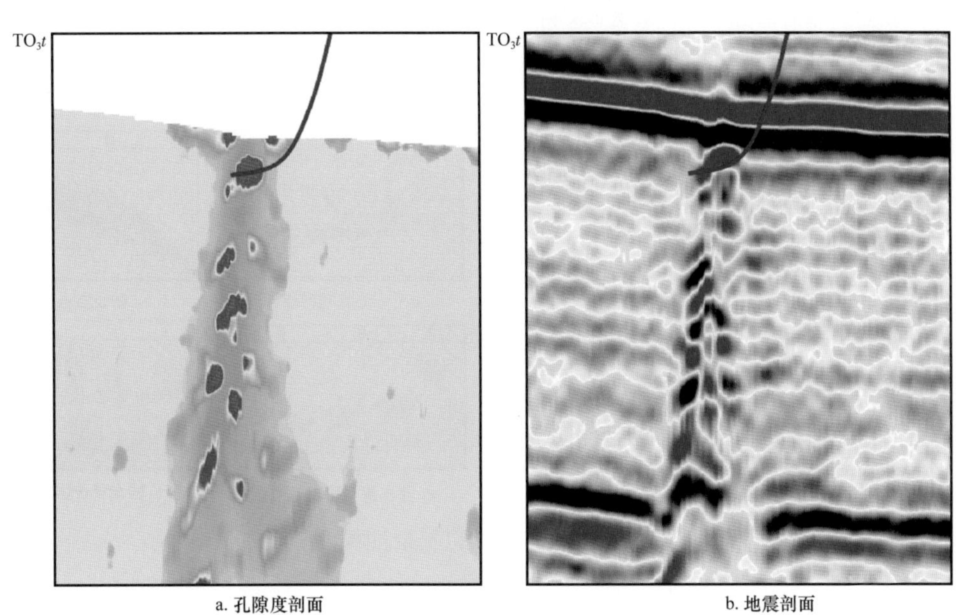

图 2-4-6　富满油田原始地震和孔隙度典型剖面

4）地应力选靶向

由于超深断控断溶型碳酸盐岩油藏储层非均质性强，钻井一次中靶率低，加之复杂地层压力和地应力系统导致钻井事故频发、完井提产措施难以优化实施。并且储层基质致密，基本不具备油气渗流条件，若钻井未直接钻遇有效储层，通常需要酸化压裂创造流动通道。如果设计井轨迹与地应力方向一致或相近，则很难通过人工造缝沟通有利储层。设计井轨迹平面与区域最大主应力方向大角度垂直或相交，有利于钻遇更多高角度裂缝发生放空漏失，以提高直投率，或有利于酸压沟通有效缝洞体的概率，保证钻井过程中的井壁稳定性。

第五节　多注入介质立体注采提高采收率技术

缝洞型碳酸盐岩油藏的剩余油分布模式主要有 4 种：一是阁楼型剩余油。针对受控于目的层构造顶面阁楼型剩余油，可根据剩余油规模和井网状况采用部署新井、老井侧钻、注气等手段加以动用。二是水窜封挡型剩余油。采用水驱转气驱、改变注水 / 注气强度、气水协同、流道调整等手段，均可以动用该类型剩余油。三是低渗透滞留型剩余油。针对此类剩余储量，通过常规降压开采、注水替油等手段均难以动用，加大注水规模能够取得一定效果。四是纵向与横向分隔性剩余油。此类剩余油是由于缝洞的分隔性产生的井周未动用储量，目前主要通过大规模储层改造、部署完善井等手段进行挖潜。

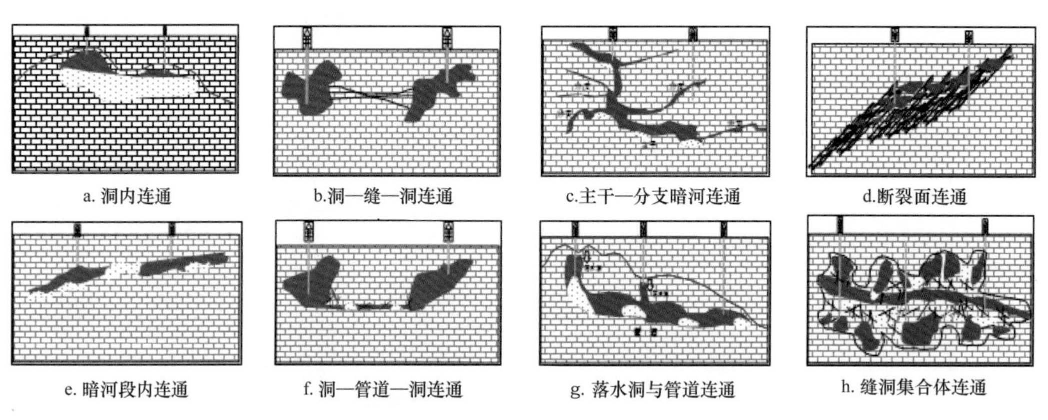

图 2-5-1　典型的剩余油模式

一、注水补充地层能量与提高采收率技术

注水补充地层能量与提高采收率技术包括单井注水替油与井组注水驱油两种。单井注水替油首先是利用缝洞型油气藏储渗空间以洞穴和裂缝为主、油水流动近似于管流、易在较短时间内产生油水重力分异的原理，通过注入水补充地层能量，恢复地层压力；其次是通过洞穴内油水重力置换，抬高油水界面，如图 2-5-2 所示。井组注水由于能量不足或者缝洞结构复杂导致储量动用程度低，井间存在一定的剩余油，需要通过注水驱油，进一步动用井间剩余油，提高储量动用程度，如图 2-5-3 所示。

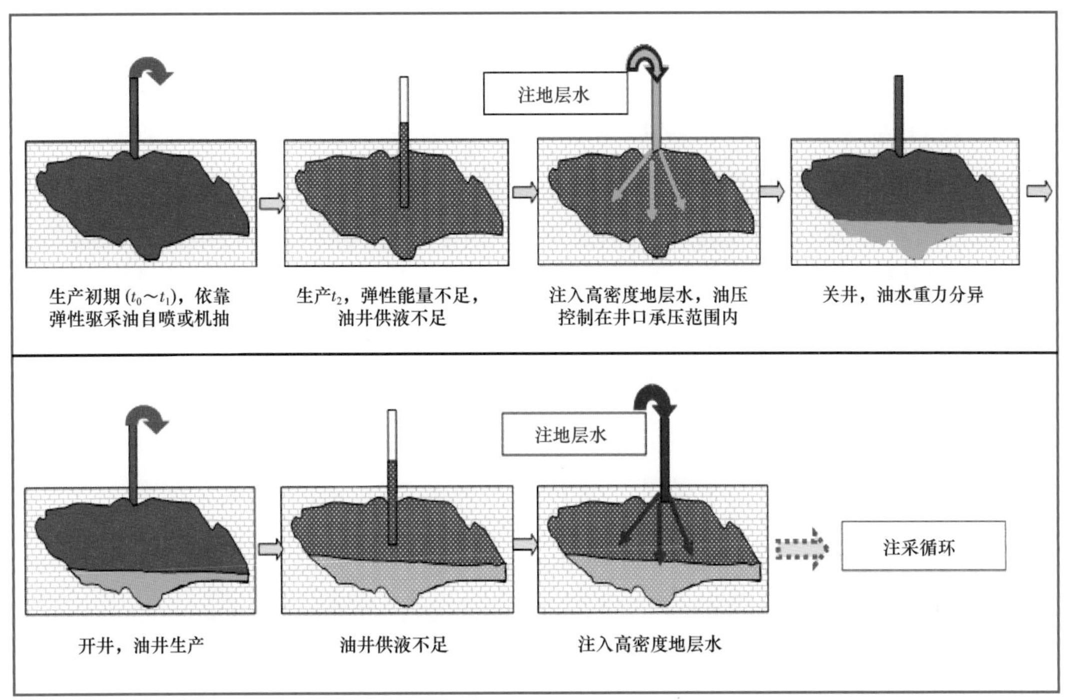

图 2-5-2　注水吞吐原理

（蓝色区域为注入水）

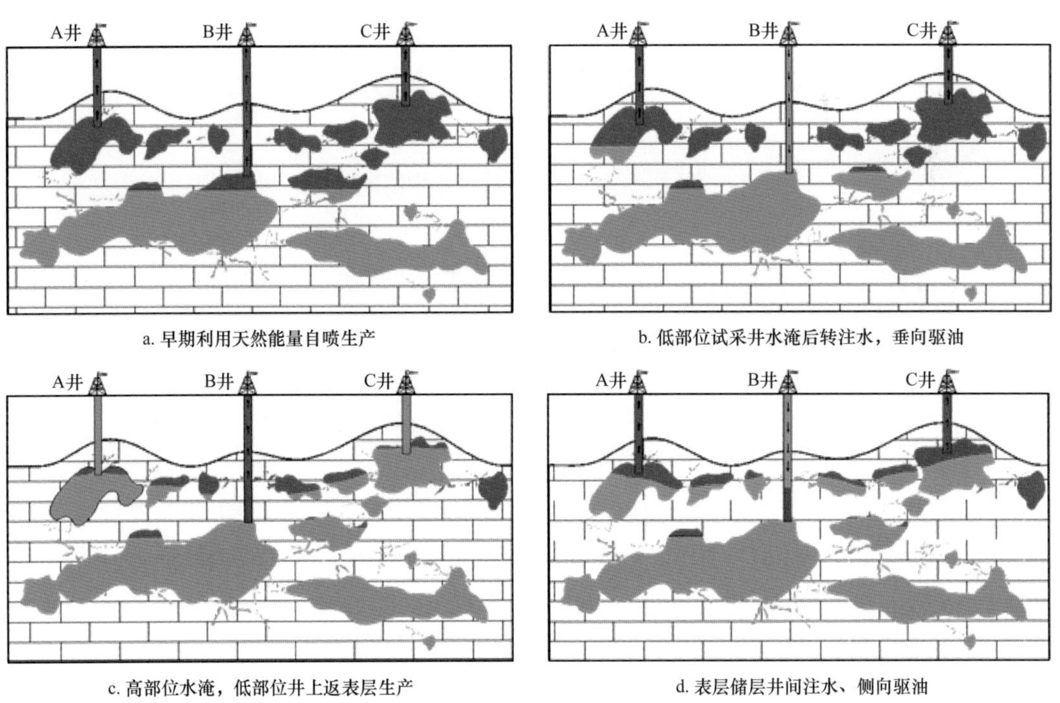

图 2-5-3　井组注水驱油开发模式图

塔里木盆地碳酸盐岩缝洞型油藏从2009年至2015年，先后探索和应用了单井注水替油（2009年LG15-28井）、单元注水驱油（2008年LG15井组）、凝析气藏注水采凝析油（TZ45井）以及挥发油藏注水保压开采（2013年RP3-5井）等特色注水开发技术，注水规模逐年扩大，注水提高采收率设计等相关配套技术不断完善，为塔里木盆地碳酸盐岩缝洞型油藏的开发方式转变提供了技术支撑。

综合实际开发效果评价结果，提出了注水替油选井策略，如图2-5-4所示。钻遇位置在选井策略中作为首要标准，钻遇位置的高低决定注水替油的潜力。对于钻遇高部位、定容洞穴型储集体的单井注水替油效果最为显著。对于此类单井，应优先进行注水替油，并增加注水轮次，提高最终采收率。

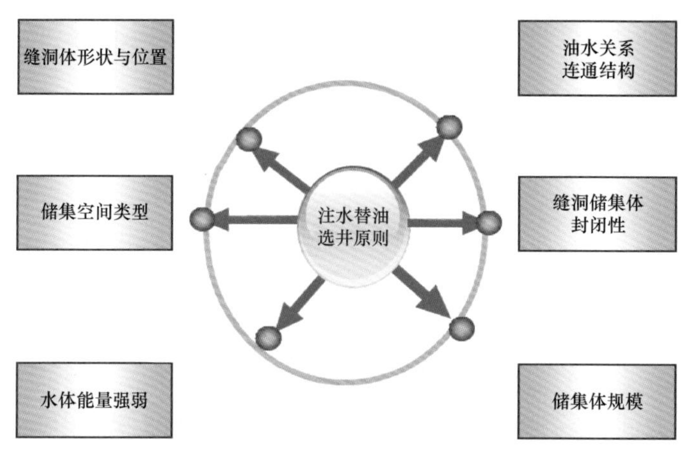

图2-5-4　注水替油选井策略

二、注气补充地层能量与提高采收率技术

注气补充地层能量与提高采收率技术，包括单井注气吞吐采油与井组注气驱油两种。单井注气吞吐采油是指因能量不足或底水水淹无法维持正常生产时，在本井通过注入一定体积的气，能量恢复后，关井一段时间实现气油置换和气油界面下降，最终提高本井产能和生产时效的一种提高采收率方法。井组注气驱油是指为达到驱替原油、补充地层能量等目的，通过一部分井注气、另一部分井采油的开发方式。

1. 注气机理

目前，国内外注气提高油藏采收率矿场应用的注入介质主要包括烃类气、

N_2、CO_2 和烟道气 4 种类型。在塔里木盆地缝洞型碳酸盐岩油藏地层温度和压力下，N_2 的压缩因子为 1.39，比 CO_2 和天然气都大，N_2 较大的膨胀性有利于补充能量和井间驱油，并且在地层条件下，N_2 的黏度小于 0.1mPa·s，比 CO_2 和天然气都低，有利于重力排驱开采阁楼油，而且 N_2 还具有以下特征：（1）来源广泛，价格便宜；（2）惰性气体，无腐蚀；（3）混相压力高，可在陡峭倾斜油藏中不利的流度比条件下，实现非混相的重力稳定驱，可获得较高采收率。所以，在缝洞型碳酸盐岩油藏注气提高采收率技术中，首选 N_2 作为主要的注气介质。

针对轮古油田原油性质，通过 Firoozabadi–Aziz 经验公式计算 N_2 的最小混相压力（MMP）值为 65.04MPa；通过 Hudgins–Liave–Chung 经验公式计算 N_2 的 MMP 值为 63.49MPa，均高于塔里木盆地缝洞型碳酸盐岩油藏的地层压力，所以油藏注 N_2 驱油属于非混相驱替过程。注 N_2 非混相驱替原油机理如下：一是 N_2 的注入可以补充地层能量，保持油藏压力；二是注气后，油气间的界面张力是油水间的界面张力的 1/4，可有效减小毛细管力的作用；三是 N_2 能够进入水波及不到的微小溶孔和裂缝；四是 N_2 注入地层后，气体在气油密度差作用下，运移到高部位，形成“气顶”，顶部的阁楼油则被驱替下移，可有效动用顶部无法波及的阁楼油。目前主要有 6 种适合注 N_2 提高原油采收率的剩余油分布模式，如图 2–5–5 所示。

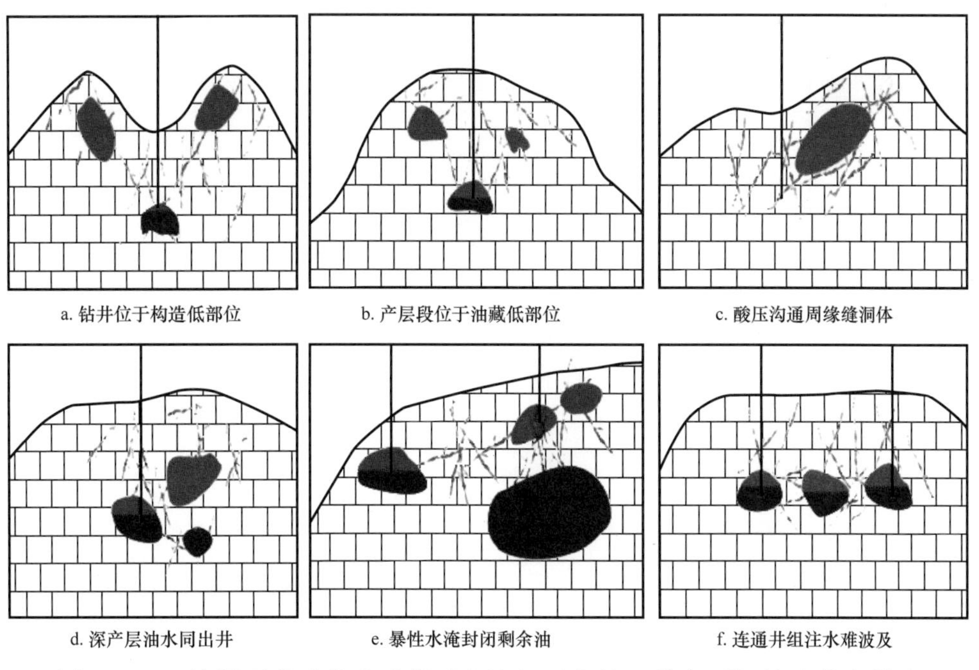

图 2–5–5　缝洞型碳酸盐岩油藏适合注气开发的 6 种主要阁楼油分布模式

2. 注气单元的选择

碳酸盐岩缝洞型油藏单井开发过程一般遵循“自喷→机采（电泵 / 抽油机）→注水→注气”的生产原则，部分井不进行转机采作业，直接转注水替油，待油井注水替油失效后即可进行注气生产，以进一步提高原油采收率。如果某些碳酸盐岩缝洞型油藏水体能量特别强，在高含水期间仍能保持自喷生产，在该井水淹后且“阁楼油”分布及规模认识较为清楚的情况下，可不遵循此生产原则，高含水水淹后可直接注气吞吐生产驱替阁楼油。

单元注气驱油是单元注水驱油开发失效后的主要提高采收率方式。当连通井组基本确定、连通方式基本明确、储集体高低关系刻画清楚、井间剩余油储量大时，即可进行井组单元注水开发。以缝洞体注采对应、低注高采、缝注洞采为原则，通过低部位补充能量、提高水驱油面积和减小高导裂缝纵横向水窜，实现驱替井间剩余油的目的。但由于储集体内部结构复杂性、注入水沿着高导流通道流失，部分高部位剩余油注水无法动用，但通过注入 N_2，利用油、气、水的重力分异作用，可将这部分剩余油动用，提高最终采收率。

注气单元的优选，不仅需要动静态结合评价剩余油储量规模和分布，还需要重点评价储层类型、水体能量、井轨迹分析与注采井网设计、原油密度、优势通道和井筒与地层连通关系等主要影响因素，如图 2-5-6 所示。

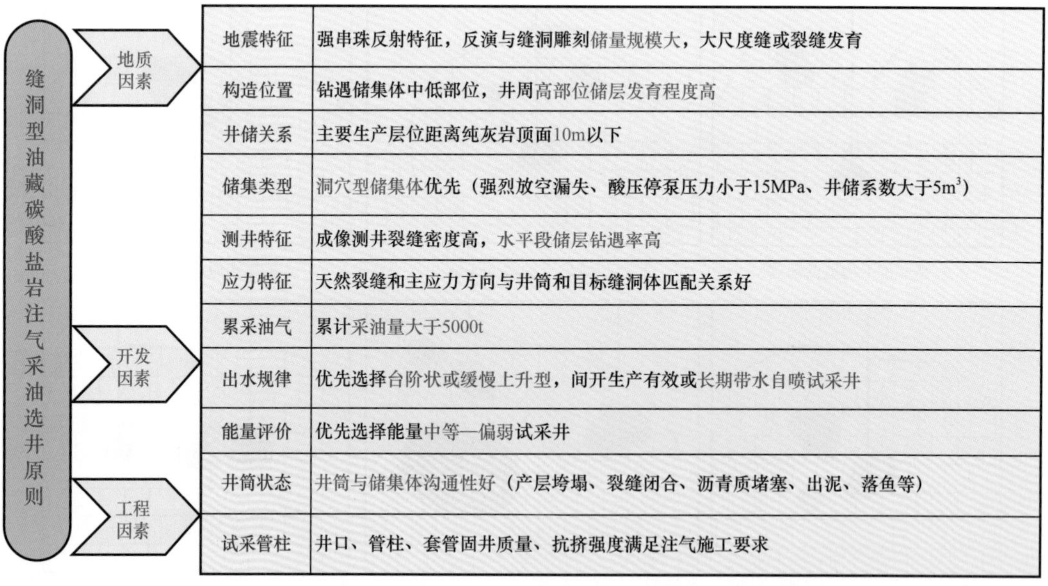

缝洞型油藏碳酸盐岩注气采油选井原则

地质因素　开发因素　工程因素

地震特征	强串珠反射特征，反演与缝洞雕刻储量规模大，大尺度缝或裂缝发育
构造位置	钻遇储集体中低部位，井周高部位储层发育程度高
井储关系	主要生产层位距离纯灰岩顶面10m以下
储集类型	洞穴型储集体优先（强烈放空漏失、酸压停泵压力小于15MPa、井储系数大于5m^3）
测井特征	成像测井裂缝密度高，水平段储层钻遇率高
应力特征	天然裂缝和主应力方向与井筒和目标缝洞体匹配关系好
累采油气	累计采油量大于5000t
出水规律	优先选择台阶状或缓慢上升型，间开生产有效或长期带水自喷试采井
能量评价	优先选择能量中等—偏弱试采井
井筒状态	井筒与储集体沟通性好（产层垮塌、裂缝闭合、沥青质堵塞、出泥、落鱼等）
试采管柱	井口、管柱、套管固井质量、抗挤强度满足注气施工要求

图 2-5-6　塔里木油田缝洞型碳酸盐岩油藏注气采油选井原则

碳酸盐岩油藏注气提高采收率技术，于2013年在轮古油田首次开展矿场试验，累计实施57口，累计注气$1.07\times10^8m^3$，累计增油13.04×10^4t，吨油耗气量$820m^3/t$，整体注气效果较好，深化了缝洞型油藏注水开发后提高采收率认识，注气提高采收率技术有望成为重要的稳产手段。

小　结

我国海相碳酸盐岩缝洞型油藏储集体结构和流体流动机理复杂、油藏类型特殊，在世界上较为罕见，也没有成功的开发经验可以借鉴。经过多年的探索、研究和实践，创建了“以天然缝洞单元体为基本开发单元和油藏管理单元，以体积开发为基本思路，以单元体空间结构井网为立体动用手段，以单井注水（气）替油、多井单元注水（气）开发为主要能量补充方式”的碳酸盐岩缝洞型油藏开发理论和开发模式，创新形成了具有自主特色的天然缝洞单元体精细雕刻技术、动静态描述技术、多尺度地质建模和数值模拟技术、空间结构井网优化设计技术以及能量补充和提高采收率技术等系列体积开发配套技术，不仅有效指导了我国塔里木盆地塔河、哈拉哈塘、顺北和富满等油田的高效开发，也为国内外同类油气藏的开发提供了范例。

第三章 海相页岩气体积开发技术

我国海相页岩气资源丰富，是天然气储量产量增长的重要领域。页岩储层发育微纳米级孔隙，渗透率极低，不压裂改造无自然产能。页岩储层通过实施体积压裂改造，形成人工缝网单元体，构成其基本开发单元。页岩储层的人工缝网单元体，呈现为不规则的三维立体单元，包裹在未压裂改造的致密围岩中，其封闭条件与缝洞型碳酸盐岩油藏的天然缝洞单元体类似，均为物理边界。人工缝网单元体内流体流动特征总体上表现为复合体积流动。将"体积开发"引入页岩气，是体积开发理论的进一步发展。页岩气体积开发的技术特点主要体现在：（1）页岩层系内"甜点"区和"甜点"段的评价为构建人工缝网单元体提供了地质基础；（2）人工缝网单元体的地质建模需要整合页岩地层的天然孔缝和人工裂缝系统；（3）页岩气生产动态数值模拟需要模拟裂缝和微孔的渗流以及扩散、解析的综合效果；（4）体积压裂技术是构建人工缝网单元体的核心，人工缝网体内压裂液的注入进一步提高了地层压力，形成能量封存箱，压裂规模控制体积流动单元的大小和动用储量的多少，同时，压裂液可渗吸进入页岩基质微孔，置换出天然气，提高了天然气的可采量。

第一节 页岩气"甜点"评价与优选技术

海相深水陆棚沉积的页岩储层，以纳米级孔隙为主，超致密特低渗透，不改造无自然产能，有效开发需要通过地质—工程一体化评价找到"甜点"区和"甜点"段。"甜点"评价优选是实现页岩气体积开发的重要基础，找到地质上和工程上最佳页岩气"甜点"储层区（段），是构建人工缝网体、实现复合体积流动的关键步骤。本节以四川盆地五峰组—龙马溪组海相页岩气为重点，介绍海相页岩气"甜点"区（段）形成条件与分布特征，阐述"甜点"区（段）评价优选标准与主要方法。

一、海相页岩气“甜点”区（段）的形成与分布

1. 海相页岩气“甜点”区、“甜点”段理论认识

1）沉积和构造共同作用形成海相页岩气“甜点”区

海相页岩储层沉积以深水陆棚相为主，具有大面积连续分布特征，沉积面积一般可达 5×10^4～$10\times10^4km^2$。受古地理环境、后期热演化、构造演化、断裂发育等因素影响，页岩储层参数具有一定的变化，在局部地区表现为 TOC、成熟度、含气量、含气饱和度和脆性矿物含量等参数最优。北美地区构造背景总体稳定，页岩气开发最有利的“甜点”区主要受控于成熟度，以 Barnett 页岩气区为例，热成熟度（R_o）大于 1.2% 的页岩储层范围即页岩气开发“甜点”区。与北美地区不同，我国五峰组—龙马溪组海相页岩沉积后经历多期构造改造，虽然在沉积过程中形成了大面积连续分布的页岩，但含气性产生了重大差异。

扬子地区五峰组—龙马溪组页岩大面积连续分布，但受多期构造改造影响，在构造复杂区页岩气井产量偏低，尚不能进行有效开发。王红岩等（2013）提出在四川盆地构造稳定和相对稳定区页岩气保存条件好，储层“超压”，明确了超压是页岩气井高产的主要地质因素。郭旭升等（2014）针对涪陵页岩气田，提出海相页岩气富集除受深水沉积条件控制外，也需强调有效保存的构造条件，提出“二元富集”规律。邹才能等（2015）在含油气系统中，常规—非常规油气形成“有序聚集”，南方海相页岩气在构造较为稳定区形成大面积连续分布的“甜点”区，在构造相对复杂区的局部形成“甜点”。四川盆地五峰组—龙马溪组发育构造型“甜点”区和连续型“甜点”区两类页岩气富集模式（图 3-1-1）。构造型“甜点”区以焦石坝页岩气田为代表，具有构造边缘复杂、内部稳定、裂缝发育等特点。连续型“甜点”区以威远—富顺—永川—长宁页岩气区为代表，属盆地内大型凹陷中心和构造斜坡区，面积大、稳定、连续分布。无论哪种富集模式，其富集高产均受沉积环境、热演化程度、孔缝发育程度和构造保存“四大因素”控制，特殊性在于高演化（R_o 值为 2.0%～3.5%）和超高压（压力系数为 1.3～2.1）：（1）半深水—深水陆棚相控制了富有机质、生物硅质钙质页岩规模分布；（2）富有机质页岩 TOC 值高、类型好，处于有效热裂解气范围，控制了有效气源供给；（3）富硅质和钙质页岩脆性好，易发育基质孔隙、页理缝及构造缝，为页岩气富集提供充足空间；

（4）拥有良好的储盖组合及处在构造相对稳定区，原油裂解气和储层经深埋后抬升但保存状态始终较好，形成页岩气“超压封存箱”。其中，川南页岩气田为典型的“甜点”区，涪陵页岩气田为典型的“甜点”。

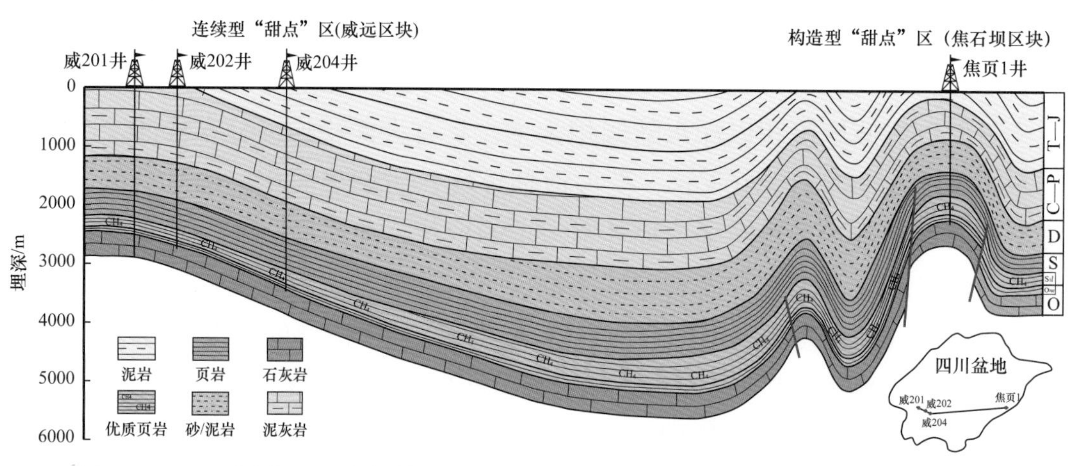

图 3-1-1　四川盆地页岩气构造型“甜点”区与连续型“甜点”区富集模式图

2）重大生物事件形成海相页岩气“甜点”段

页岩气“甜点”段的形成与重大生物事件相关。奥陶纪和志留纪之交生物大灭绝与气候突变、冰川发育、海平面升降等因素紧密相关，造成了约 61% 的生物属、86% 的生物种灭绝。此次灭绝事件由 2 幕构成：第 1 幕发生于凯迪末期到赫南特早期，第 2 幕发生在赫南特晚期。其中第 1 幕与赫南特冰期起始时间一致，地球气候急剧变冷，海平面快速下降，海洋富氧，深处洋流活跃。大灭绝第 2 幕起始于赫南特晚期之初，全球气候快速回暖，冈瓦纳冰盖消融，海平面迅速上升，浅水海底严重缺氧，洋流循环几乎停滞，导致冷水生物发生大规模灭绝。古温度变化造成温室—冰室—温室效应频繁转换，是此次生物大灭绝的主要原因。奥陶纪和志留纪之交大量笔石繁盛，形成全球广泛分布的黑色富有机质页岩，这是中国南方地区重要的页岩气勘探层系。全球范围内，奥陶纪和志留纪之交黑色页岩分布广泛，如欧洲 Llandovery 页岩、澳洲 Godwyer 页岩、非洲 Tannezuft 页岩等。中国南方五峰组—龙马溪组厚层黑色页岩页岩气资源丰富，这套页岩层系厚度超 300m，页岩气“甜点”段位于龙马溪组底部。

龙马溪组底部笔石页岩段是页岩气的富集高产段，该层段含有大量的笔石化石。笔石生物带标定可为寻找优质页岩储层段、明确最佳靶体位置和目标提供关键依据，从而更好地指导页岩气勘探和开发。笔石主要靠食菌、藻类等生物生活，这些生物的“勃发”能造成笔石生物繁盛，故高笔石丰度段常构成富有机质页岩层段。成岩演化过程中，高笔石丰度页岩中的笔石体和干酪根大量生烃，并产生大量微纳米级孔隙，从而形成优质页岩储层段。研究表明，笔石含量与页岩 TOC 呈正相关，对上扬子地区五峰组—龙马溪组分散有机质的贡献率达到 20%～93%。高笔石丰度页岩多形成于较深水还原环境，沉积物沉积速率低，水体中硅质海绵和放射虫等生物繁盛，故页岩中硅质含量高、页理发育。高硅质含量和密集的页理造成页岩脆性增大、储集和水平渗流能力增强，水平井水力压裂改造后易形成复杂裂缝网络，从而构成页岩气开发最佳靶体位置。勘探和开发实践证实，高笔石丰度的页岩段硅质平均含量高达 60%，平均孔隙度大于 5%，含气量大于 6m^3/t，纳米级孔隙占页岩总孔隙的 90% 以上，微裂缝密度是其他层段的 2～3 倍（图 3-1-2）。

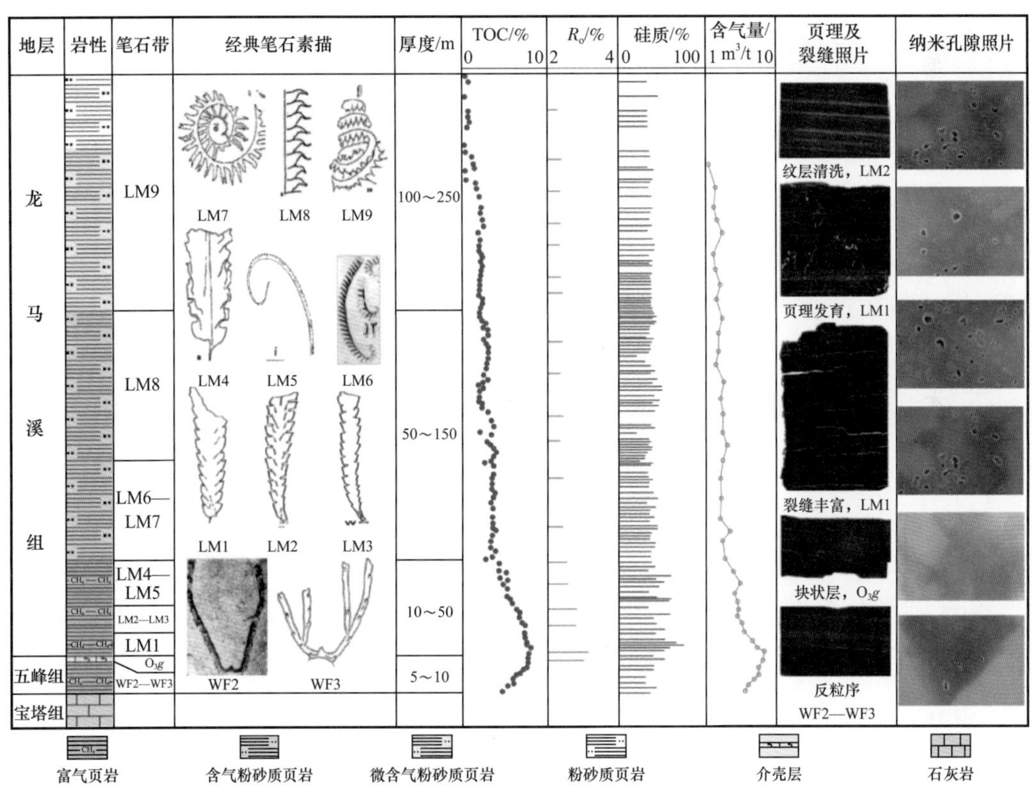

图 3-1-2　五峰组—龙马溪组笔石生物地层与页岩气储层特征的对应关系

关键地质事件对南方海相富有机质页岩沉积的作用，控制页岩气储层在纵向上存在最优层段，页岩气开发需要找到最有利的“甜点”段。海相页岩沉积厚度大，在川南地区五峰组—龙马溪组富有机质页岩厚度 80～120m，页岩气开发需要充足的资源基础，“甜点”段需具有高含气性。页岩储层超致密低渗透，不经体积压裂气井一般无自然产能，决定页岩储层评价既要找到页岩气富集段，又要找到最容易实现体积压裂的脆性段。页岩气水平井开发的最优靶体需要同时考虑地质和工程因素，同时满足这两种因素的层段即页岩气开发的“甜点”段。马新华等（2020）基于川南页岩气勘探开发实践，提出沉积成岩控储、保存条件控藏和Ⅰ类储层连续厚度控产的页岩气富集高产的“三控理论”，明确高脆性富有机质页岩（威远区块：TOC＞4%、脆性矿物含量超过70%）是优质页岩储层，U/Th 比通常大于 1.25，其中龙马溪组底部 3～5m 是最优的水平井“黄金靶体”，即页岩气开发的“甜点”段。

3）海相页岩气“甜点”展布规律

四川盆地五峰组—龙马溪组页岩面积约 $14.4\times10^4km^2$，厚度 100～600m，TOC 含量大于 2.0% 的优质页岩厚度 20～80m，其埋深 4500m 以浅的分布面积约 $5.0\times10^4km^2$，预测页岩气地质资源量 $21.94\times10^{12}m^3$。截至 2021 年底，累计探明页岩气地质储量 $2.74\times10^{12}m^3$，2021 年实现页岩气年产量 $227.99\times10^8m^3$。威远、威荣、泸州、长宁、昭通、永川、焦石坝、东胜—平桥等页岩气开发区块探明的页岩气地质储量丰度为 5.18×10^8～$11.45\times10^8m^3/km^2$，平均储量丰度 $8.54\times10^8m^3/km^2$，是典型的大面积高丰度页岩气田“甜点”。大规模富有机质页岩分布和丰富的页岩气资源为体积开发“甜点”区（段）优选提供了资源基础。

五峰组—龙马溪组页岩沉积期，四川盆地沉积中心演化自东南向西北方向迁移，导致区域上不同区块开发“甜点”段纵向层段及厚度有所不同（表 3-1-1、图 3-1-3）。川南地区五峰期—龙马溪期为持续高富有机质、高硅质、含钙质、半深水—深水陆棚相沉积区，最优“甜点”段厚度介于 0.5～8m，平均 5.6m，分布面积 $1.8\times10^4km^2$。川南泸州区位于沉积中心附近，“甜点”段厚度最大，为 4～8m，其中阳 101 井区页岩气最优“甜点”段厚度为 5～8m。威远东北部、内江—大足、自贡南部最优“甜点”段厚度较小，介于 2～5m。永善—绥江区块最优“甜点”段厚度介于 3～6m，平均 4.7m。渝西区块足 201 井区页岩气最优“甜点”段厚度为 0.8m。

2. 海相页岩气“甜点”主要特征

（1）海相深水陆棚沉积，富有机质页岩大面积连续分布。

表 3-1-1　四川盆地川南地区五峰组—龙马溪组页岩气储层特征参数统计表

地区	“甜点”段厚度 /m	孔隙度 /%	含气量 /（m^3/t）	压力系数	埋深 /m
长宁	3～7	5.0～6.5	2.6～7.4/4.4	1.2～2.0	1000～2500m
泸州	4～8	5.5～6.0	4.3～5.4/4.8	1.5～2.4	3500～5500
威远	0.5～6	6.0～7.0	2.4～7.5/5.1	0.9～1.5	2000～3500
渝西	0.8～5	4.0～5.9	3.6～5.7/4.7	1.2～2.0	4000～5500
永善—绥江	3～6	4.0～5.0	3.0～3.5/3.3	1.2～1.5	3000～4500
川南地区	0.5～8	2.7～7.9	2.4～7.5/4.7	0.9～2.4	1000～5500

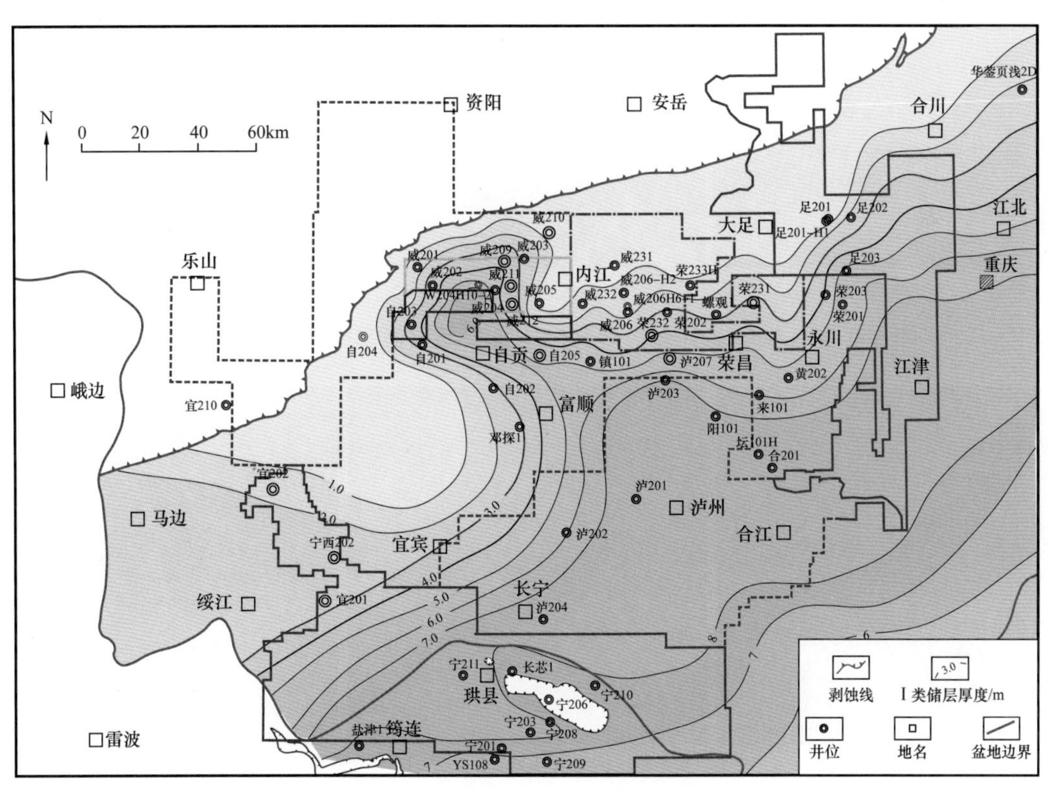

图 3-1-3　四川盆地川南地区五峰组—龙马溪组页岩气“甜点”段厚度分布图

深水陆棚是优质页岩储层大面积沉积的优越环境。奥陶纪—志留纪之交，扬子地区沉积了五峰组—龙马溪组富有机质笔石页岩，受构造及古地理环境变化等因素影响，控制储层参数在局部最优。川南地区受深水重力流沉积控制，自南部的长宁地区龙马溪组底部 TOC 大于 3% 的页岩厚度 15～20m，向北部威远地区减薄至 5～12m。Ⅰ—Ⅱ型富氢有机质为页岩气形成提供充足的基础。海相深水沉积环境下形成Ⅰ型和Ⅱ型有机质为主，成熟后先生油，随热演化程度增高，原油再裂解成气，原油裂解后的沥青中残留大量纳米级孔隙。采用聚焦离子束电镜技术，识别出扬子地区五峰组—龙马溪组黑色页岩中的纳米级孔隙主要发育在沥青中，且孔隙形态具有明显的气泡特征（图 3–1–4 和图 3–1–5）。奥陶纪末期全球生物大灭绝事件形成了页岩有机质富集段。Fe 元素及 Mo 元素等分析数据显示，在赫南特期存在两次规模硫化缺氧事件，在两次硫化事件之间全球气候变冷形成冰期，海洋生物在硫化和冰期事件的双重作用下全球生物大灭绝，重大生物事件为富有机质的沉积提供基础。

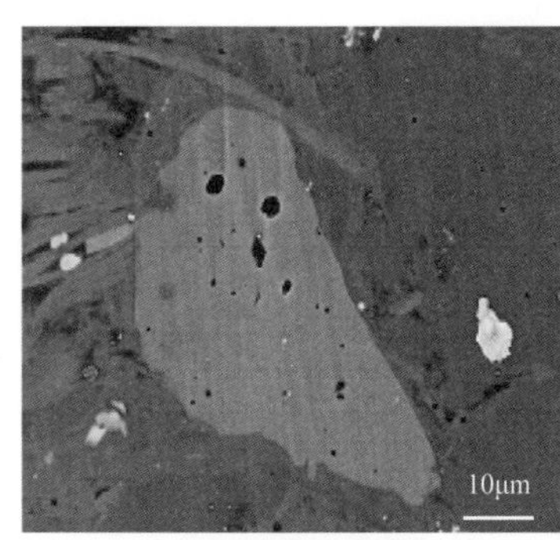

a. 矿物颗粒溶蚀孔　b. 黏土矿物晶间孔

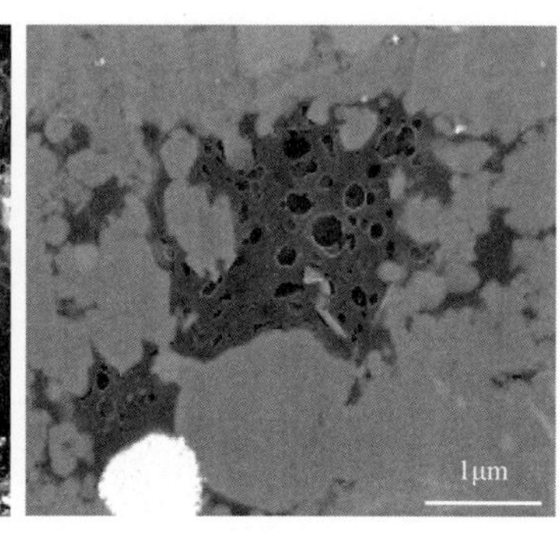

c. 有机质孔

图 3–1–4　龙马溪组海相富有机质页岩储层微米—纳米级孔隙特征

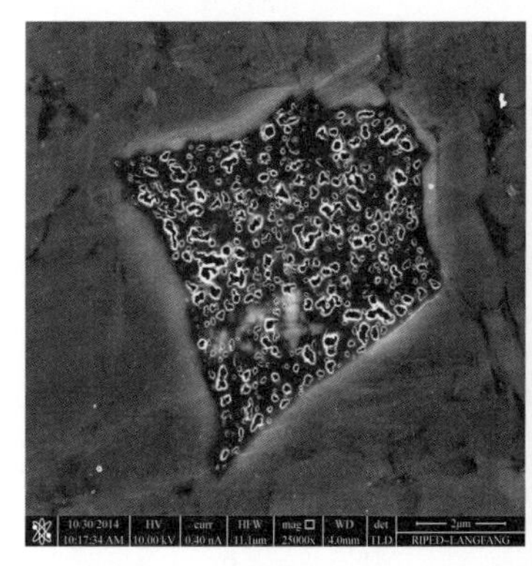

a. 有机质孔

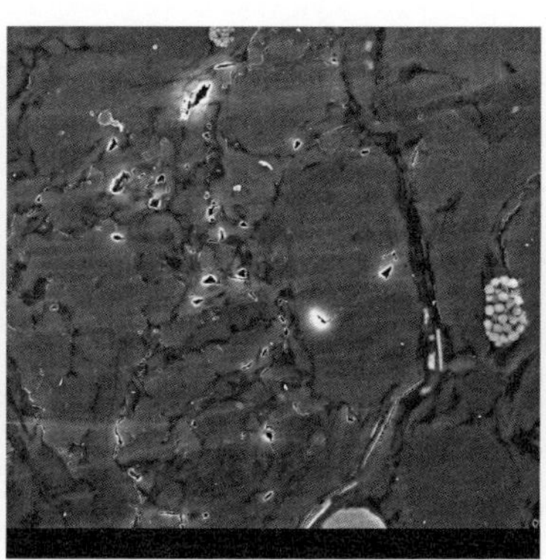

b. 无机孔

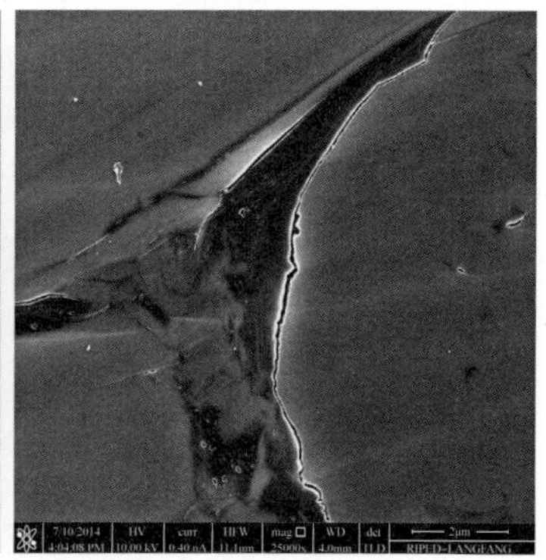

c. 微裂缝

图 3–1–5　龙马溪组海相页岩储层纳米级孔隙类型

（2）有机质高热成熟生气后就地储集，后期构造改造影响页岩含气性。

高热成熟度促使川南海相富有机质页岩充分生气。富有机质页岩作为烃源岩在达到高成熟过程中生成大量天然气，滞留在致密页岩内的天然气形成源内聚集。四川盆地及周缘海相页岩成熟度普遍较高，处于高—过成熟、原油裂解成气、干酪根裂解生干气为主阶段，有利的页岩气储层 R_o 一般为 2.0%～3.5%。当 TOC＞3.5% 时有机质出现碳化的概率加大，储层变差，通常表现为低电阻率。高含气量是页岩气有效开发的物质基础。含气量是衡量页岩气是否具经济开采价值及评估页岩气资源潜力的关键指标。页岩气主要以游离气和吸附气形式存在，其中游离气为主体，占比70%～80%。四川盆地筇竹寺组页岩含气量为0.9～3.5m^3/t，尚未实现有效开发。长宁、威远和泸州等区块龙马溪组底部“甜点”段页岩含气量5～10m^3/t，是水平井开发的主要目的层。构造稳定区保存条件好，页岩储层超压。受多期构造改造影响，南方海相页岩含气性存在较大差异，总体上四川盆地及邻区的构造稳定区五峰组—龙马溪组页岩气保存条件好，储层普遍超压（压力系数1.3～2.4）。在构造改造比较强烈的地区，页岩储层破坏，储层通常为常压或欠压，含气量偏低。

（3）储层纳米级孔隙为主，超致密低渗透，不改造无自然产能。

丰富的有机纳米孔是页岩气的主要储集空间。中国南方海相五峰组—龙马溪组富有机质页岩微米—纳米孔隙发育（图3-1-6），包括粒间孔、粒内孔和有机质孔3种类型。其中高—过成熟海相页岩的有机质纳米级孔隙发育，呈圆形、椭圆形、网状、线状等，孔径为5～750nm，平均为100～200nm（图3-1-6），占比超过60%。研究发现，川南五峰组—龙马溪组页岩TOC>3%储层的孔隙度为3%～8%（表3-1-2）。超致密低渗透的页岩储层不经改

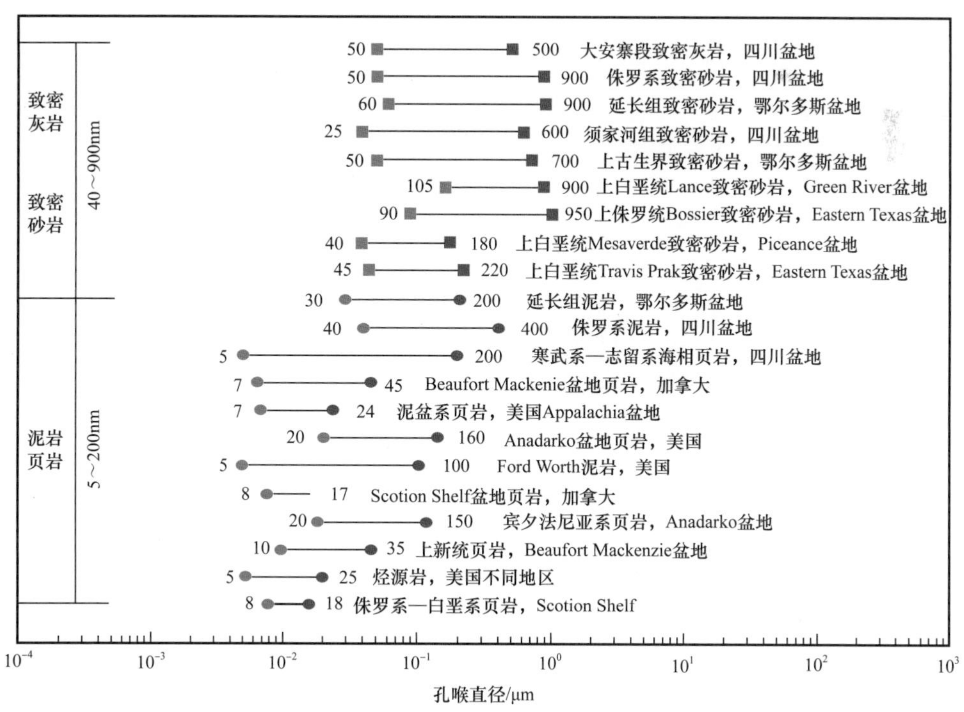

图3-1-6 典型致密储层孔喉分布特征

表 3-1-2　中国海相页岩气田五峰组—龙马溪组页岩储集空间构成表

页岩气田 / 有利区		构造背景	孔隙类型	总孔隙度 / %	基质孔隙度				裂缝孔隙度 / %	渗透率 /mD
					有机质孔隙度 / %	黏土矿物晶间孔隙度 / %	脆性矿物内孔隙度 / %	基质总孔隙度 / %		
焦石坝	焦页 4 井区	箱状、梳状背斜	基质孔隙和裂缝	4.6～7.8（5.8）	0.6～2.0（1.3）	1.2～3.6（2.4）	0.6～1.2（0.9）	3.7～5.2（4.6）	0.3～3.3（1.3）	0.05～0.30（0.15）
	焦页 1 井区	箱状、梳状背斜	基质孔隙为主，少量裂缝	3.7～7.0（4.9）	0.3～2.0（1.1）	1.2～4.1（2.6）	0.5～1.2（0.9）	3.7～5.6（4.6）	0～2.4（0.3）	0.0017～0.5451（0.058）
长宁页岩气田		宽缓斜坡	基质孔隙	3.4～8.4（5.5）	0.4～1.9（1.2）	0.8～5.6（3.0）	0.7～1.7（1.2）	3.4～8.2（5.4）	0～1.2（0.1）	0.00022～0.0019（0.00029）
威远页岩气田		古隆起斜坡	基质孔隙	3.3～7.0（5.0）	0.1～1.7（0.7）	1.1～5.7（3.4）	0.3～1.3（0.8）	2.6～6.6（4.9）	0～0.4（0.1）	0.0000289～0.0000731（0.0000436）
巫溪有利区		背斜	基质孔隙和裂缝	3.0～6.0	0.6～1.9（1.3）	1.1～3.5（2.3）	0.7～1.3（0.8）	3.0～5.4	0～1.4（0.5）	

注：括号内数据为平均值。

造一般无自然产能。以纳米级孔隙为主的页岩储层极其致密，渗透率总体低于 0.01mD。四川盆地及邻区的五峰组—龙马溪组海相页岩渗透率一般小于 0.001mD。按照致密砂岩储层渗透率 0.1mD 的标准，页岩储层渗透率比致密砂岩还要低 1～2 个数量级，页岩油气等流体在储层中的运移能力有限，油气井不经压裂改造一般难以形成有效产能。

（4）层理和天然裂缝发育程度影响页岩气井产能。

条带状粉砂型水平层理发育页岩储层品质最好。南方海相五峰组—龙马溪组页岩主要发育水平层理、韵律层理、块状层理、递变层理和交错层理 5 种类型。其中，龙马溪组下部的“甜点”以水平层理为主，根据纹层结构可进一步细分为条带状粉砂型、递变型、砂泥递变型和砂泥互层型 4 种（图 3-1-7），其中条带状粉砂型水平层理泥纹层储层品质最佳，水平层理顺层理方向渗透率 184nD、垂直层理方向渗透率仅 0.65nD，是页岩气水平井的最优靶体段。天然裂缝发育提升页岩储层连通性。页岩储层中的裂缝主要包括构造缝、成岩缝，也是重要的储集空间、有效的运移通道、高效的渗流通道，能较大幅度提高页岩气单井产量。在裂缝发育区，裂缝孔隙度可达到 3%，大幅提升了页岩储层的导流能力，在水平井开发过程中形成高产。如泸州深层的泸 203 井，页岩储层裂缝发育，在同等储层参数条件下，气井测试获得 $138\times10^4m^3/d$，截至 2021 年底 3 年累计产气 $1.02\times10^8m^3$，预计 EUR 超过 $2.0\times10^8m^3$。

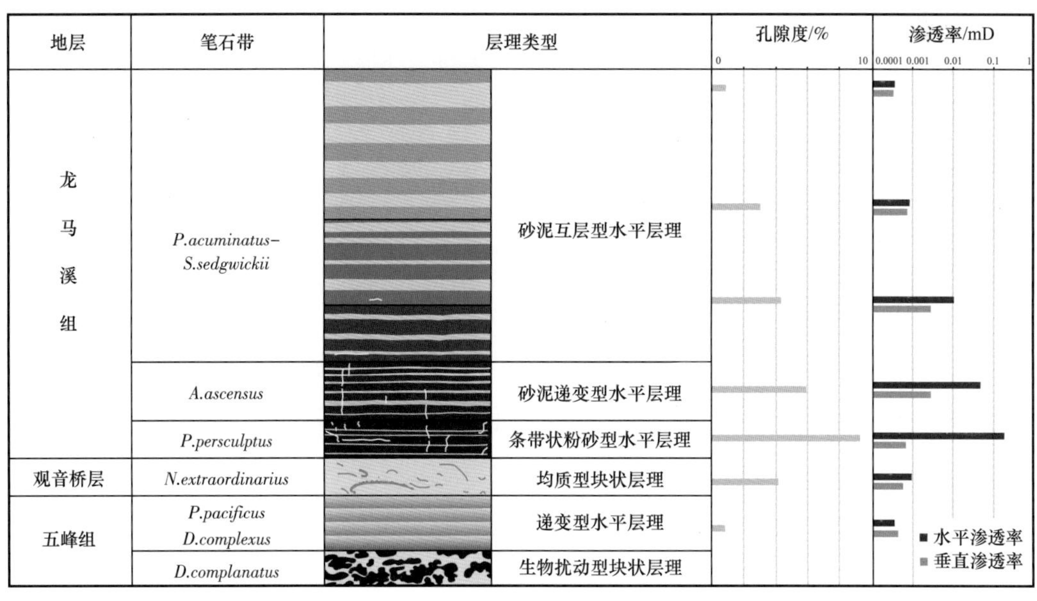

图 3-1-7　川南五峰组—龙马溪组黑色页岩层理类型及纵向分布

（5）页岩岩石力学性质影响水平井实施的工程效果。

海相高硅质页岩具有更高的抗压强度和弹性模量。致密砂岩的抗压强度一般为 26～108MPa，高硅质页岩在垂直层理方向的抗压强度为 117～200MPa，在顺层理方向的抗压强度为 68～69MPa；高硅质页岩的杨氏模量为 3×10^4～6×10^4MPa，致密砂岩的杨氏模量为 0.36×10^4～2.9×10^4MPa；页岩与致密砂岩的泊松比无明显差异，总体为 0.14～0.26。与致密砂岩相比，页岩储层压裂需要更高的压力以形成裂缝。岩石的脆性指数可通过抗压强度、杨氏模量和泊松比等参数进行表征，脆性指数与压裂过程中形成缝网的复杂程度呈现正相关关系。石英和碳酸盐岩等脆性矿物含量高的层段是易于改造层段。脆性矿物含量的占比与脆性指数存在正相关关系，脆性矿物含量越高压裂过程中越易产生复杂缝网。五峰组—龙马溪组页岩的石英与长石类矿物总含量平均达 82.8%，其中石英含量在 60% 以上，平均为 78.2%；长石类矿物含量最高 10%。而黏土矿物含量变化大，变化范围 1%～20%，部分达 30% 以上。在纵向上，龙马溪组底部富有机质页岩（5～15m）和石英等脆性矿物（含量超过 70%），脆性好、易压裂，向上脆性矿物含量降低，黏土矿物含量升高。

二、页岩气“甜点”区（段）评价优选技术

页岩气“甜点”区（段）评价优选是页岩气体积开发的重要依据，通过页岩气优质储层特征和主控因素等认识，采用先进有效技术对其开展识别和预测，做到对页岩气“甜点”区（段）精细表征、量化评价，为页岩气体积开发气井靶体优选及提高单井产量提供理论依据。页岩气“甜点”区（段）评价优选技术包括高精度页岩气储层划分对比技术、页岩气“甜点”段评价优选技术和页岩气“甜点”区评价优选技术。

1. 高精度页岩气储层划分对比技术

过去主要依据岩性特征和电性特征，将五峰组—龙马溪组仅划分为 4 个岩性段，部分井区五峰组和龙马溪组都难以区分。研究发现，奥陶纪—志留纪之交生物灭绝、劫后得以存活的笔石生物类型相对单一，可能因竞争者减少出现“勃发”现象，沉积后形成富笔石黑色页岩“甜点”段，具有高伽马、高有机质含量特征。古生物地层中的笔石是全球公认的第一门类，古生物化石和电性特征反映的岩性组合是沉积环境和地质事件两种不同记录方式，利用笔石、

腕足和三叶虫化石开展页岩气井生物地层研究、测井响应分析（图 3–1–4），创建黑色页岩地层笔石—岩性—电性三结合精细划分方案，形成笔石页岩储层工业分层小层对比与精细评价技术，实现了基础研究与工业化应用的有机结合。

结合沉积、层序、测井和生物带研究成果，形成了五峰组—龙马溪组页岩储层的地层综合划分对比方案和与国际接轨的黑色页岩储层工业化分层标准（图 3–1–8）。该工业分层划带方案中明确，五峰组划分为五一段和五二段；龙马溪组划分为龙一段和龙二段，龙一段分龙一$_1$亚段和龙一$_2$亚段；龙一$_1$亚段进一步细分为龙一$_1^1$、龙一$_1^2$、龙一$_1^3$和龙一$_1^4$；五一段对应于 WF1—WF3，五二段对应 WF4；龙一$_1^{1\text{-}4}$分别对应于 LM1、LM2—LM3、LM4 和 LM5。在区域内工业化广泛应用。

典型区域五峰组—龙马溪组笔石地层发育 4 种笔石带测井响应模式。武隆—巫溪区块，处于深水环境，沉积期构造稳定，测井曲线呈现 4 个明显尖峰，形成易于识别的涧草沟组与五峰组界线、LM1 和 LM4 与 LM5 界线、LM5 与 LM6 界线。威远—永川区块，凯迪期水体相对较浅，页岩与石灰岩互层，测井曲线中缺失 GR1，呈现 3 个明显尖峰，形成易于识别的 LM1 和 LM4 与 LM5 界线、LM5 与 LM6 界线。长宁—昭通—泸州区块，受广西运动影响，测井曲线中缺失 GR4，呈现 3 个明显尖峰，包括宝塔组—五峰组、LM1 和 LM4 下部特征曲线。宜昌—来凤区块，受宜昌上升影响，测井曲线中缺失 GR3，测井曲线呈现 3 个明显尖峰，形成易于识别的宝塔组—五峰组以及 LM1 和 LM5—LM6 特征曲线。

利用分层划带新方案，对示范区页岩气储层展布研究取得了新认识：一是威远区块存在次一级水下古隆起，水下古隆起发育区龙马溪组下部笔石带缺失，优质页岩减薄；二是建立了蜀南—威远、黔—渝和宜昌地区优质页岩储层沉积模式，在 GBDB（Geobiodiversity Database）数据库和 GIS（Geographic Information System）软件基础上初建了中上扬子地区晚奥陶世—早志留世页岩定量古地理特征，落实了优质页岩分布特征；三是长宁至昭通黑色页岩生物地层特征变化大，由长宁至昭通笔石带最高层位变低，明确长宁和昭通地区 WF1—LM5 有机质最为富集，威远地区 LM1—LM5 有机质最为富集。

分层方案							笔石		年龄/Ma	GR 低→高	海平面 低→高
系	统	阶	组	段	小层		带	名称			
志留系	兰多列维统	特列奇阶	龙马溪组	龙二段			LM9	*Spirograptus guerichi*	438.49		
		埃隆阶		龙一段	龙一$_2$		LM6—LM8	*Stimulograptus sedgwickii* *Lituigraptus convolutes* *Demirastrites triangulatus*	440.77		
					龙一$_1$	4	LM5	*Coronograptus cyphus*	441.57	GR3	
		鲁丹阶				3	LM4	*Cystograptus vesiculosus*	442.47		
						2	LM3	*Parakidogr acuminatus*	443.40	GR2	
							LM2	*Akidograptus ascensus*	443.83		
						1	LM1	*Persculptogr persculptus*	444.43		
奥陶系	上奥陶统	赫南特阶	五峰组	五二段			WF4	*Persculptogr extraordinarius*	445.16	GR1	
		凯迪阶		五一段			WF3	*Paraorthograptus pacificus*	447.62		
							WF2	*Dicellograptus complexus*			
							WF1	*Dicellograptus complanatus*			

a. 五峰组—龙马溪组工业分层划带新方案

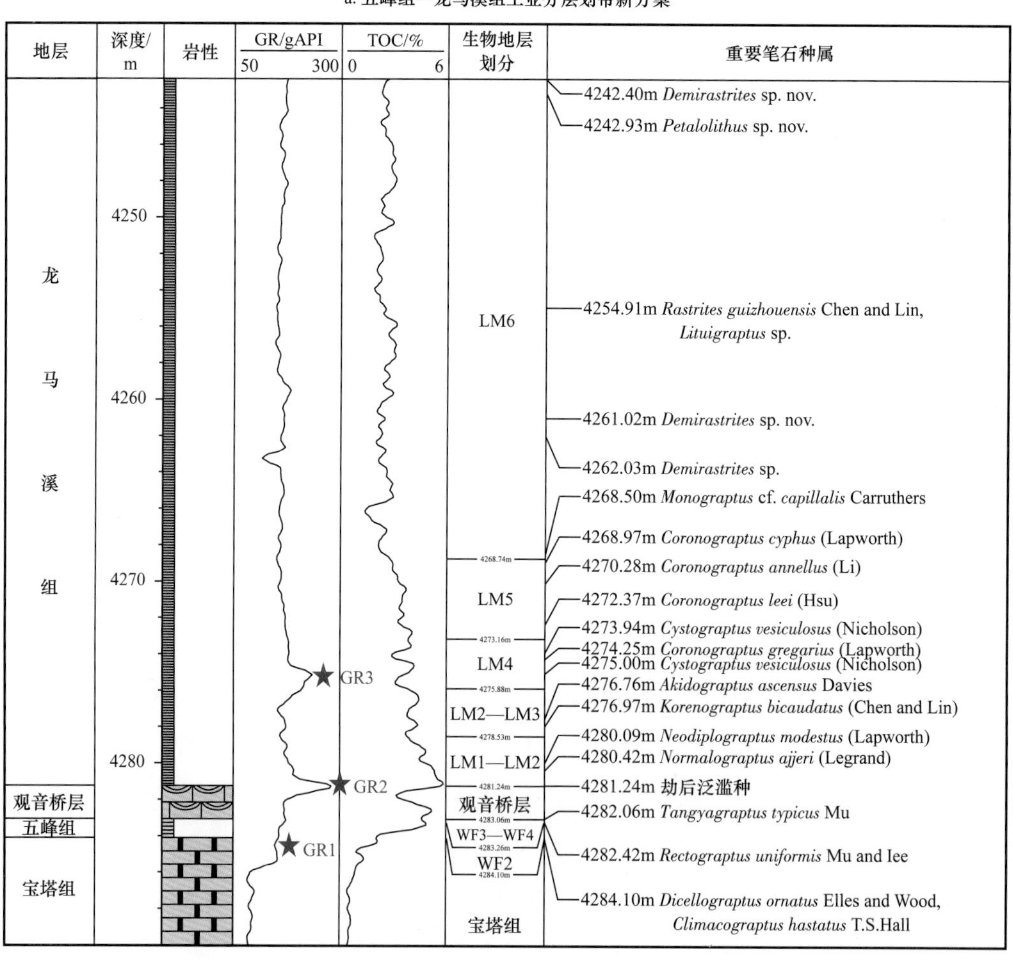

b. 典型井笔石带测井响应特征

图 3-1-8 四川盆地川南地区五峰组—龙马溪组页岩测井响应及分层对比方案

2. 页岩气“甜点”段评价优选技术

1）页岩储层全尺度孔喉定量表征与评价技术

页岩储层有机质含量丰富、微纳米孔发育，尺度分布从几纳米以下到上百微米，孔隙结构特征和孔隙网络发育程度影响页岩中气体的储集和流动。目前，页岩孔隙结构的研究方法主要分为基于图像观测的孔隙结构半定量分析方法、基于孔径分布测试的定量表征方法，以及全尺度定量评价技术。

一是基于图像观测的孔隙结构半定量分析方法。采用微米 CT、纳米 CT、扫描电镜等高分辨率的图像观测扫描技术方法，其中微米 CT 分辨率可达 1μm 左右、纳米 CT 分辨率可达 50nm 左右、扫描电镜分辨率最高可达 1nm 左右，结合离子束的扫描电镜（FIB–SEM）可以同时实现样品的切割和成像，将扫描电镜成像的范围从二维拓展到了三维，可以较全面地定性认识页岩储层微观孔隙结构。图像处理技术与分析软件的发展将孔隙表征从定性识别拓展到定量分析，可以定量化研究孔隙结构、类型（有机孔、无机孔）、大小、孔径分布、孔隙度（面孔率）、微裂缝、有机质及矿物成分。对龙马溪组龙一$_1$亚段内 4 个小层页岩孔隙分析表明，龙一$_1^1$小层的面孔率最高，气体保存条件较好，对于页岩气开发层位优选有指示意义。

根据微观孔隙的成因类型将页岩孔隙分为有机成因孔、无机成因孔和微裂缝三大类；根据孔隙的尺度，将孔径小于 2nm 的称为微孔，孔径为 2～50nm 的称为介孔（或称为中孔），孔径大于 50nm 的称为大孔（或称为宏孔）。（1）有机成因孔是有机质在热演化生烃过程中形成的孔隙，主要发育于有机质间和有机质内，是页岩中存在的最主要孔隙类型，以微孔和中孔为主，少见大孔，有机质团内部连通性好，有机质面孔率为 10%～50%，平均为 30%，镜下观察主要呈近球形、椭球形、片麻状、凹坑状和狭缝形等。有机质颗粒中含有大量孔隙，孔隙形状主要呈椭球形或近球形、弯月状或平板状等（图 3–1–9a，b），直径从几纳米到几百纳米不等。有机质团之间往往通过层理和部分矿物边缘微裂缝连通，连通性较差。大量的有机质孔提供了巨大的比表面积，是页岩吸附气赋存的主要场所。（2）无机成因孔主要有粒间孔、粒内孔、晶间孔和溶蚀孔等，以中孔和大孔为主；观察孔隙尺度为微米到几百纳米，无机孔隙相对不发育，面孔率较低，一般小于 5%。如图 3–1–9c 和图 3–1–9d 所示，与有机质孔集中分布方式不同，无机质孔分布相对分散，呈现零星状分布，无机孔直径从

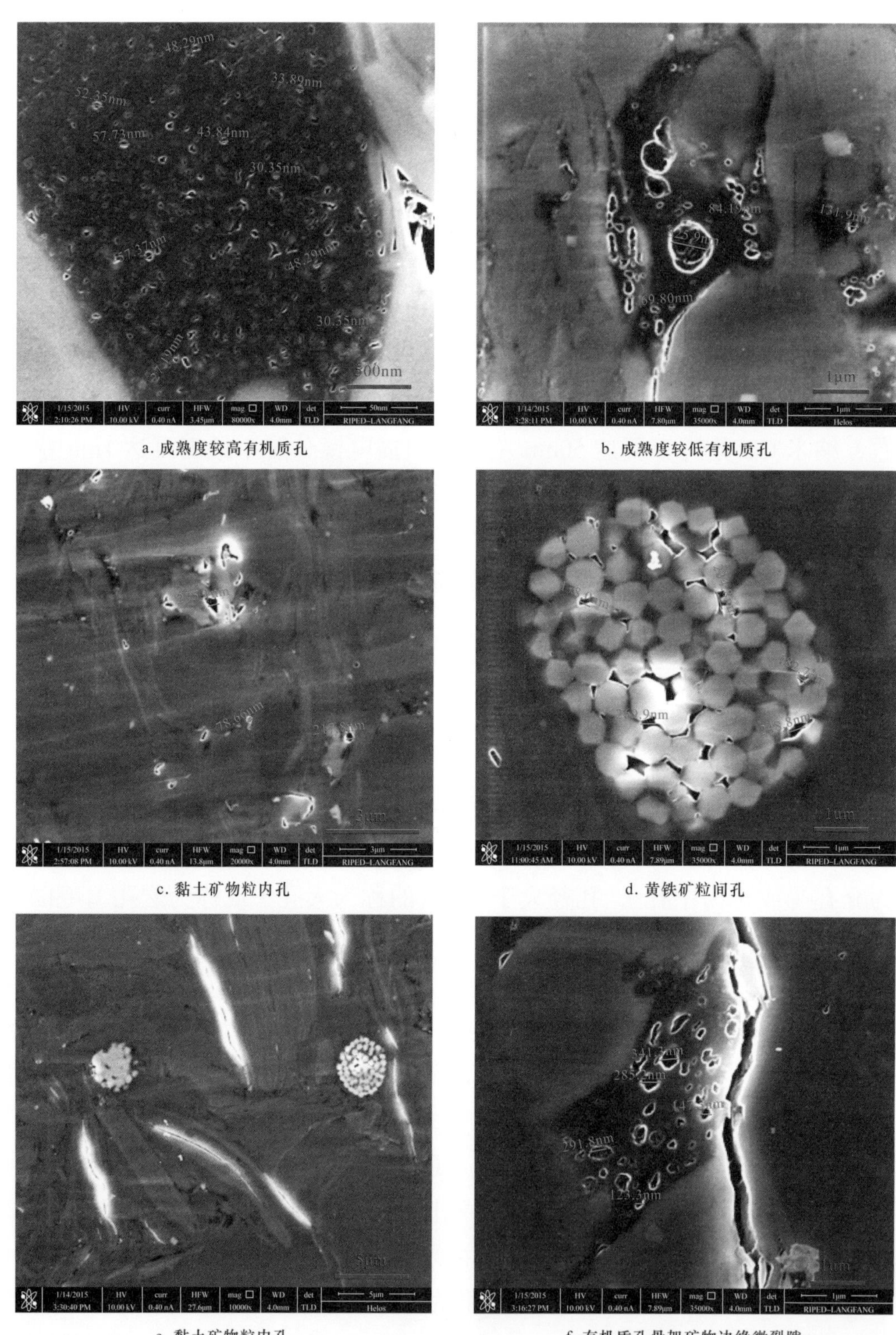

a. 成熟度较高有机质孔

b. 成熟度较低有机质孔

c. 黏土矿物粒内孔

d. 黄铁矿粒间孔

e. 黏土矿物粒内孔

f. 有机质孔骨架矿物边缘微裂隙

图 3-1-9　四川盆地长宁区块页岩气田龙马溪组页岩储集空间镜下特征

几十纳米到几百纳米。页岩中往往存在大量黄铁矿颗粒，这些黄铁矿颗粒会发育一定量的粒间孔。(3)页岩基质中发育微裂缝，但发育程度较低，分布集中度也较低，主要包括黏土矿物晶间缝、片状矿物解理缝以及碎屑颗粒周缘的贴粒缝等，缝宽多在 50nm 以上(图 3-1-9f)。微裂缝的发育对储层孔隙的连通和气体的输运有重要作用。

二是采用孔径分布测试的定量表征方法。采用高压压汞实验 + 低温 N_2 吸附实验 + 低温 CO_2 吸附实验 3 种流体注入分析技术、页岩样品孔隙热演化物理模拟技术、基于压力衰减的页岩颗粒基质渗透率测试系统等页岩储层基质渗透率测试技术、核磁共振冻融法测量孔隙度等页岩颗粒样品孔隙度测试技术、页岩含气性核磁共振测量实验系统等，多种页岩储层测试技术手段开展研究，建立多尺度孔隙结构精细评价方法。利用 CO_2 吸附表征微孔，N_2 吸附表征中孔，高压压汞表征宏孔，利用加权平均表征两种方法的叠合区间，创新了基于流体注入的页岩孔隙全孔径表征技术。

三是综合多种方法自动识别技术、页岩多尺度孔隙结构精细评价方法的全尺度定量评价技术，实现了有机、无机孔隙的定量评价，明确主力产层段优势孔径的分布特征。页岩储层孔隙尺度分布跨度非常大，依靠一种测试技术研究孔隙结构难以获取页岩的全尺度孔隙尺度分布，通常需要多种方式结合。通过整合 CO_2 吸附、低温氮吸附、高压压汞、FIB-SEM、CT 扫描等手段，实现了纳米—微米—毫米级的全尺度孔隙定量表征。揭示了我国川南地区龙马溪组页岩孔隙发育，从 0.5nm 到上百微米均有分布，50nm 以下的孔隙是气体主要的赋存空间，50nm 以上甚至微米级孔隙是气体主要的流通通道。

2)多尺度页岩储层层理—裂缝精细描述技术

层理微裂缝是解译细粒沉积物沉积环境和演化历史的一把钥匙，决定页岩储层微观孔隙结构与储集性能，影响水平井体积裂缝扩展规律与压裂效果。细粒沉积层理由微观到宏观分为纹层、纹层组、层和层组 4 级单元，多个纹层叠置成纹层组，多个纹层组叠置成层，多个层叠置成层组。层理研究关键是识别纹层、纹层组、层和层组，确定各级单元的成分和结构，明确各级单元横向延伸、纵向叠置与演化，从而为页岩气储层评价和开发提供支撑。目前，层理研究方法主要有二：一是露头和岩心描述；二是常规薄片观察及 X 衍射全岩测试。露头和岩心描述能识别层(层组)，并能明确其横向延伸和纵向叠置，但无法识别纹层和纹层组；常规薄片观察虽能有效识别纹层和纹层组，但由于尺寸小，因而不能研究层（层组）的横向延伸及纵向叠置。本研究露头、大样和大薄片三结合；首先，通过露头识别层（层组），明确其横向延伸与纵向叠置；其次，通过大样进一步识别层（层组）及纵向叠置，克服露头研究不精细和误差大等缺点；最后，通过大薄片识别纹层和纹层组，明确各纹层和纹层组的成分、结构、叠置关系和纵向演化。该方法从宏观到精细再到微观来研究页岩层理，从而克服目前研究存在的宏观与微观脱节、室外与室内脱节的问题，为层理研究提供了新途径。

3）页岩气“甜点”段优选评价标准

选用TOC、含气量、孔隙度、脆性矿物含量、纹（层）理（含微裂缝）发育程度等作为页岩气储层评价参数，将页岩气储层分为4类，其中Ⅰ—Ⅱ类储层为页岩气“甜点”段，主要评价标准见表3-1-3。对五峰组—龙马溪组页岩气储层15项参数统计（表3-1-4），五峰组—龙一$_1^1$小层为Ⅰ类储层，其TOC、含气量、孔隙度等关键参数都大于4；龙一$_1^2$—龙一$_1^4$小层为Ⅱ类储层，其TOC介于3.0%～4.0%、含气量介于3.0～4.0m^3/t、孔隙度介于4.0%～5.0%；龙一$_2$亚段为Ⅲ类储层，其TOC介于2.0%～3.0%、含气量介于2.0～3.0m^3/t、孔隙度介于3.0%～4.0%；龙二段页岩为Ⅳ类差含气层，其TOC、孔隙度和含气量等参数均低于2。

表3-1-3　四川盆地五峰组—龙马溪组页岩气“甜点”段储层分级评价参数标准表

储层类别	TOC/%	含气量/m^3/t	孔隙度/%	脆性矿物含量/%	黏土矿物含量/%	层理（含微裂缝）	杨氏模量/GPa	泊松比
Ⅰ	≥5	≥5	≥6	≥60	≤30	极发育	≥30	≥0.25
Ⅱ	3～5	3～5	5～6	50～60	30～40	发育	25～30	0.225～0.25

表3-1-4　四川盆地五峰组—龙马溪组页岩气储层主要地质参数统计表

主要地质参数	川南地区	涪陵地区
深度/m	2000～4500	2000～4000
净厚度/m	40～60	40～80
沉积环境	深水陆棚	深水陆棚
主要岩石类型	页岩	页岩

续表

主要地质参数	川南地区	涪陵地区
TOC/%	2.5～8.5	2.0～8.0
R_o/%	2.5～3.8	2.7
总孔隙度 /%	2.0～12.0	1.2～8.1
孔径范围 /nm	50～100	50～200
基质渗透率 /mD	0.02～1.73	0.001～5.7
孔隙类型	有机质孔	有机质孔
含气量 /（m^3/t）	2.0～6.0	1.3～6.3
游离气比例 /%	60～80	70～80
脆性矿物含量 /%	55～80	50～80
泊松比	0.15～0.25	0.11～0.29
压力系数	1.20～2.10	1.55

川南地区五峰组—龙马溪组为持续高富有机质、高硅质、含钙质、半深水—深水陆棚相沉积区，“甜点”区厚度介于 10～50m，长宁—泸州区位于沉积中心附近，阳 101 井钻遇“甜点”段厚度 70m，属Ⅰ类页岩气储层。与长宁—泸州区不同，威远区储层“甜点”段厚度略小，属Ⅱ类“甜点”区。五峰组—龙马溪组页岩沉积期，四川盆地沉积中心演化自东南向西北方向迁移，导致区域上不同区块Ⅰ类“甜点”区纵向层段、厚度有所不同。从五峰组底部到龙马溪组上部，可依次划分为Ⅰ类、Ⅱ类、Ⅲ类和Ⅳ类“甜点”区。五峰期—鲁丹期为高富有机质页岩的主要形成期，长宁和涪陵两个“甜点”区主要形成于这一时期，“甜点”段厚度大、“甜点”区范围大。川南地区威 201 井区Ⅰ类“甜点”区优质页岩气储层厚度为 13m，占地层总厚度的 7.22%，足 201 井区Ⅰ类“甜点”区优质页岩气储层厚度为 25m，占地层总厚度的 6.78%，阳 101 井区Ⅰ类“甜点”区优质页岩气储层厚度为 70m，占地层总厚度的 13.81%。

3. 页岩气“甜点”区评价优选技术

我国海相页岩气富集成藏具有复杂性与特殊性，优选勘探开发“甜点”区需要考虑多种地质因素。在对比研究的基础上，提出以成藏条件为主、突出“源—保”耦合机制，兼顾经济—开采条件与工程条件的“甜点”区评价参数体系（表 3–1–3），选区参数在沉积—成岩—保存三方面独具地质内涵。

根据川南地区页岩气勘探开发实践、前人研究和分类界限综合分析，总结出适合川南地区页岩气三类有利目标区或“甜点”区评价的关键参数及指标体系（表 3–1–4 和表 3–1–5）。建立了复杂构造区页岩气“双厚度、多参数”叠合法选区评价方法及流程，针对不同勘探开发程度的区块（如勘探程度低的区块、关键参数难获取），采用以变权有利区优选法为主导的分级分类优选有利区。所谓“双厚度”，是指 LM1—LM3 厚度和Ⅰ类 + Ⅱ类储层厚度，选区评价中首先考虑最佳层段 LM1—LM3 厚度及储层关键参数平面展布，综合考虑五峰组—龙马溪组Ⅰ类 + Ⅱ类储层厚度及关键参数平面展布。所谓“多参数”，是指经济开采的重要参数“储层埋深”、平台实施作业的基础参数“地表城镇及地形”、储层游离气及孔隙保存关键参数“储层压力”、不同构造分区保存条件有利区参数“断层发育”等。通过页岩气“双厚度、多参数”叠合优选有利区。

表 3–1–5　四川盆地页岩气“甜点”区评价关键参数及指标体系

参数类型	评价参数	关键参数
富集成藏条件	生气条件：有机质含量、类型和成熟度、页岩厚度、面积和连续性； 储集条件：孔隙度、渗透率、孔隙类型、孔径分布、吸附能力、地层压力、地层温度、含气饱和度、含气量； 保存条件：盖层岩性、盖层厚度、页岩埋深、地层倾角、断层类型、距离断层距离、构造变形程度、压力系数	有机质含量、有机质成熟度、页岩有效厚度、含气量、储集能力、构造变形程度、压力系数
工程条件	地应力场、脆性矿物、黏土矿物类型、泊松比、弹性模量	脆性矿物含量
经济—开采条件	水资源、地形地貌、道路交通、天然气管到网络	地表条件

根据上述流程与参数指标体系，指导有利勘探开发页岩气“甜点”区综合评价。最终优选出四川盆地五峰组—龙马溪组页岩气有利区 36 个，有效面积 $2.6\times10^4km^2$，资源量 $10.35\times10^{12}m^3$。

第二节　页岩气流动机理与开发规律模拟技术

由于海相页岩资源具有多孔介质致密性、开发对象吸附性、输运机制多样性和产出规律复杂性等特征，导致页岩气流动规律认识不清，为实现最优人工缝网体与复合体积流场的设计与改造，需要科学认识页岩气的流动模式与有效控制范围。本节重点介绍页岩气赋存、流动与开发模拟相关实验技术，揭示气体赋存与输运机理，明确页岩气流动与开发动用规律，为体积开发提供基础认识与技术支持。

一、页岩气赋存机理评价技术

页岩气在储层中以多种赋存状态共存，主要包括吸附态和游离态，不同状态气体赋存位置、解吸机理及其在开发过程中的动用规律差异较大，需要明确气体的赋存与动用机理，为揭示气体产出规律、科学优化复合体积流场奠定基础。

不同地区页岩气赋存规律差异较大，吸附气含量占比分布在20%～85%之间，美国Michigan盆地Antrim页岩以吸附态页岩气为主，游离态页岩气仅占页岩气总含量的25%～30%，FortWorth盆地Barnett页岩气吸附量为38%～72%；我国四川盆地页岩气吸附量为20%～52%，鄂尔多斯盆地页岩气吸附量为26%～49%。页岩气的赋存与动用规律，通常依靠等温吸附曲线的测试进行研究。

采用最大工作压力69MPa、最高177℃的GAI–100高压气体等温吸附仪，测试了不同区块页岩样品的等温吸附曲线，如图3–2–1所示。威远和昭通区块部分评价井等温吸附曲线表明，页岩不同区块吸附规律差异较大，实验测试的最大测试吸附量在1.5～2.5m^3/t，威远区块除威203井的值较高外，其他两口井的测试最大过剩吸附量为1～1.5m^3/t。昭通区块的两口井的最大过剩吸附量差异较大，但均超过了1.5m^3/t。

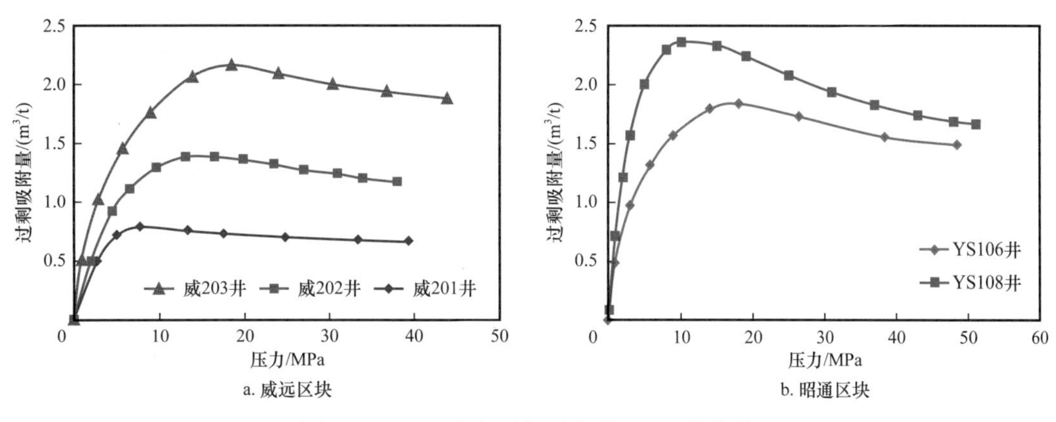

图3–2–1　不同区块页岩等温吸附曲线

与低压下测得的等温吸附曲线的变化规律不同（图 3-2-2 和图 3-2-3），高压条件下的页岩等温吸附曲线不再是一条单调递增的曲线，当压力超过一定值之后，过剩吸附量随着压力的增加而降低，这种下降证明了实验室直接测得的吸附量是过剩吸附量而不是绝对吸附量。随着压力的增加，壁面吸附的甲烷分子逐渐达到饱和，密度增幅变小，而游离气的密度则随着压力的增加持续增大，吸附相密度与游离相密度差不断减小，表现为过剩的甲烷分子量在减少，过剩吸附量在高压下会呈现降低趋势。高压下过剩吸附量下降的趋势与 Chareonsuppanimit，Thomas，Gasparik 和 Alexej（2016）等的研究成果一致。

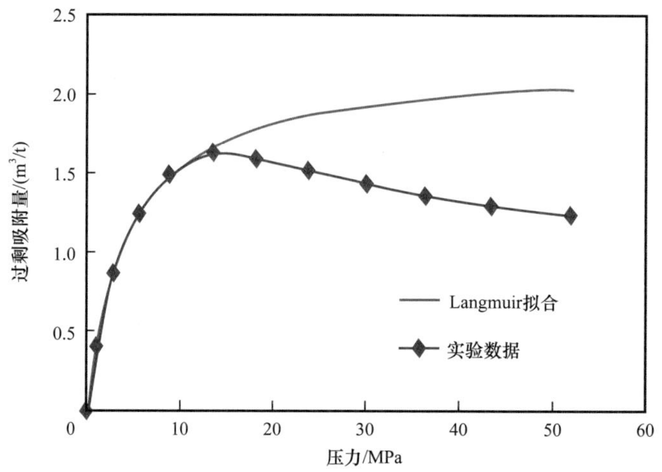

图 3-2-2　页岩等温吸附与解吸曲线

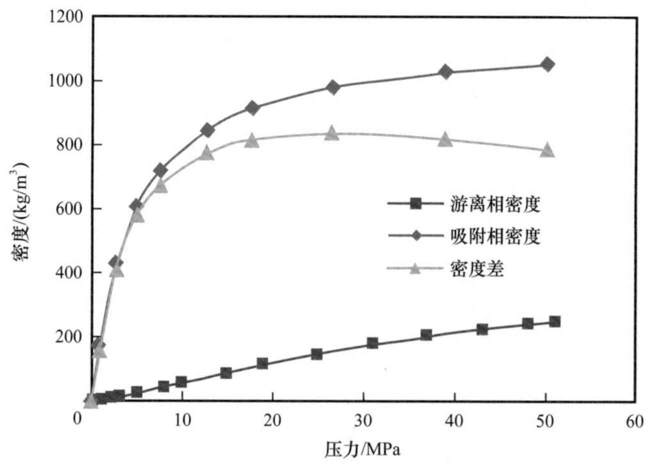

图 3-2-3　吸附相和游离相密度变化示意图

二、页岩气传质输运机理评价技术

页岩气藏开采过程中，基质气体的流动能力与压力传播距离是设计簇间距、评估复合体积流场尺度、计算控制储量和预测开发效果的重要因素。页岩储层存在大量微米—纳米尺度孔隙与微裂缝，微尺度效应明显，气体流动机制除黏性流之外，扩散流也是重要的流动机制之一，尤其是在纳米级孔隙中或低压条件下在亚微米级孔隙或微裂缝中流动时，扩散往往发挥着核心作用。因此，探究气体的输运机理和流动规律对体积流场设计十分重要。

为了认识页岩基质中气体的输运机理，开展了一系列高温高压条件下扩散—渗流耦合流动物理模拟实验。应用稳态法页岩气流动能力测试系统，研究了页岩基质中气体在 0～40MPa 范围内流动能力变化规律，结果显示，随着平均压力降低，扩散作用逐渐增强，岩心视渗透率迅速增大，可高于常规压力梯度测渗透率 1～2 个数量级（图 3-2-4）。通过高压条件近平衡物理模拟实验研究，进一步证实了随着平均压力的降低，扩散作用对产量的贡献逐渐增大，渗流机制对流量贡献不断降低（图 3-2-5）。综上所述，扩散作用随储层压力水平、压力梯度、孔隙尺度的减小不断增强。研究表明，主力储层（0.0005mD）压力降低至 15MPa 时，扩散作用对流量的贡献超 50%，扩散是页岩气重要的流动机制之一，对增加复合体积流场控制范围、增大控制储量以及维持页岩气井中后期长期稳产发挥着重要作用。

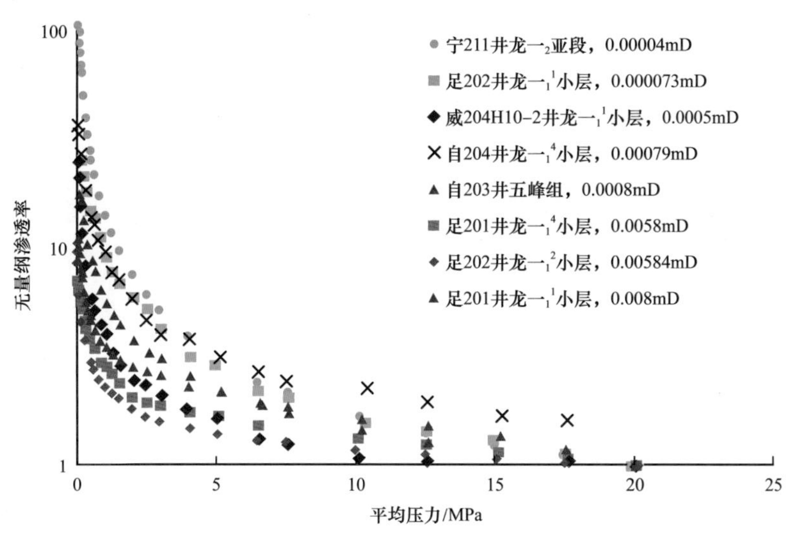

图 3-2-4　基质扩散—渗流耦合流动曲线

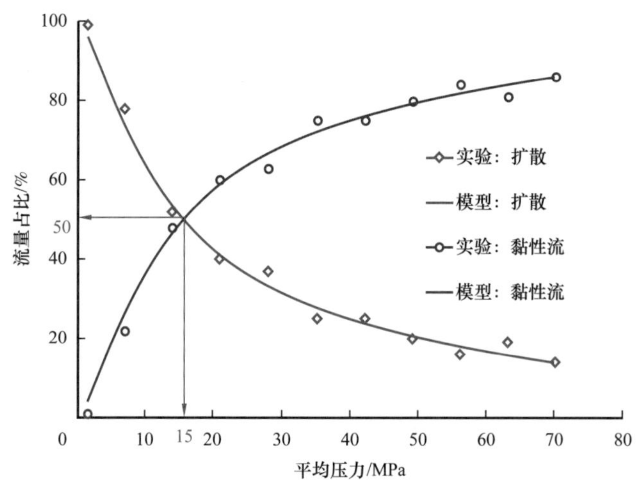

图 3-2-5　近平衡扩散流量与黏性流对比

三、页岩气开发动用规律模拟技术

由于页岩基质由纳米—微米—毫米级跨尺度流动通道构成，同时存在游离气、吸附气两种主要赋存方式和扩散、渗流两种主要输运机制，导致页岩的衰竭开发规律十分复杂，深入认识页岩气开发规律对于复合体积流场设计与开发效果预测十分重要，需要通过开展基础物理模拟实验攻关，明确页岩气的复杂开发动用规律。

1. 大尺度岩心衰竭开发模拟技术

利用自主研发的全直径岩心开发模拟实验装置，对岩心的全生命周期开发规律进行模拟。全直径岩心取自川南昭通地区龙马溪组，长度为 45cm，直径为 10cm，孔隙度为 2.5%，在密闭取心之后在实验室补充甲烷至储层压力 30MPa，然后采用衰竭式开发模式，开始全生命生产周期的开发动态模拟。全直径页岩岩心已生产 2700 余天，入口压力、出口流量随时间变化的关系如图 3-2-6 所示。从产气量和压力曲线可以看出，初期产气量大，递减速度快，后迅速进入稳产期，产量递减曲线与单井产量递减曲线相似度很高，呈 L 形递减，前期产量高是由于游离气动用，随着压力降低，吸附气开始逐步动用，实验进入稳产期，物理模拟很好地反映了页岩气初期产气量大、递减速度快、后期稳的特点。

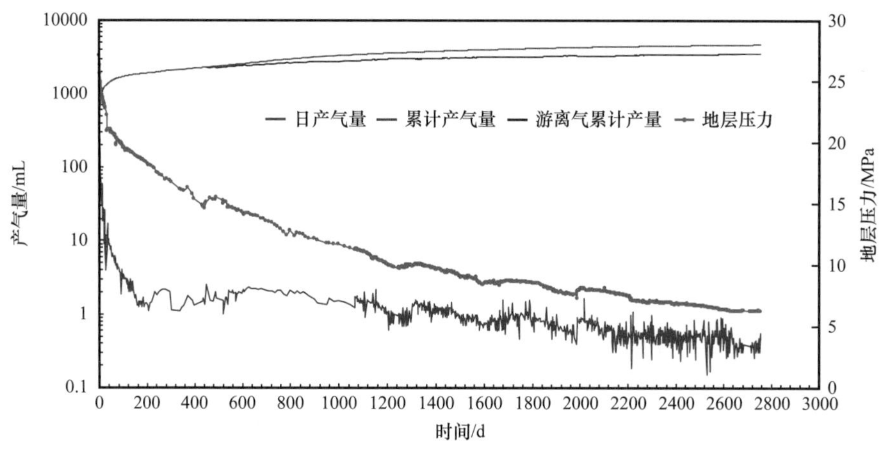

图 3-2-6　全直径岩心实验产量递减曲线

2. 核磁共振在线监测实验技术

为进一步明确游离气和吸附气的动用规律，研发了适用于高温高压条件的核磁共振在线检测开发模拟实验系统，选取四川盆地长宁地区 N203 井下志留统龙马溪组龙一$_1^1$小层岩心，以甲烷气为实验流体，测量页岩气在开采过程中游离态和吸附态甲烷的产出变化。

以恒压模式向岩心中注入甲烷气体，甲烷饱和页岩的核磁共振 T_2 谱图具有明显的双峰特征（图 3-2-7）；吸附态甲烷主要赋存于页岩纳米级孔隙表面，弛豫时间介于 0.1～1.0ms，主峰位于 0.4ms；游离态甲烷则赋存于较大的页岩孔隙中，弛豫时间介于 1～100ms，主峰位于 10ms。利用 T_2 谱图可以确定页岩中甲烷吸附 / 游离态的信号量（图 3-2-7）。

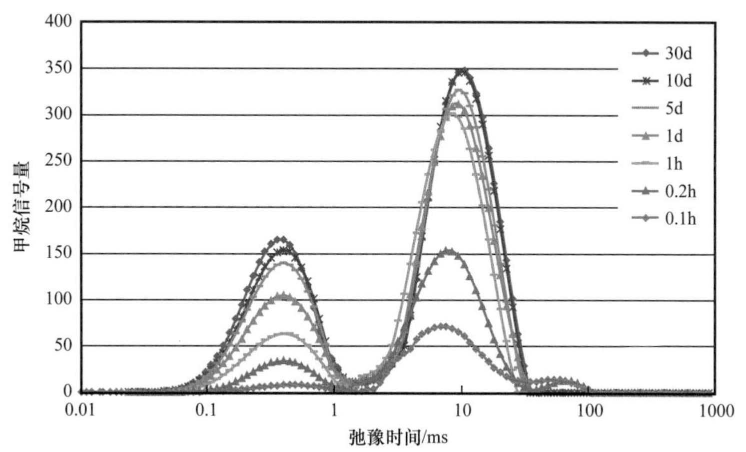

图 3-2-7　甲烷饱和页岩岩心核磁共振 T_2 谱图

在甲烷气体充分饱和页岩岩心以后，进行页岩气衰竭式开发模拟，随着甲烷气体被采出，页岩岩心中压力逐渐降低，甲烷信号量也逐渐减小，游离气对应的 T_2 谱峰一直在下降，而吸附气对应的 T_2 谱峰在前期基本不变，在压力降低至 12.6MPa 时，吸附气对应的 T_2 谱峰才明显下降，表明在页岩气井生产初期，主要产出游离气，游离气采出与压降近似呈线性关系，直至生产后期，压力降低至临界解吸压力后，吸附气才产出，此时甲烷采出程度与压力的关系曲线开始偏离早期的线性关系，如图 3–2–8 和图 3–2–9 所示。

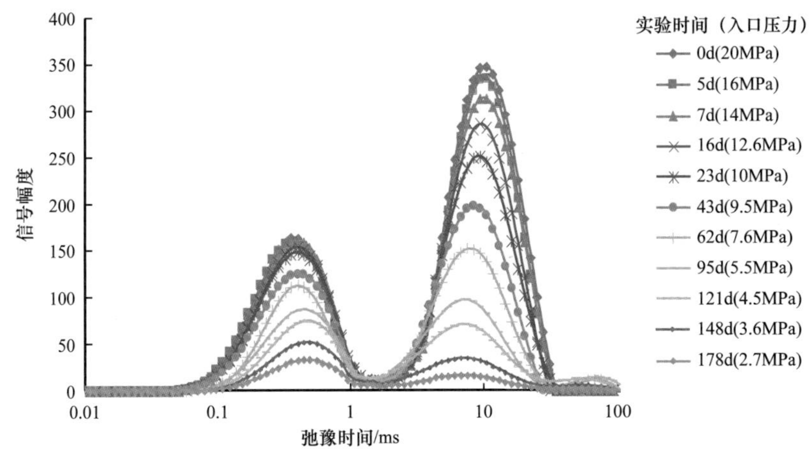

图 3–2–8　衰竭式开发模拟过程中核磁共振 T_2 谱

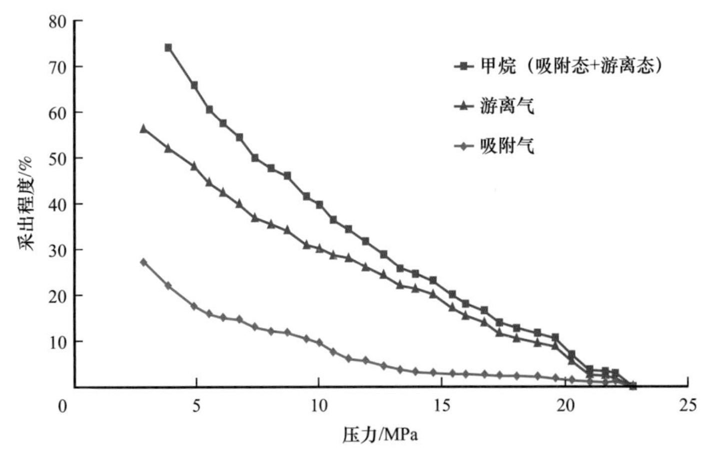

图 3–2–9　甲烷采出程度与压力关系曲线图

通过开展一系列的页岩气开发模拟实验证实，在开发初期，页岩气产出以游离气为主，产量与压降呈线性关系，吸附气的贡献率很低；随着生产的进行，压力不断降低至临界解吸压力（通常在 12～15MPa 之间）附近，解吸和扩散作用不断增大，吸附气的贡献率不断增加，气井递减率不断减小，对气井中后期维持复合体积流场意义重大。

第三节　精细地质建模技术

建立精细的三维地质模型，准确刻画页岩储层，是建成最优的人工缝网单元体、实现体积开发、提高单井最终可采储量（EUR）的重要基础。精细三维地质建模是将地质认识“实体化”，将各项数据“一体化”，从定性到定量迭代的必经途径。一是利用地球物理技术，即通过三维地震数据目标处理与精细解释来预测工区的微构造、页岩 TOC、含气量、地层压力系数、天然（微）裂缝以及杨氏模量、泊松比、地应力等弹性参数；二是以岩心分析和测井资料为基础，通过井控和地震协同地质建模；三是钻完井工程实施效果资料实时反馈回到研究中，并对储层模型持续深化研究，实现储层地质模型的迭代更新，最终得到一个精度越来越高的三维模型，实时指导页岩气体积开发。目前现有的精细地质建模及地质工程一体化开发平台主要为国际大油服公司开发，主要包括哈里伯顿公司的 Cypher 工作平台、贝克休斯公司的 JewelSuite 工作平台和斯伦贝谢公司的 Petrel 工作平台。

一、三维地质建模流程与方法

1. 三维地质建模流程

对于页岩气，一般认为大范围稳定发育的深水陆棚沉积环境是优质页岩形成的前提，目前针对深水沉积微相的研究相对较少，尚未有一致公认的沉积微相划分方案。因此，在页岩气三维地质建模中，较少采用相控建模，而是基于地震、测井数据，以大量已有地质研究为约束，采用确定性—随机性建模方法，针对储层各项属性（如 TOC、孔隙度、渗透率等）进行属性插值，开展属性建模。

页岩气三维地质建模主要包括构造建模、属性建模、裂缝建模和地应力建模四大模块。构造建模主要包括真厚度域地层对比，结合单井分层、二维导向剖面模型和地震构造解释建立可靠的三维构造层面模型。构造建模常采用网格建模方法，在断层复杂程度较低时建议采用角点网格，在断层复杂程度较高时建议采用阶梯状正交网格。此外，还应根据工区的实际情况选择适当的网格精度。考虑到页岩具有明显的垂向非均质性，垂向网格精度建议与精细地质模型保持一致。

属性建模是根据地质认识与数据约束，对每一个网格赋予不同属性值的过程。属性建模时，由于不同参数之间存在物理相关性，需要考虑不同属性的先后模拟次序，例如，烃源岩特性对物性和含油气性具有控制作用、岩性对脆性具有控制作用等。因此，首先在地震反演的约束下建立岩性及烃源岩特性等基础属性，如黏土含量、TOC 等。然后在这些基础属性控制下通过协同模拟建立其他属性参数，如黏土含量控制脆性参数，TOC 控制孔隙度和饱和度等物性参数。

裂缝建模主要包括地震裂缝表征与地震裂缝建模两步。基于地震解释、成像测井等数据，提取裂缝密度、方位等数据，开展确定与随机裂缝建模。蚂蚁追踪常被用来自动识别和追踪地震属性体中的异常和不连续性。方差属性的变化主要来自构造信息，在方差属性基础上开展蚂蚁追踪可以很好地反映断层及裂缝的特征。在蚂蚁追踪结果的基础上开展裂缝建模较为直接，通过确定性建模和随机建模两种方式可分层次建立断裂—裂缝模型。确定性建模即通过断层提取技术将蚂蚁体中的断层或者裂缝带提取成面，而随机建模方式是通过离散裂缝建模建立裂缝片网络（DFN）。

地应力建模是在岩石力学属性（杨氏模量、泊松比等）建模基础上通过三维地质力学模拟器进行原场地应力模拟的过程。地应力建模通常需要将构造模型转换得到有限元方法所需的计算网格，在定义各个地层断块的介质属性分布及必要的载荷等边界条件后，适用于任意复杂构造的应力模拟。通过对计算结果的分析，进行裂缝预测、裂缝有效性评价、断层稳定性和封闭性研究、钻采过程中人工裂缝的预测和模拟以及套管设计及其稳定性分析等。

2. 三维地质建模方法

三维地质建模是一个基于数据 / 信息分析、合成的学科，目前常用的属性建模包括确定性建模和随机建模两种，确定性建模是指试图从具有确定性资料的控制点出发，推测出点间确定的、唯一的属性参数的方法；随机建模是指以已知的信息为基础，应用随机函数理论、随机模拟方法，产生可选的、等概率的地质体模型的方法。常用的确定性建模方法为克里金系列方法，其虽然满足无偏、最优线性估计，但都存在一定程度的平滑效应，难以精确地刻画属性数据在空间中的非均质性。常用的随机建模方法包括序贯高斯模拟、序贯指示模拟、马尔科夫随机域等，其可以重现属性的离散性与波动性，经过反复模拟可以得到任意多个模拟实现。两者均能在观测点上保证属性数据的精度，但是点间未知区域精度仍然得不到保证，且它们都需要满足一定的前提条件，如克里金系列方法和基于变差函数的随机建模方法大都要求采样数据满足高斯分布或正态分布，否则会产生较大误差。而多点地质统计学中训练图像和条件概率分布函数（与模拟随机路径相关）也是影响属性模型精度的重要因素，样本数据足够大时提取的训练图像虽具有一定的可靠性，但其仍不能完全反映属性的实际空间变化特征。

三维地质模型汇总了各种信息和解释结果。因此，了解各种输入数据 / 信息的优势和不足是合理整合这些数据的关键。所有的储层都会有多尺度上的非均质性和连续性，但是由于各种原因不可能直接测量到所有细节。因此，借助于地质统计技术生成比较真实的，代表对储层非均质性和连续性认识的模型是一个比较有效的研究储层的手段。同一套数据可以生成很多相似的但是又不同的模型，这个过程就是随机建模。油气行业中的三维地质建模以随机建模为主，通过随机插值方法对储层各项属性（如 TOC、有效储层厚度、含气量等）进行模拟，为指导水平井精确导向、压裂设计、生产优化提供数据基础。

二、地质建模实例

威远页岩气田位于四川盆地西南部，地理位置属内江市威远县、资中县、自贡市荣县境内，涵盖内江—犍为矿权区，面积约 4204km^2，构造位置隶属川西南古中斜坡低褶带，发育威远背斜构造，川庆钻探作业区面积 823km^2，长城钻探作业区面积 538km^2。基于地震解释、测井数据，在区域地质认识约束下建立三维地质模型，涵盖五峰组、龙一$_1^1$—龙一$_1^4$小层和龙一$_2$亚段。

1. 基于地震、测井，找准标志层位，建立构造模型

依据构造解释等值线和分层数据，找准地震强反射、同相轴连续层位：龙一段顶面、五峰组底面，建立构造模型。构造建模的核心是层面识别，分为三步：（1）由于研究区龙马溪组顶、龙二段底、五峰组底在地震剖面上呈现强反射、同相轴特征连续，因此首先导入此 3 层面数据；（2）基于地震解释

构造等深线数据，结合各井的小层划分结果，分别导入五峰组顶、龙一$_1^1$—龙一$_1^4$小层层面数据；（3）明确各地层顶底面后，按照比例将模型垂向划分为0.1～34.91m的小层。模型网格均采用角点网格系统，最终建立的构造模型共包括6个地层（五峰组、龙一$_1^1$—龙一$_1^4$小层和龙一$_2$亚段）。由于井距较大，平面网格设计为25m×25m。网格方向与水平井主要轨迹方向正交，垂向网格精度采用渐变式比例劈分以保证同一层网格的等时性。总网格数1.0483亿个。

2. 以测井为主，“确定性＋随机性”属性建模

属性建模包括四步：（1）对所有参数进行粗化处理。（2）选择变差函数类型，基于变差函数模型，进行变差函数分析、高斯变换。基于已有地质认识，根据整体分布特征，设置主变程方向为东西向，主变程与次变程在1000～4000m之间。使用序贯高斯方法同位协同模拟进行插值。（3）当模型参数具有明显的相关性时，如TOC与有效孔隙度相关系数大于0.9，采用协同克里金建模方法进一步约束。（4）用地震反演结果、已有地质认识等作为软数据控制属性的横向分布，保障属性整体变化的合理性。

测井数据作为硬数据，控制属性的纵向分布建立三维储层属性体。最终的属性模型中每一个网格都具有特定的属性值，而整体的趋势符合先验地质认识。最终，基于测井资料，结合地震反演与区域地质认识，采用序贯高斯方法建立TOC、孔隙度、含气量、含气饱和度、密度、脆性指数等属性体。通过属性建模可知，TOC、有效孔隙度、含气饱和度、含气量最高值均出现在龙一$_1^1$小层，属性高值区平面分布范围最大，脆性指数也处于适合水力压裂的最优区间。龙一$_1^1$小层是优质储层，应作为勘探开发的最优层段。

3. 严格按照“甜点”划分标准，定量表征“甜点”区

符合先验地质认识的储层属性模型是准确三维定量表征“甜点”体的前提。建立各储层参数之后，基于优质储层参数标准，筛选出同时满足标准的所有网格，即TOC≥2%、孔隙度≥3%、总含气量≥2m^3/t、脆性指数≥45%的所有网格，得到符合优质储层标准的三维“甜点”体（图3-3-1）。三维地质建模是地质导向钻井、裂缝建模、储层改造的基础，是地质工程一体化的开端，也是设计人工缝网单元体和复合体积流场、构建最优“人工气藏”的重要基础。

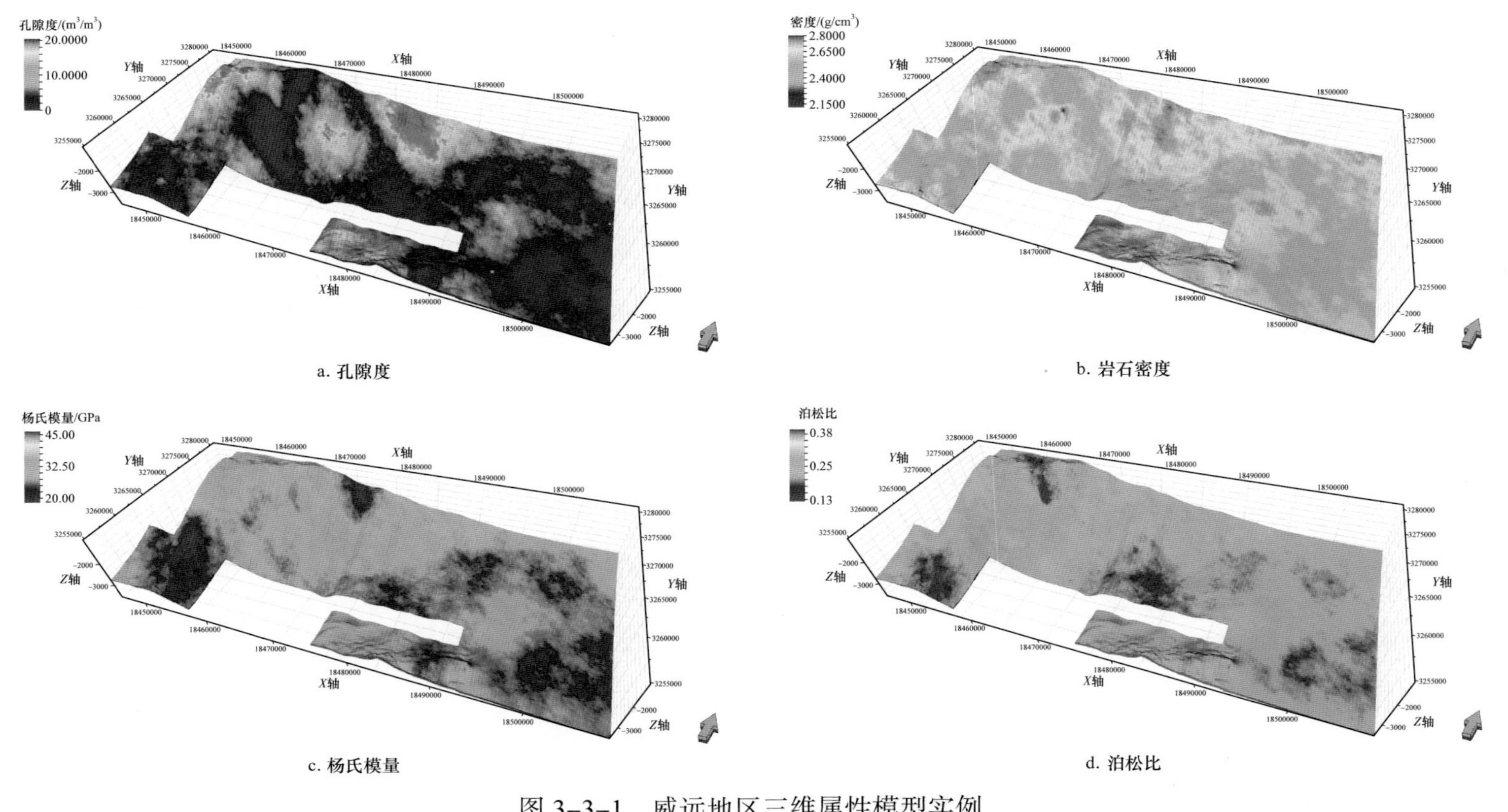

图 3-3-1 威远地区三维属性模型实例

第四节　井距设计与优化技术

受开发成本的限制，页岩气采用平台化部署水平井、“工厂化”钻井和压裂以及大规模连续作业方式，以实现效益开发。北美开发经验表明，采用初期大井距、后期加密的“滚动开发”方案可以降低开发风险，保证第一批次气井的生产效果，但后期加密钻井会导致老井与新井的“应力阴影”叠加，新井生产动态远低于预期，导致“一加一小于二”的开发效果。因此，页岩气井网井距必须一次性部署、一体化设计，以保证建立最优的人工缝网单元体，实现体积压裂对地层改造效果的最大化。要确保一次部署的合理性：若井网不合理、开发井距偏大，井间储层难以得到有效体积改造，人工缝网单元体无法有效控制地下储量；若开发井距偏小，压裂干扰风险加大，压力干扰也将加剧，复合体积流场对能量利用不科学，严重影响开发效益。因此，需要以体积开发理论为指导，科学进行井距设计与优化。

一、数值模拟 / 经济评价法

数值模拟方法通过建立全过程的单井 / 区块生产动态模型，以 EUR、采收率及经济指标为目标函数，综合考虑多参数对井距评价结果的影响。以 3 口井为例模拟论证井距对生产动态的影响，定义中间井为中心井，两侧井为边井，其中边井对中心井起到动态封闭边界的作用。图 3-4-1 给出了单口井和 3 口井两种方案下的压裂—生产模拟结果。多井条件下，由于井间泄流区域重叠、干扰较为显著，中心井产能受到抑制。定义单井与中心井累计产量差值为 ΔG：

$$\Delta G=G_{\text{single}}(t)-G_{\text{central}}(t) \tag{3-4-1}$$

式中　G_{single}，G_{central}——单井、中心井累计产量。

变量 ΔG 越大，代表井间干扰越显著，对中心井生产动态影响越大。计算结果表明，随着生产时间的增加，由于边界封闭效应的增加，ΔG 逐渐变小且趋于常数。

为了进一步明确井距对实际生产的意义，使用净现值（NPV）模型进行生产指标经济评价。其中，NPV 计算模型为：

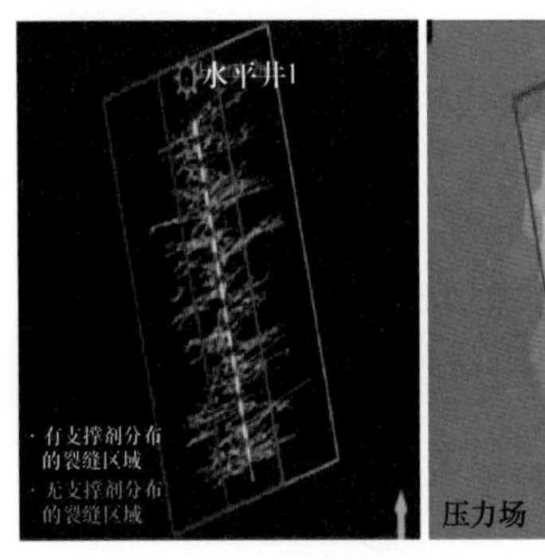

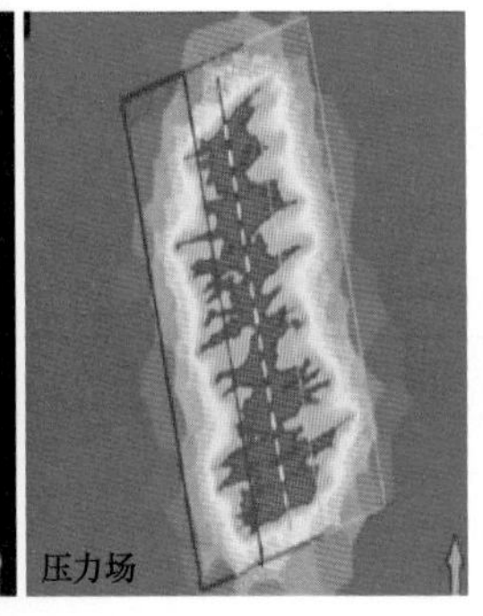

a. 单井模拟方案

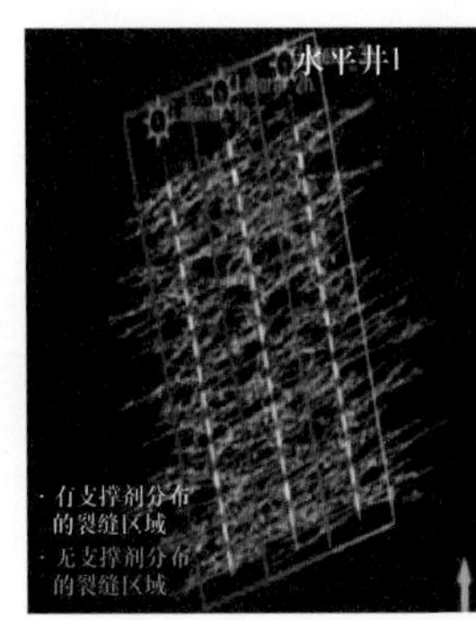

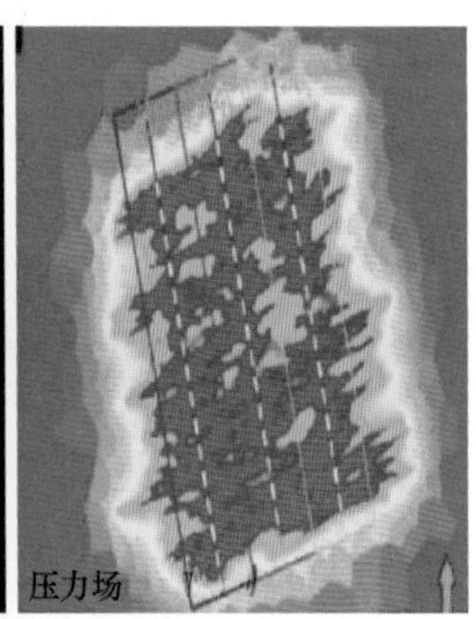

b. 多井模拟方案

图 3–4–1　单井与多井模拟方案下的裂缝—生产一体化模拟

$$\mathrm{NPV}=\sum_{j=1}^{n}\frac{P_j\left(G_{\mathrm{p},j}-G_{\mathrm{p},j-1}\right)}{\left(1+i_{\mathrm{r}}\right)^j}-\left[\mathrm{FC}+\sum_{k=1}^{n_{\mathrm{w}}}\left(C_{\mathrm{well}}+\sum_{kk=1}^{n_{\mathrm{f}}}C_{\mathrm{fracture}}\right)\right] \tag{3-4-2}$$

式中　NPV——净现值，元；

P_j——第 j 年气价，元 /$10^4\mathrm{m}^3$；

$G_{\mathrm{p},\,j}$——第 j 年累计产量，$10^4\mathrm{m}^3$；

FC——固定投入，元；

C_{well}——单井成本，元；

C_{fracture}——单条裂缝压裂成本，元；

k——第 k 口水平井；

kk——第 k 口水平井的第 k 条裂缝；

n_{w}——水平井井数；

n_{f}——单口井压裂段数；

n——生产年限；

i_{r}——年利率。

图 3–4–2 给出了不同井距条件下区块 NPV 随时间的变化规律。随着时间增加，区块 NPV 值不断增加，但由于累计产量的折现值不同，不同时间点处净现值与井距不成正比。计算结果表明，200m 井距方案由于建井周期长且井间干扰强，虽然长期累计产量最高，但经济效益最低，且存在压窜等风险。400m 井距方案可部署水平井数少，建井周期快，前 5 年的净现值最高。300m 井距在井区布井完成后，从第 11 年开始净现值最高，经济效益最好，长期累计产量也高于 400m 井距方案。综上所述，当前压裂规模条件下的合理水平井距为 300～400m，可根据具体的经济年限和累计产量要求选择合适的井距方案。

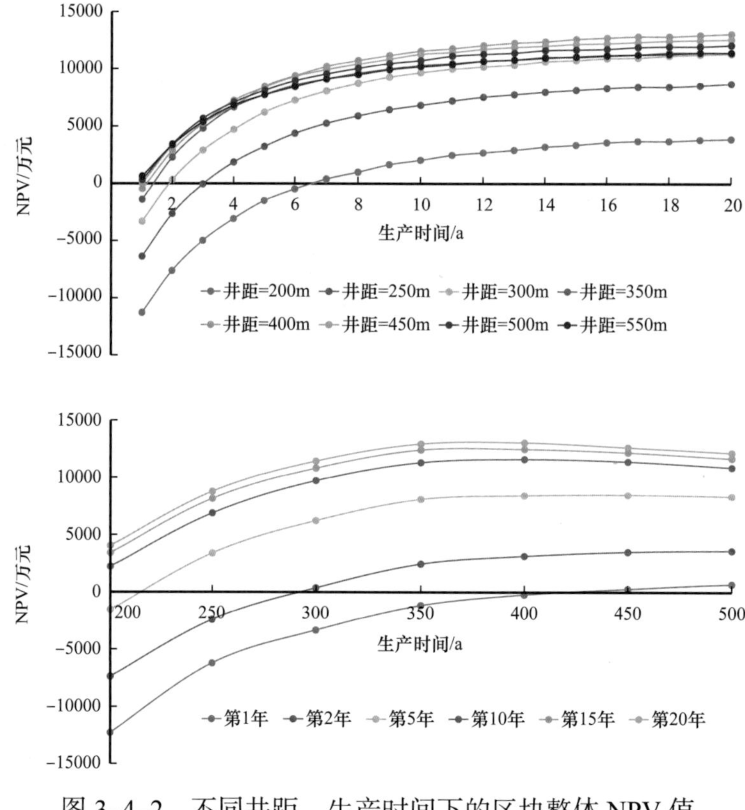

图 3-4-2　不同井距、生产时间下的区块整体 NPV 值

二、产量干扰法

体积压裂形成的缝网与地层接触面积是井距优化的直接依据。随着井距减小，压裂过程中相邻井出现压窜现象，缝网重叠、干扰；生产过程中多井同时投产发生压力干扰，出现“抢气”现象。最优井距条件允许出现一定程度干扰，在充分提高井间储量动用程度前提下尽量保证单井 EUR。对压窜的认识是进行井距优化的前提：（1）通过观测压裂过程中“压裂液是否窜流、泵压是否突变”等现象定性判断井间是否压窜；（2）通过在生产过程中实施干扰试井或生产动态分析判断井间连通情况（只有压窜时两口井间才会在测试或生产周期内出现干扰信号）。

假设地层中存在两口压窜水平井，其中一口处于关井状态（定义观测井），另一口开井生产。根据页岩气线性流生产特征，观测井测量获得线性流动态图版。根据无量纲定义，可以获得产量修正压力（$\Delta p/q$）与物质平衡时间平方根（$t^{1/2}$）之间线性关系的斜率公式：

$$m_{\mathrm{CR}}=\frac{79.65B_{\mathrm{o}}}{A_{\mathrm{f}}}\sqrt{\frac{\mu_{\mathrm{o}}}{K\phi C_{\mathrm{t}}}} \tag{3-4-3}$$

式中 B_o——流体体积系数；

A_f——裂缝面积，m^2；

K——地层渗透率，mD；

C_t——综合压缩系数，MPa^{-1}；

μ_o——流体黏度，mPa·s；

ϕ——孔隙度。

因此，相连裂缝的导流能力越大，直线斜率越大，代表两口井间生产 / 压力干扰越严重。线性特征段对应的直线斜率与压窜程度相关，压窜程度越高，代表裂缝总长度越长，即导流能力越大，因此其对应的斜率越大。通过压力判别图版可以初步判断井间压窜情况，还需要结合生产动态资料进一步分析干扰情况。长宁 201H3 平台井间干扰测试数据如图 3-4-3 所示。宁 201H3-2 井作为激动井，宁 201H3-1 井与宁 201H3-3 井作为观测井，宁 201H3-1 井与宁 201H3-2 井距为 300m，宁 201H3-3 井与宁 201H3-2 井距为 400m。其中，宁 201H3-1 井与宁 201H3-2 井进行干扰试井时出现显著的压力干扰信号。

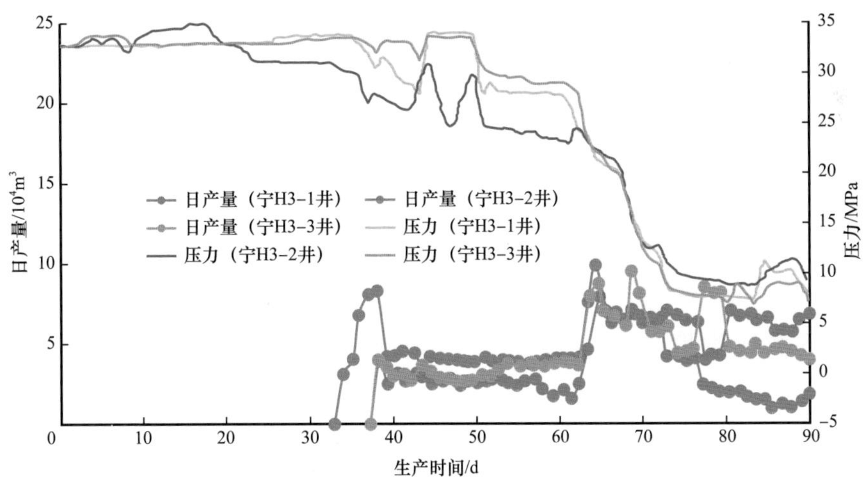

图 3-4-3 长宁 201H3 平台井间干扰测试数据

由于宁 201H3-1 井投产时间较早，进一步分析其生产动态、干扰发生前后气井产能指数变化情况，干扰发生后气井产能指数下降幅度高达 40.0%，说明井间干扰强度较大。使用产量递减分析评价，首先建立解析模型和历史拟合，然后进行井间干扰程度评价，具体步骤是：（1）基于干扰发生之前的产量数据进行预测，平移递减曲线至重新开井后的单井动态数据上；（2）保持参数不变，拟合干扰以后的生产数据。

宁 201 井区干扰试井只能定性说明，巷道间距 500m 时井间略有干扰（长宁 H11 平台两口井干扰最小），400m 时井间干扰较明显，300m 井间干扰较强。上述分析表明，能够量化井间干扰程度是进行井距优化的前提。

三、压裂规模与井距匹配法

页岩水平井井间干扰取决于井间距、液体规模和天然裂缝发育程度，最优井距取决于完井压裂主体技术与地质储层条件的匹配程度、作业者采用的商业模型。该方法采用地质工程一体化技术，形成从压裂模拟到产能模拟的技术体系，建立压裂规模与井距的匹配关系。

选取昭通某页岩气立体开发平台进行实例分析，建立三维地质力学模型、三维地质模型和天然裂缝模型，根据泵注参数借助压裂模拟模型模拟人工裂缝。该平台共设计 3 口井，其中 W2 井位于中间，设计靶体在龙一$_1^4$小层，其余两口井靶体在龙一$_1^1$小层，平面投影井距为 275～305m，主要的钻井及压裂参数见表 3-4-1。实钻监测表明，轨迹控制较好，纵向上靶体错开 12m 以上，基本实现小井距立体开发，满足设计要求。

建立嵌入式离散裂缝模型对 3 口井同时生产进行模拟。基于蒙特卡洛—马尔科夫机器学习算法，利用神经网络训练获得代理模型，形成智能算法驱动自动历史拟合技术，实现了高效精确评估复杂裂缝系统的有效性（包括有效缝高、缝长、导流能力）。该算例采用多井同步自动历史拟合，分别以井底压力数据作为各井的输入条件，共进行 8 步自动迭代，全局误差设定小于 45%，从中优选出 65 套历史拟合解，拟合效果如图 3-4-4 所示（以 W1 井为例）。

表 3-4-1　试验井组各井主要施工参数

井号	水平段长度 / m	压裂段数	簇数	加砂强度 / t/m	用液强度 / m^3/m	目标靶体
W1	1513	26	78	2.29	36.6	龙一$_1^1$
W2	1385	18	51	1.85	31.9	龙一$_1^4$
W3	1717	29	89	2.53	38.2	龙一$_1^1$

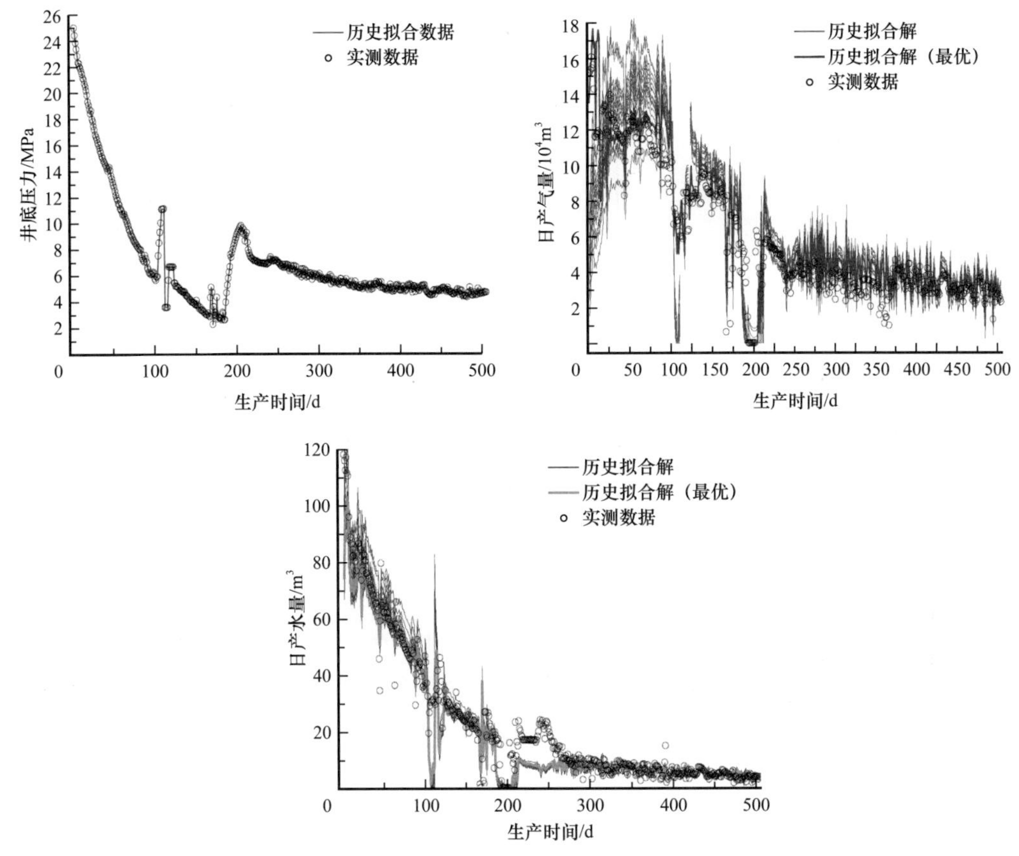

图 3-4-4　历史拟合解与实测数据对比

以人工裂缝延伸模拟结果（缝长、缝高、导流能力）作为初始待拟合参数，历史拟合过程中假定裂缝参数等比例变化，校正后的人工裂缝参数统计结果（图 3-4-5）如下：W1 井平均支撑缝高为 17.18m，平均支撑缝长为 267m，平均导流能力为 75mD·m；W3 井平均支撑缝高为 22.77m，平均支撑缝长为 198.87m，平均导流能力为 125mD·m；靶体位于上部的 W2 井平均支撑缝高为 30.13m，平均支撑缝长为 298.78m，平均导流能力为 136mD·m。

对校正后的复杂裂缝网络进行产能模拟，结果如图 3-4-6 所示。3 口井同步生产时的累计产气量曲线，W1—W3 的单井 EUR 分别为 $8011\times10^4m^3$、$6599\times10^4m^3$ 和 $7311\times10^4m^3$，即 W1＞W3＞W2。相比于 W3 井，W1 井靶体位于下部层位，对应层位的产能潜力较大，虽然裂缝导流能力较低，但水平段较长、压裂级数较多，保证了缝网与地层的接触面积，足够大的缝网接触面积保证了水平井的产能。中间的 W2 井位于上部地层，储量基础和地层孔渗性均较差，加之 W2 井与邻井发生较大规模压窜，而邻井产能又较高，增加了 W2 井受干扰的程度，导致其气井产能明显低于其他两口井，对应的单井产能井间干扰率也最高，干扰率高于邻井 8%。

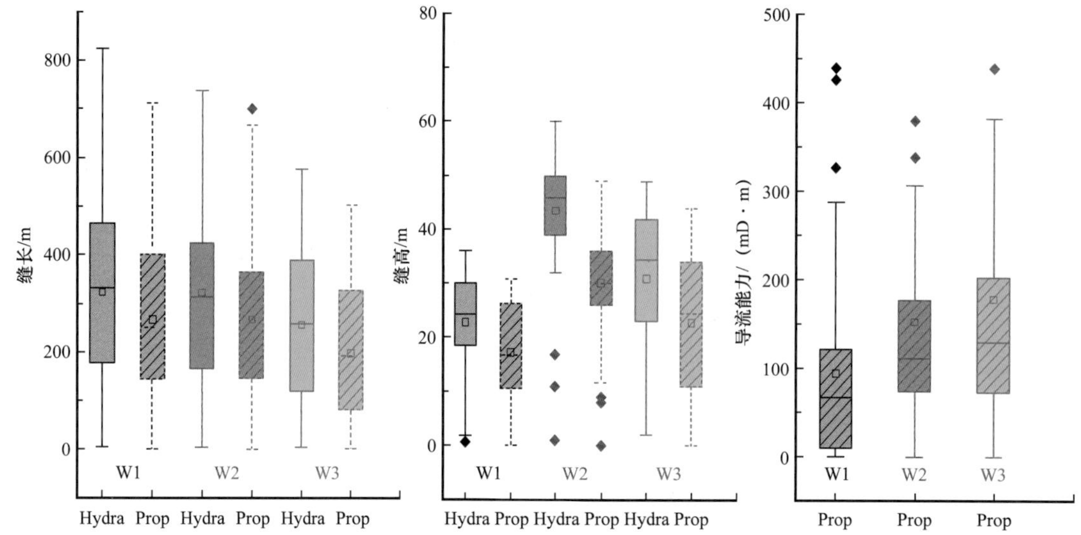

图 3-4-5　校正后的人工裂缝参数统计图

Hydra—水力裂缝；Prop—支撑裂缝

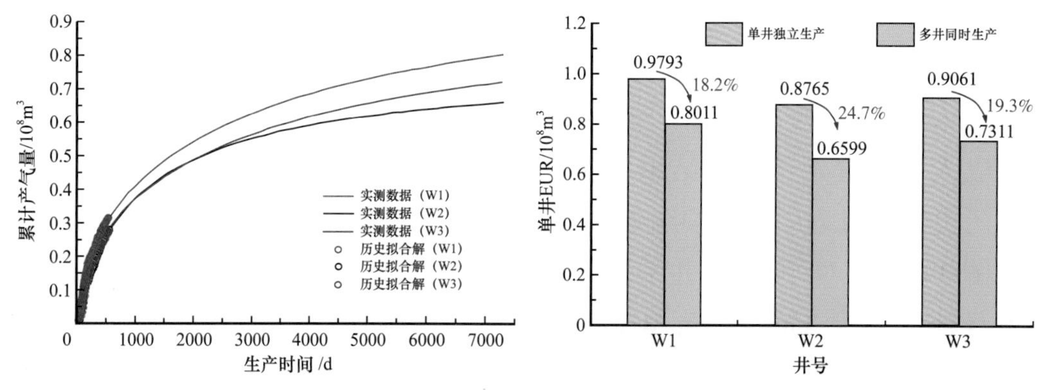

图 3-4-6　页岩气立体井网产能模拟结果

整体来看，该井组采收率达到 27.5%，较周围采用 400m 井距的开发井组采收率高 5%～10%，立体错层开发取得较好的开发效果。目前井距条件下，在平面和纵向上井间均发生了较为显著的压窜，说明存在较为严重的裂缝重叠，即使采用交错部署的模式也导致在很短的时间内井间发生相互干扰，制约了气井产能的发挥，证明了目前水平井设计和压裂工艺条件下，压裂规模（缝高、缝长）过大，井距与压裂缝不匹配。

在目前井距和压裂规模条件下，使用暂堵转向、密切割等工艺形成多裂缝、短缝长、低缝高、高导流的人工裂缝。在控缝长、缝高基础上，通过增加裂缝段数（增加 1 倍），保证了缝网与地层接触面积，大概率避免了平面和纵向上的井间压窜，同时增加了缝网内导流能力。图 3–4–7 为压裂优化方案后的区块生产动态。图 3–4–7a 中，当气井单独生产时，由于缝网产能指数得到了提高，优化后的 3 口井单井 EUR 较原方案分别增加 14.7%、3.7% 和 7.6%；当 3 口井同时投产时，单井井间干扰率较原方案显著下降，区块累计产气量较原方案增加 $0.49 \times 10^8 m^3$。图 3–4–7b 显示了第 1 年末的井组压力场，表明井间未发生大面积压窜，井间干扰程度得到了较好的控制，井组开发效果良好。

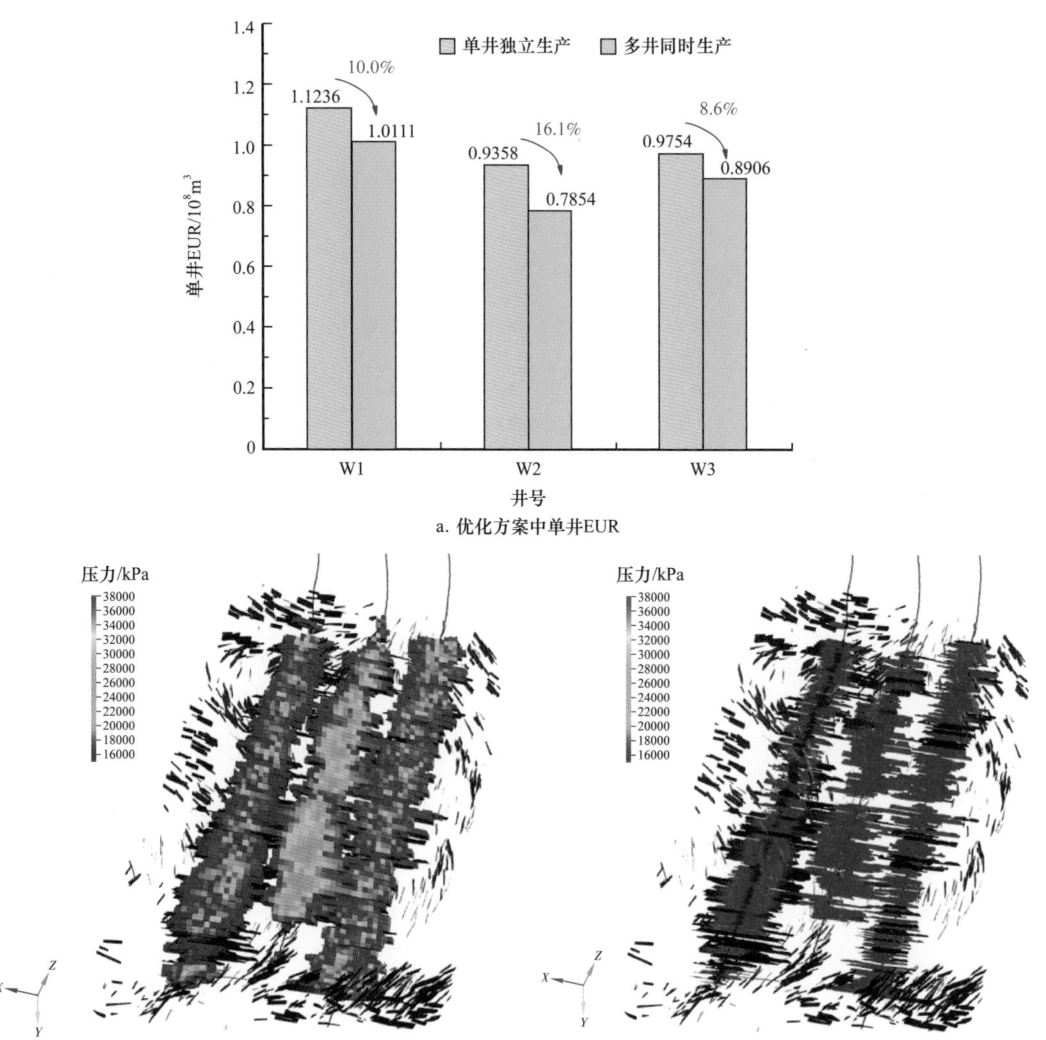

a. 优化方案中单井EUR

b. 优化方案区块压力场（第1年）

图 3–4–7　页岩气压裂优化方案下区块生产动态模拟

对优化前后方案中3口井的人工裂缝长度做统计分析，取累积概率P_{80}—P_{90}对应值作为合理井距区间。从图3-4-8可以看出，原方案中合理井距为375～455m，远高于实际约300m井距（对应累积概率约60%），这意味着超过40%的裂缝超过井距发生压窜；优化方案对应的合理井距为280～320m，与实际井距相符，其较好的开发效果也证实了压裂设计与井距的匹配性。因此，通过平衡裂缝与地层接触面积、井间干扰、裂缝与地层流入流出动态关系能够保证井组开发效果。

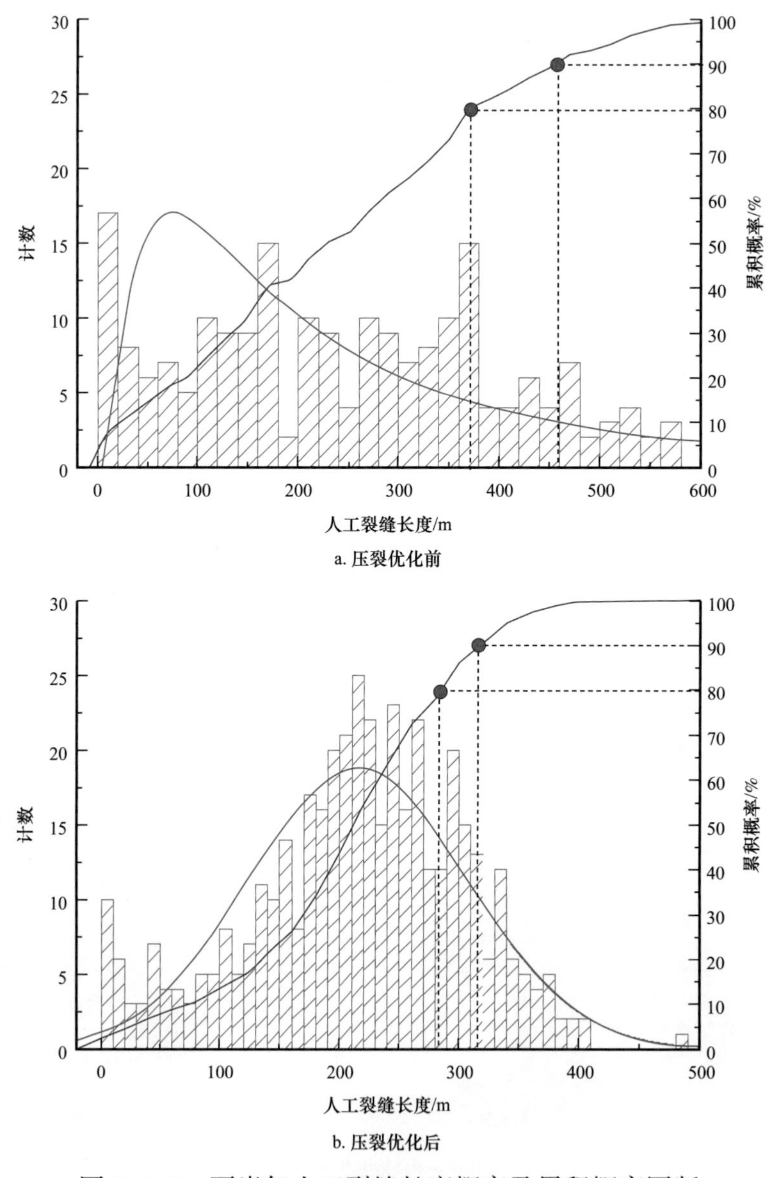

图3-4-8 页岩气人工裂缝长度概率及累积概率图版

第五节　体积压裂与人工缝网单元体构建技术

与常规油气藏相比，页岩气储层物性极差，需要通过人工压裂方式，形成人工裂缝沟通储层中非均匀分布的天然裂缝、层理、纹层，建造人工缝网单元体系统、流动通道系统及开发单元系统，才能获得页岩气产量。同时由于储层物性极差，压裂液会被基质限制在一定空间范围内，无法扩散出去，形成一个能量封存箱（图 3-5-1），这些被封存的液体及本身的能量也会对产量产生较大的影响。

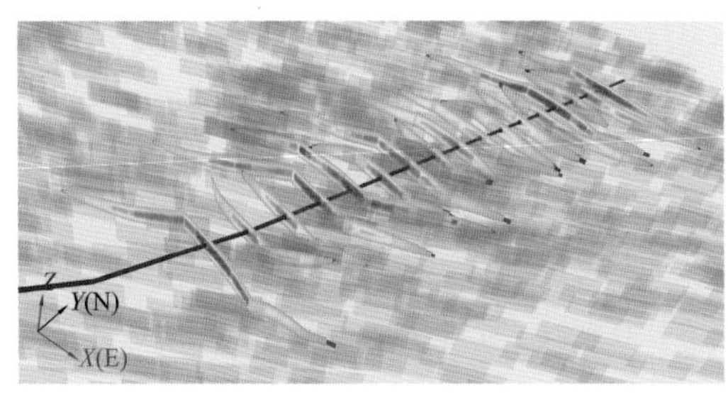

a. 人工裂缝模拟结果

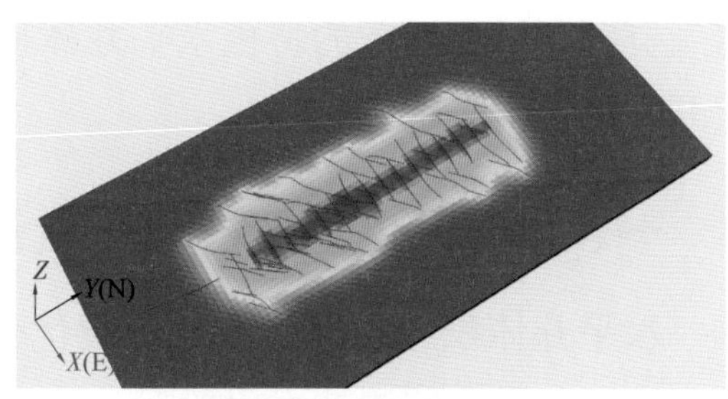

b. 生产3年后的平面地层压力分布

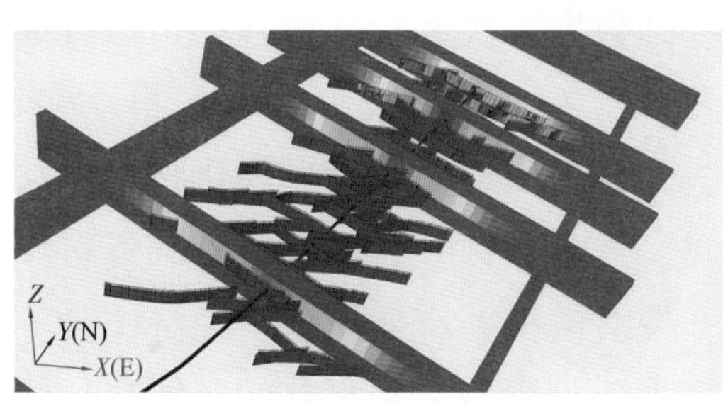

c. 生产3年后的垂向地层压力分布

图 3-5-1　含天然裂缝储层水平井压裂裂缝扩展和产能数值模拟结果

图中灰色部分为天然裂缝，彩色部分为水力裂缝

理论分析和现场实践表明，采用常规直井水力压裂方式，形成的人工缝网单元体对气藏的控制体积有限，只有通过水平井体积压裂，扩大能量封存箱的体积，布置大量裂缝，在封存箱内形成类蜂窝状或栅状裂缝系统，才能达到高产、稳产的目的。

由于页岩气改造形成的人工缝网单元体空间独立性和外边界的封闭性，压裂优化设计方案和执行情况直接决定了人工缝网单元体的控制范围和裂缝形态，决定了压裂后产量高低，某种意义上，页岩气藏是人工气藏，水平井体积压裂设计是页岩气经济有效开发的核心问题。

目前，水平井体积压裂设计的典型做法是采用地质工程一体化技术思路，优选最优的压裂优化设计方法，结合储层地质和气藏条件、工程技术条件和经济投入限制，通过地质力学建模、人工裂缝模拟、压裂后产能模拟、方案经济性评价等工作流程，对水平井分段压裂的施工工艺、施工参数、施工材料、分段压裂工具、地面装备、监测技术等进行优化，并通过现场实施动态调整，获得与页岩气储层匹配的人工缝网单元体，形成一个最优的能量封存箱，提高单井产量、单井控制储量和采出程度，降低投入产出比，实现绿色环保改造，践行体积开发理论。

国内在体积开发理论的指导下，通过多年技术攻关，逐步形成了与中国页岩气资源禀赋相匹配的特色水平井体积压裂优化设计技术，满足国内页岩气储层开发的技术需求。

一、水平井体积压裂优化设计方法

水平井体积压裂设计涉及压裂优化设计方法、分段压裂工具、施工材料、压裂地面装备、监测技术手段等，压裂优化设计方法是龙头。目前的体积压裂优化设计方法，按照基础数据来源和优化过程，可以分成正向优化设计方法和智能优化设计方法两类。

正向优化设计方法，是采用地质工程一体化技术思路，通过数值模拟结合统计分析手段，以地质、气藏、钻井、测井等基础资料作为输入，围绕地质力学建模、压裂前分析、裂缝模拟、产能模拟、经济评价等关键环节，模拟各种施工工艺所形成的裂缝系统、压裂后水平井的产能、最终经济效益等，寻求最佳的压裂方案。这里涉及的数值模拟方法，以经典物理学为基础，通过各环节建模、求解、数值计算的方式，获得模拟结果，用于优化。

智能优化设计方法，主要是通过某盆地或区域的地质、气藏、工程参数、施工结果和效果等数据建立大数据信息库，并结合人工智能算法，从生产数据入手，优化裂缝和施工参数，直接指导压裂优化设计。智能优化设计方法跳过对物理过程的数值模拟，直接建立输入参数和结果数据间的关系，用于优化，但目前尚处于探索阶段。

二、水平井体积压裂设计目标和原则

进行水平井体积改造优化设计时，首先确定设计总体目标，根据目标确定改造的原则，优选针对性的优化设计方法。目标函数可以分为经济效益和生产指标。对于探井、评价井，多以地质发现为改造目标，因此生产指标作为优化设计的主要目标函数，兼顾经济效益。对于开发井，多以创造效益为改造目标，因此经济效益指标作为优化设计的主要目标函数，兼顾生产指标。总体的设计原则遵循，形成与开发井网相匹配的人工缝网单元体，包括人工缝网单元体所波及的体积、与储层匹配的人工裂缝面积和裂缝导流能力，同时兼顾压裂液的附加增能作用、驱油和对油气的置换效作用，并要尽量达到低伤害、低成本、高效率改造目标。

三、水平井体积压裂优化设计流程

水平井体积压裂优化设计，以建立压裂缝网体系控制储量、缝网体能量、EUR、经济指标最佳匹配的人工缝网单元体为目标，以“甜点”分析、油藏匹配、优化设计为主线，高度重视地质、气藏、工程一体化的衔接。从压裂前的地质评估开始，进行储层的可压性和可产性评价，认识储层特征、改造难点和需求，明确地层能够形成什么样的人工缝网单元体及能量封存箱、储层需要什么样的人工缝网单元体及能量封存箱，设计以两者交集最大化为工艺技术努力方向，进而确定改造的技术模式，并最终利用数值模拟、水力裂缝模拟，结合施工料，采用优化迭代方式，确定最终的设计方案，同时在实施过程中进行动态调整，并在实施后对结果进行评估，进一步跟踪效果，修正储层评估认识，完成整个地质工程一体化压裂优化设计的循环，提高区块其他井的设计针对性和压裂后效果。

水平井体积压裂优化设计一般由以下七个主要工作环节构成：

（1）收集、分析数据。这些资料包括测井数据、油层物理数据、产量信息、可用的施工材料信息、各环节或材料涉及的成本等数据。

（2）优选井。主要是用测井等数据建立地质属性和力学模型，评价“甜点”区，选井或布井。

（3）优选压裂段、射孔位置。主要是用测井、地应力数据评价储层品质和完井品质，优选井段和射孔位置。

（4）裂缝模拟。通过各种工况条件下施工参数、材料形成的裂缝形态（缝长、缝宽、缝高、导流能力）进行模拟分析，为产能模拟提供裂缝输入参数。

（5）压裂后产能计算。利用地质模型、油层物理等数据，计算不同裂缝情况的产能，为经济方案比选提供参数。

（6）方案经济性比选。结合各种压裂参数组合方式下的裂缝形态对应的产量预测结果，进行经济评价，优选最佳设计方案。

（7）现场实施动态优化。水平井体积压裂在页岩气应用最为广泛，但由于受目前现场测试技术和地质力学建模技术限制，尚无法准确刻画页岩气物性和力学强非均质性特征，导致无论是裂缝模拟还是产能模拟结果都不可能完全覆盖现场出现的各种状况，因此需要通过设计方案现场实施过程中的监测信息，对设计进行在线的动态优化和调整，控制设计和实施参数，达到最优的实施效果。

四、水平井体积压裂优化设计要点

进行水平井体积压裂优化设计中，压裂前评估（地质、工程评估）、裂缝模拟、产能模拟、分段压裂工具和工艺优化、施工材料优选、裂缝监测手段设计和现场的实时调整，是最关键的几个环节，直接关系到设计的科学性和可行性。

（1）压裂前地质力学建模。地质力学建模是裂缝模拟的基础，精细程度在一定程度上决定了裂缝模拟的精度。地质力学建模的主要流程是由单井到多井、由一维到三维的过程，即利用测井获得的纵横波时差、密度等资料，结合室内实验和现场测试结果，进行单井的地应力剖面解释，获得动静态力学参数和井点上的三向应力分布，再利用空间的多井力学模型，通过井间属性数学插值算法、三维有限元计算方法，建立三维地质力学模型（图 3–5–2）。一般在井数较少时，也可以利用单井的地应力解释结果，向外拓展建立纵向非均质、平面均质的拟三维地质力学模型（图 3–5–3）。

（2）压裂前地质和工程评估。一般在裂缝模拟前或设计过程中，会利用已获得的地质和工程等资料，进行压裂前的地质和工程评估，评估内容包括影响压裂裂缝形态的参数（有的称为可压性）和影响产量效果的参数（有的称为可产性）两方面。综合储层品质、完井品质以及裂缝的模拟结果，推荐压裂段和射孔位置。

用于评价影响压裂裂缝形态的参数，包括裂缝方向、应力场、岩石力学性质、储层脆性、裂缝高度、裂缝复杂性、裂缝导流能力、流体相容性、断层和裂缝关系、相邻含水层等。

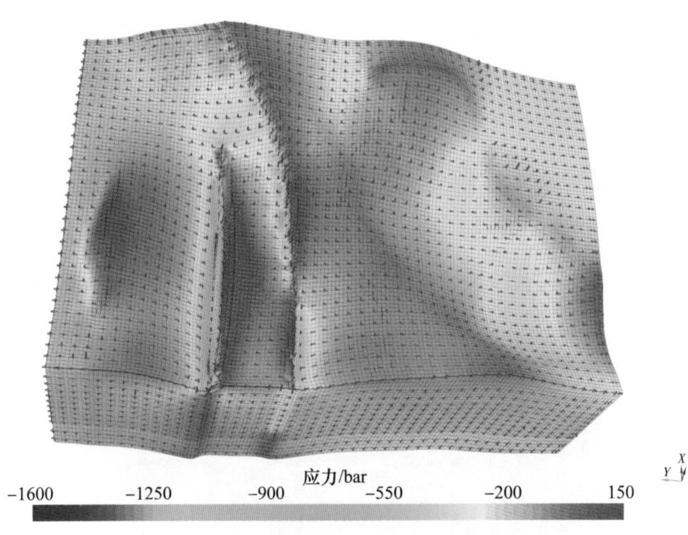

图 3-5-2　三维地质力学模型（总应力）

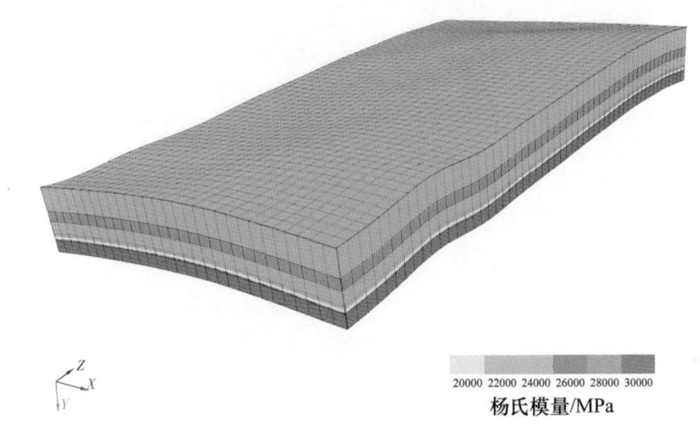

图 3-5-3　拟三维地质力学模型（杨氏模量）

用于影响产量效果的参数，包括热成熟度、有机质丰度、矿物学、基质渗透率、储层厚度、孔隙度、流体饱和度、天然裂缝、油气储量、储层压力等。

一般通过阈值法、模糊数学方法或人工智能算法，进行两类参数的优良评估，并根据结果划分等级，最终综合两类参数井段上的评价结果和用户提供的分段、分簇设置界限，推荐分段、分簇的位置。

（3）裂缝模拟水平井体积压裂裂缝模拟与传统的水力压裂模拟有所不同，体现在两个方面：一方面来源于应用对象。体积压裂主要应用对象是页岩气藏。与常规气藏相比，页岩气藏在地质力学特征方面存在显著区别，无论是平面还是纵向的力学非均质性都较强，且存在对裂缝扩展有明显影响的天然裂缝和层理等力学弱面。另一方面来源于水平井体积压裂过程中的施工参数。水平井体积压裂实施过程中大规模、大排量、大液量、低黏度滑溜水的规模应用，液体除造缝外，某种程度上已相当于快速规模的注水。这是以往压裂优化设计中未考虑的因素，需要新的技术手段适应页岩储层改造技术需求。由于天然裂缝和层理的存在，裂缝会出现分支缝、丰状裂缝等复杂裂缝情况（图 3-5-4、图 3-5-5），同时由于裂缝间距越来越近，缝间干扰、挤压作用越来越强，裂缝在特定条件下会出现扭曲转向的情况（图 3-5-6）。

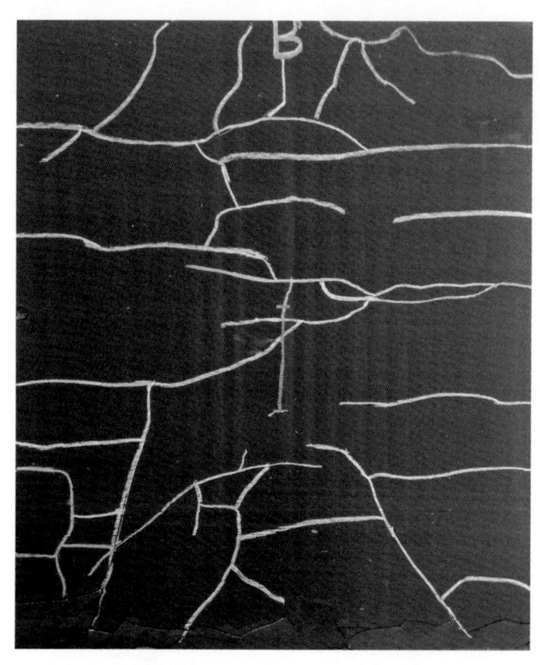

图 3-5-4　龙马溪组页岩露头压裂物理模拟实验结果

红色线段为井筒位置，白色为裂缝

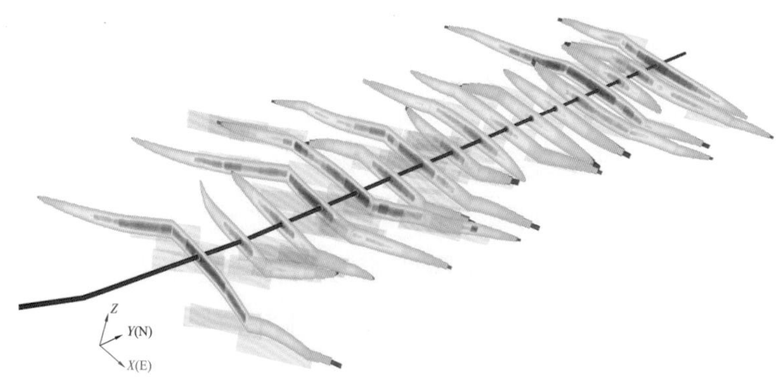

图 3-5-5　含天然裂缝的复杂裂缝模拟结果

灰色线段为激活的天然缝，彩色为人工缝

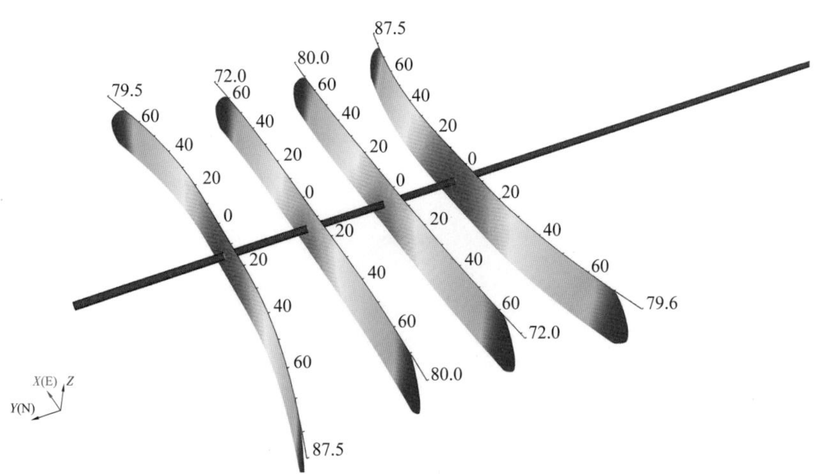

图 3-5-6　在应力差较小、裂缝较近时裂缝出现扭曲裂缝情况模拟结果（单位：m）

考虑到计算速度和模拟精度，目前最常用的裂缝模拟模型是基于边界元方法构建和求解的。通过建模和求解、程序化开发，形成模拟器，进行各种地质条件和施工参数的组合参数优化模拟。通过裂缝模拟可以获得不同段长、簇间距、施工规模（液量、砂量）、排量和施工工艺条件下人工裂缝的长、宽、高空间形态，用于后期产能模拟。

（4）压裂后产能模拟。在确定地层能够形成裂缝形态的基础上，结合地质和油藏模型，进行不同裂缝形态下的产能预测，评价各种裂缝形态对产能的影响。目前常用的方法是将裂缝模拟形成的人工裂缝体系，通过建模技术处理，“静态预制”到已有的地质模型和油藏模型中，设定生产制度，进行压裂后产量的模拟。

体积压裂后产能模拟的难点在于裂缝的处理，处理不当，大量的人工裂缝和天然裂缝会严重拖慢计算速度，有时可能无法进行模拟（在百米级尺度上，精细刻画毫米级裂缝，常规方法网格数量可能上亿节点）。目前，在处理人工裂缝和天然裂缝方面有四种方法，常用的是嵌入式离散裂缝方法（图 3-5-7）和非结构化网格方法（图 3-5-8）。

（5）分段压裂工具和工艺技术优选。页岩气藏常用的完井方式是固井完井，即钻完水平井后，用水泥进行固井，对于固井完井体积压裂设计，涉及分段压裂工具、分簇射孔、暂堵工艺模拟和暂堵材料优选等设计环节。

① 分段压裂工具。对于固井完井情况，采用可钻复合桥塞和可溶桥塞进行分段，承压和耐温等级需要结合井层的温度条件、施工过程中可能形成的井

底压力情况进行设计。原则是压裂时分得开、压裂后易钻磨或可按时溶解，成本低，下入或后期处理风险小，作业效率高。

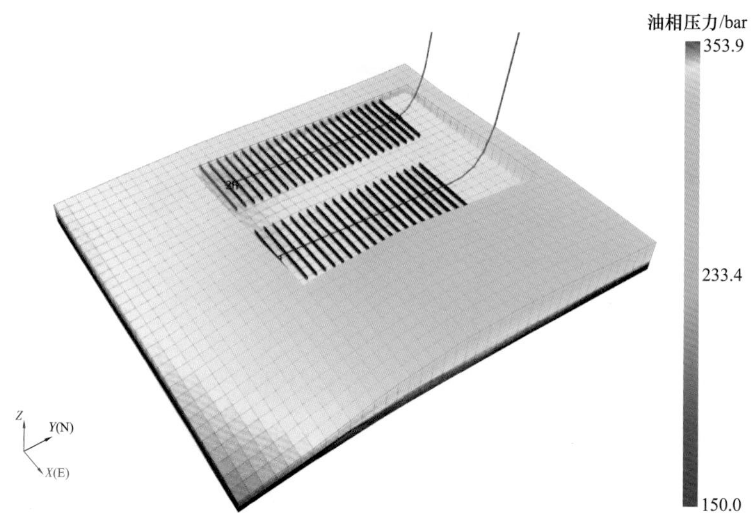

图 3-5-7 嵌入式离散裂缝刻画人工裂缝

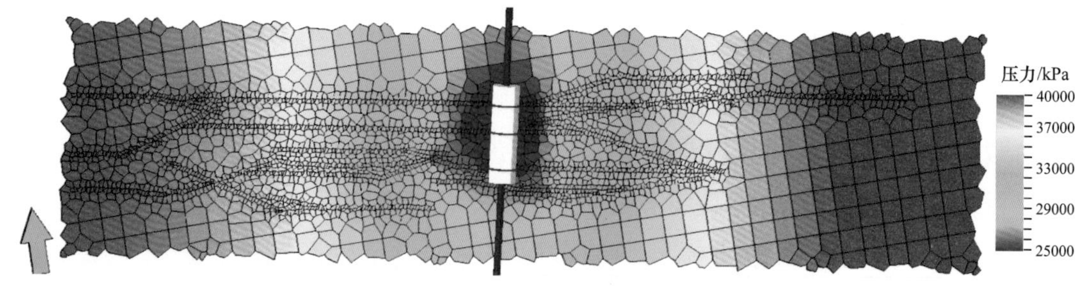

图 3-5-8 非结构化网格刻画人工裂缝

② 分簇射孔工艺。配合桥塞分段的工艺是分簇射孔，射孔簇数、孔数、孔密、孔径需要满足水平井布缝需求，利用孔眼限流方式进行设计，以往每段射孔 2～3 簇。近年来为了实现低成本、密切割布缝需求，发展了极限限流射孔技术，将射孔簇数提高到 6～9 簇以上，最高的达 16 簇以上。

③ 投球或暂堵剂暂堵技术。受储层力学参数的非均质性和施工排量、管柱摩阻、孔眼尺寸等综合影响，裂缝启裂或延伸会出现不均匀现象。为了促使裂缝均匀扩展，发展出了“多簇射孔＋暂堵”的工艺技术，提高各簇均匀进液的程度，促使裂缝同步均匀扩展。

压裂设计中对投球或暂堵剂暂堵存在两种优化方式：一种是在施工前，根据储层的力学性质，结合施工参数进行模拟，初步确定堵剂的颗粒大小、性能、用量；另一种是在施工过程中，根据微地震监测结果，临时调整用量和投堵时机。鉴于页岩气的地质力学非均质性和目前描述精度水平，实际过程中往往会将两者结合，通过一次或多次暂堵实现转向，提高簇开启效率，促进段内多簇情况下的裂缝均匀启裂和延伸。

由于加砂对孔眼的磨蚀作用，在选择堵射孔孔眼的材料时，不但要考虑孔眼的原始尺寸和堵剂的尺寸匹配问题，同时也要考虑孔眼磨蚀后，孔眼尺寸变化对暂堵材料的影响需求，在现场实施时，需要配套能够封堵孔眼尺寸 1.2～2 倍，甚至更大尺寸的暂堵材料，施工时根据监测结果和投暂堵材料前后的施工压力变化情况，进行选择性投堵。

（6）施工材料优化。施工材料主要包括压裂液和支撑剂两部分。由于施工材料是造缝和支撑裂缝的载体，同时也是压裂实施成本构成的主体，选择是否得当，直接影响到压裂后增产效果和经济效益。

① 压裂液优化。压裂液是传递地面能量进行储层内造缝，并携带支撑剂支撑裂缝的载体，因此需要满足低摩阻、较好的造缝和携砂性能，除此外，还需要考虑液体对地层和裂缝的伤害以及应用成本。在进行页岩气储层压裂时，选择液体的初步标准是依据储层脆性指数进行选择，在脆性指数较低时（小于 30%），采用冻胶作为压裂液体系，造主裂缝；在脆性指数较高时（大于 60%）采用滑溜水体系，形成复杂裂缝；脆性指数在 30%～60% 之间时，采用复合液体体系。在进一步评价压裂液是否适用时，需要结合地层的物性、造缝需求、施工工艺的难易程度等进行综合判定。

目前，国内外在水平井体积压裂中广泛采用滑溜水体系，主要原因基于两点：一是滑溜水体系价格低廉，对裂缝和地层的伤害程度低。在评价滑溜水性能时，降阻性能和经济性能是首要考虑的两个参数。二是对于页岩气藏，因储层岩石极其致密，在缝长一定的情况下，导流能力需求较常规油气藏低得多，因此可以采用大排量滑溜水，依靠流速携带支撑剂进行造缝和支撑。目前常用的滑溜水的黏度为 2～10mPa·s，因携砂性能、易操作性能、低成本需求，近年发展出了可交联的滑溜水体系（如长庆油田推广应用的 EM 系列的滑溜水体系）和超低浓度的滑溜水体系。超低浓度的滑溜水体系的降阻剂粉剂浓度最低可降到 0.01% 以下。

② 支撑剂优选。目前，页岩气水平井体积改造多以石英砂作为压裂支撑

剂，优选过程满足三个基本条件：一是要满足设计对导流需求；二是易于被压裂液携带，进入需要支撑的裂缝；三是要易于获取、成本低廉。

优选支撑剂时，首先由页岩气压裂后产能模拟方法确定储层需要的裂缝导流能力下限，然后通过水力压裂数值模拟方法确定允许的支撑剂粒径上限。对满足条件的支撑剂进行经济性能排序，优选最佳的支撑剂。

随着技术实践和页岩理论认识的深化，支撑剂的优选在理念上突破了传统30MPa以上石英砂不能应用的限制，这是因为：a. 页岩储层物性极差，导流能力需求较低，如在纳达西条件下的页岩气，所需导流能力一般小于5D·cm，远低于常规储层压裂所需的导流能力；b. 水平井生产过程中压力下降缓慢，高产阶段井底压力较高，作用在支撑剂上的有效应力低于石英砂发生严重破碎变形的应力，石英砂尚能提供生产需要的与储层物性匹配的导流能力。70～140目、40～70目石英砂是页岩油气储层水平井体积改造常用支撑剂。

（7）现场实施动态优化。因地层的复杂性和工程过程的不确定性，体积压裂优化设计广义上会延伸到现场实施整个过程。例如，在压裂前进行小型的测试压裂，分析液体滤失、地应力条件、裂缝延伸等情况，校准并调整设计参数。在压裂施工过程中，根据光纤监测、微地震监测等实时监测技术，结合地震、地质力学等资料，判断裂缝空间扩展形态和趋势，调整施工参数，进行在线优化。

第六节　体积压裂气井产能评价技术

由于页岩气藏储层致密，井间通常不连通，需要进行体积开发，建立人工缝网单元体才能实现有效开发，页岩气开发整体呈现出“一井一藏”特征。传统的产能评价方法无法解决页岩气复杂的复合体积流场产能评价问题，必须基于体积开发理论进行系统研究。北美页岩气井通常采用“放压”生产方式，气井井底流动压力近似恒定，通常采用前1个月或前3个月的平均日产气量（IP）评价气井初始产能。我国页岩气开发初期通常是把产量作为主要控制对象，即限产控压，气井投产后日产气量和井口压力同时发生变化，因此，气井前1个月或前3个月平均日产气量不能完全代表气井产能。要想系统解决页岩气复合体积流场的产能评价问题，必须基于体积开发理论进行系统研究。

一、页岩气水平井流动特征

页岩气水平井从开始生产到结束需要经历六个流态，分别是双线性流、早期线性流、早期径向流、复合线性流、晚期径向流和边界控制流。在这六种流态中，复合线性流与边界控制流延续时间长，特征显著，其他一些流态由于持续时间短不容易识别。复合线性流的延续时间与页岩储层的基质渗透率、裂缝半长以及裂缝复杂程度有关，页岩基质渗透率越低，诱导裂缝越长，线性流持续时间就越长，到达边界时间就越长。美国典型页岩气藏水平井线性流持续时间普遍较长，最长的为 EagleFord 页岩气区，线性流持续时间长达 28 年，基本整个生产周期都处于线性流，最短的为 Marcellus 页岩气区，线性流持续 2 年后就进入了边界控制流，不同的页岩气区，线性流持续时间差异大。

二、水平井产能评价方法

国内页岩气产能评价方法主要包括以下三种：

（1）采用“一点法”或“二项式”产能评价方法获得的页岩气井的瞬时无阻流量确定气井产能，该方法需要准确获取地层压力、井底流压和产量。页岩气井的产能在生产初期变化较大，难以用初期的瞬时无阻流量表征气井产能，利用试采井 6 个月以上的实际生产数据，建立多段压裂水平井解析模型，利用解析模型对生产史进行拟合，预测气井产量，预测井口压力 1 年降至输压情况下的最大平均日产量，页岩气井生产史不足 6 个月则预测结果不准确。预测第 1 年最大平均日产量通过解析模型拟合获得，方法简便且相关性好，因此可以作为方案设计、生产组织和开发效果评价的指标。

（2）以测试产量作为页岩气井的产能，需要测试产量与 3 个月或 6 个月产量具有良好的正相关性。页岩气井的产能在生产初期变化较大，难以用初期的瞬时无阻流量表征气井产能，利用试采井 6 个月以上的实际生产数据，建立多段压裂水平井解析模型，利用解析模型对生产史进行拟合，预测气井产量，预测井口压力 1 年降至输压情况下的最大平均日产量，页岩气井生产史不足 6 个月则预测结果不准确。预测第 1 年最大平均日产量通过解析模型拟合获得，方法简便且相关性好，因此可以作为方案设计、生产组织和开发效果评价的指标。

（3）以预测第 1 年最大平均日产量评价产能，利用试采井生产 6 个月以上的实际生产数据建立多段压裂水平井解析模型，利用解析模型对生产史进行拟合，预测气井的井口压力生产 1 年降至输压的最大平均产量。经评价分析，预测第 1 年最大平均日产量可作为方案设计、生产组织和开发效果评价的指标，气井生产初期可以用测试产量评价产能。测试产量在页岩气井生产初期即可获取且与实际第 1 年平均日产量及 EUR 相关性好，因此，气井生产初期就可以用测试产量评价产能。

三、单井 EUR 预测方法

页岩气水平井 EUR 预测方法较多，不同的方法适用于不同的流态和不同的生产条件。根据适用条件，页岩气水平井的 EUR 计算方法主要可分为经验法、现代产量递减法和模拟预测法。

1. 经验法

经验法共同的特征是，须是定压生产条件下的数据，分析对象主要是气井的产量，可以是日产气量、周产气量及月产气量等。经验法主要包括 Arps 经验产量递减法、Duong 法、修正的 Duong 法、幂指数递减分析法、修正的幂指数递减分析法、扩展指数递减法等。

1）Arps 经验产量递减法

Arps 经验产量递减法是目前应用最为普遍的页岩气井产量递减分析法，根据递减快慢分为指数递减、调和递减和双曲线递减，其中指数递减最快，双曲线递减最慢，其基本方程为：

$$q(t)=\frac{q_{\mathrm{i}}}{\left(1+bD_{\mathrm{i}}t\right)^{1/b}} \tag{3-6-1}$$

式中 $q(t)$——产量，$10^4\mathrm{m}^3/\mathrm{d}$；

q_{i}——初始产量，$10^4\mathrm{m}^3/\mathrm{d}$；

b——递减指数；

D_{i}——初始递减率，d^{-1}；

t——时间，d。

Arps 经验产量递减法应用于页岩气井时，既可以进行产量预测，也可以进行 EUR 预测，但其限制条件明显：一是产量数据必须是在定压生产条件下的数据；二是仅限于边界控制流产量数据分析，即如果页岩气井处于线性流时，不能用 Arps 经验产量递减法；三是关井及生产制度的变化都会影响 EUR 的计算结果，导致计算结果不准确。

从以上三个条件可以看出，Arps 经验产量递减法对于线性流持续时间长达数年的页岩气井，其适用性大打折扣。目前，北美 Arps 经验产量递减法仍然应用广泛，这是因为北美多数页岩气井是定压生产，且 Arps 经验产量递减法使用方便、操作简单。Arps 经验产量递减法应用于页岩气水平井产量递减，拟合实际产量数据时，得到的递减指数 b 值一般会大于 1，是气井长期线性流的体现。

2）Duong 法及修正的 Duong 法

Duong 法是基于页岩气井以裂缝线性流占主导，长时间处于线性流阶段为前提的一种产量分析法。Duong 法认为页岩气井大多数生产数据处于裂缝主导线性流阶段，很少能达到晚期流动阶段，缺少拟径向流阶段和边界控制流阶段（BDF），也无法确定基质渗透率和供气面积，说明与裂缝相比，基质的贡献几乎可以忽略，EUR 不能建立在传统的供气面积的概念上。Duong 法基本方程见式（3–6–2）至式（3–6–4）。

线性流判别方程：

$$\frac{q}{G_{\mathrm{p}}}=at^{-m} \tag{3-6-2}$$

产量预测方程：

$$\frac{q}{q_1}=t^{-m}\mathrm{e}^{\frac{a}{1-m}\left(t^{1-m}-1\right)} \tag{3-6-3}$$

EUR 预测方程：

$$\mathrm{EUR}=\frac{q_{\min}}{a}t_{\mathrm{eco}}^{m} \tag{3-6-4}$$

式中 q——产量，$10^4\mathrm{m}^3/\mathrm{d}$；

q_1——t=1 时的产量，$10^4\mathrm{m}^3/\mathrm{d}$；

G_{p}——累计产量，$10^4\mathrm{m}^3$；

m，a——q/G_{p}—t 双对数关系中的斜率和截距；

q_{min}——最小经济产量，$10^4m^3/d$；

t_{eco}——达到 q_{min} 时的时间，d。

根据 Duong 法的理论，Duong 法应用于页岩气井时也可以进行产量与 EUR 预测，但有几点局限性：一是必须是定压的生产条件；二是只适用于生命周期基本一直处于线性流阶段的页岩气井，对于达到边界控制流的气井预测结果显著偏高；三是不能长时间关井，如果关井时间较长，产量、累计产量段用压力应重新进行初始化。

针对 Duong 法存在的缺陷，修正的 Duong 法在 Duong 法的基础上，增加了页岩气井到达边界控制流后的递减规律，线性流阶段按照 Duong 法计算，即到达边界控制流之后，按指数递减预测，其基本公式见式（3-6-5）至式（3-6-7）。

边界控制流开始时间（t_{sfi}）计算公式：

$$t_{sfi} = (1.82a)^{1/(m-1)} \tag{3-6-5}$$

指数递减初始递减率（D_{ye}）计算公式：

$$D_{ye} = \frac{0.2}{t_{sfi}} \tag{3-6-6}$$

边界控制流阶段产量预测公式：

$$q = \frac{q_{sfi}}{(1 + bD_{ye}t)^{1/b}} \tag{3-6-7}$$

式中　q_{sfi}——边界控制流开始时的产量，$10^4m^3/d$。

与 Duong 法相比，修正的 Duong 法特点是，不论气井是线性流还是边界控制流都可以进行 EUR 和产量预测，但其难点在于线性流结束时间的确定，a 和 m 分别是底数和指数，a 和 m 一个微小的变化就会对边界控制流开始时间 t_{sfi} 产生巨大的影响，从而对 EUR 预测结果造成较大的偏差。

3）幂指数递减分析法及修正的幂指数递减分析法

Ilk 等（2008）提出了不稳定流动期、过渡期、边界控制流动期的递减率 D 可以用衰减幂指数函数表示：

$$D = D_{\infty} + D_1 t^{-(1-n)} \tag{3-6-8}$$

$$q = \hat{q}_i \exp\left(-D_\infty t - \hat{D}_i t^n\right) \tag{3-6-9}$$

式中　n——时间指数；

$\hat{q}_i$——t=0 时产量与 y 轴的截距，该值与传统的初始产量 q_i 有不同的含义；

D_1——t=1 时递减常数，d^{-1}；

D_∞——时间为无穷大时的递减常数，d^{-1}；

$\hat{D}_i$——递减常数，$n\hat{D}_i = D_1 / n$。

该方法实质上是 Arps 经验产量递减法的扩展，因此其适用条件也是定压生产数据，与 Arps 经验产量递减法的不同之处在于，该方法能够计算边界控制流之前的不稳定流动期、过渡期的生产数据，也能够计算边界控制流的生产数据。

考虑到 Ilk 方法中有四个参数（$\hat{q}_i$，n，D_∞，$\hat{D}_i$）需要进行拟合，拟合参数的结果存在多解性，因此结果存在较大的不确定性。Mattar 等（2009）在 Ilk 的幂指数函数方法上，利用 Wattenbarger（1998）推出的长期线性流不稳定流阶段解，针对线性流、径向流和边界控制流等流动阶段对 Ilk 方法进行简化，该方法认为气体的产量数据应该分成两部分进行拟合，第一部分为边界控制流之前的流动，第二部分为边界控制流。

Matter 等认为进入边界控制流前的气体产量可以用修正后的幂指数函数表示：

$$q = \hat{q}_i \exp\left(-\hat{D}_i t^n\right) \tag{3-6-10}$$

进入边界控制流阶段后，产量服从双曲线递减，且认为双曲线递减指数 b 取 0.5 是合理的，产量预测公式为：

$$q = \frac{q_{iBDF}}{\left(1 + 0.5 D_{iBDF} t\right)^2} \tag{3-6-11}$$

式中　q_{iBDF}——刚进入边界控制流时的产气量，$10^4 m^3/d$；

D_{iBDF}——刚进入边界控制流时的递减率，d^{-1}。

与幂指数递减分析法相比，修正的幂指数递减分析法拟合参数较少，多解性减少，然而对于不同的页岩气区，递减指数定为 0.5 并不合理。

4）扩展指数递减法

针对页岩气井的产量递减分析，Valko 等（2008）提出了扩展指数递减法，扩展指数递减法实际上是幂指数递减法中 $D_{\infty}=0$ 时的变体，其产量与时间关系为：

$$q=\hat{q}_{\mathrm{i}}\exp\left[-\left(t/\tau\right)^{n}\right] \tag{3-6-12}$$

将 Ilk 方法中 $\hat{D}_{\mathrm{i}}$ 换成 $1/\tau^{n}$，就可以得到式（3-6-12）。Valko 等提出的扩展指数递减法没有考虑到晚期大时间段时产量的变化规律。

2. 现代产量递减法

现代产量递减法主要包括 Fetkovich 图版法、Blasingame 图版法、NPI 图版法、A-G 图版法、Wattenbarger 图版法及流动物质平衡法（FMB）等。

1）Blasingame 图版法

Blasingame 以定产生产井定解问题为基础，引入物质平衡拟时间的概念，建立了规整化产量与物质平衡拟时间的关系曲线图版。由于物质平衡拟时间概念的引入，使得变产量解可以等效成定产量解，即此方法既适用于变井底流压情况，也适用于变产量的情况。为了增加数据曲线的平滑度以及更好地拟合，Blasingame 图版还增加了规整化产量积分和规整化产量积分导数两曲线。对实际生产数据进行拟合分析时，三条曲线可同时或单独使用。Blasingame 图版法应用于页岩气井时的优点是既可用于定压力生产的气井，也可用于变压力生产的气井，适用性广，可以利用 Blasingame 曲线进行流态识别，判断气井是否达到边界控制流。同时，Blasingame 图版法存在的缺陷也比较明显，对于未达到边界控制流的气井，曲线特征不明显，拟合时偏差较大，容易导致 EUR 较大的误差。此外，Blasingame 图版法只能进行 EUR 预测，而无法进行产量预测。

2）流动物质平衡法

流动物质平衡法最早由 Mattar 于 1998 年提出，2005 年引入物质平衡拟时间又进行了改进，使之能够处理变产量的情况。其理论基础是基于气井流动达到拟稳态后，井控范围内地层压力均匀下降，根据气井产能方程中井底流压、地层压力和产量三者的关系，利用井底流压与产量推算地层压力，代入压降方程，计算气井最终可采储量。流动物质平衡法的优点是没有定压生产条件的限制，可以进行流态的识别，判断气井是否达到了边界控制流。其局限性是气井须达到边界控制流，否则无法得到相应的线性关系，也无法计算出准确的 EUR。

3. 模拟预测法

模拟预测法主要包括以解析模型为基础的解析法与数值模拟法。解析法主要是根据页岩气水平井分段压裂物理模型建立相应的数学模型，求出数学模型的解析解，再结合实际生产数据的历史拟合进行产量预测与 EUR 预测；数值模拟法主要是运用成熟的数值模拟软件，根据相应的储层参数、生产数据等资料对页岩气井的生产进行模拟，预测产量和 EUR。在给定条件下，解析法与数值模拟法都能对页岩气井产量和 EUR 进行预测。页岩气水平井 EUR 预测方法及适用条件统计显示，每种方法都有各自的功能、适用流态及限制条件，对特定的气井进行 EUR 预测时，需要先进行流态判断，然后进行多方法综合预测，相互验证才能得到准确的 EUR 预测结果。

4. EUR 预测方法优选

国内气井普遍采用适当地控制井口压力的生产方式，经验法适用性不强，因此优选出现代产量递减法和模拟预测法计算 EUR（表 3–6–1）。当气井未达到边界控制流时，可以采用 Blasingame 图版法、解析法或数值模拟法进行 EUR 预测。对于达到边界控制流的页岩气井，可以采用 Blasingame 图版法、流动物质平衡法和解析法或数值模拟法进行 EUR 预测。

表 3–6–1　页岩气水平井 EUR 预测方法及适用条件

EUR 预测方法		功能	适用流态	适用条件
经验法	Arps 经验产量递减法	产量、EUR 预测	边界控制流	定压生产
	扩展指数递减法	产量、EUR 预测	线性流、边界控制流	定压生产
	Duong 法	产量、EUR 预测	线性流	定压生产
	修正的 Duong 法	产量、EUR 预测	线性流、边界控制流	定压生产
	幂指数递减分析法	产量、EUR 预测	线性流、边界控制流	定压生产
	修正的幂指数递减分析法	产量、EUR 预测	线性流、边界控制流	定压生产

续表

EUR 预测方法		功能	适用流态	适用条件
现代产量递减法	流动物质平衡法	EUR 预测	边界控制流	变压力、变产量
	Fektovich 图版法	EUR 预测	边界控制流	定压生产
	Blasingame 图版法	EUR 预测	不稳定流、边界控制流	变压力、变产量
	NPI 图版法	EUR 预测	不稳定流、边界控制流	变压力、变产量
	A-G 图版法	EUR 预测	不稳定流、边界控制流	变压力、变产量
	Wattenbarger 法	EUR 预测	不稳定流、边界控制流	变压力、变产量
模拟预测法	解析法	产量、压力、EUR 预测	所有流态	变产量、变压力
	数值模拟法	产量、压力、EUR 预测	所有流态	变产量、变压力

第七节　生产制度优化技术

页岩气井在体积改造后，形成了人工裂缝与天然裂缝相互交错、支撑缝与无支撑缝相互连通的复杂的人工缝网单元体。开发过程中气体在基质与裂缝网络耦合协同流动，形成了复合体积流场，人工缝网单元体的三维应力场也在开发过程中不断变化，应力场与流场耦合作用异常复杂，不同的生产方式对复合体积流场的形态和控制范围影响较大，最终影响气井的生产规律和 EUR。如何在体积开发理论的指导下，找到最科学的生产制度是高效开发页岩气的重要技术之一。

根据井底流压的下降方式，页岩气井的生产可以分为放压生产和控压生产两种方式（图 3-7-1a）。其中，放压生产时，在气井投产初期井底流压快速降低，从而使气井达到较高的产能。但是在放压生产的方式下，页岩气井的稳产期较短甚至不存在稳产期。随着生产的进行，气井的产能会表现出迅速下降的趋势，导致生产后期气井产能不足。控压生产与放压生产相比，页岩气井的产量递减趋势更加平缓，压力、产量递减速度慢，累计产量持续稳定增长，早期产能较低，但是在生产过程中气井会发生“产能反转”现象（图 3-7-1b），即气井累计产量从控压生产低于放压生产转变为控压生产高于放压生产，延长气井的稳产期，达到提高气井后期产能、增大 EUR 的效果。

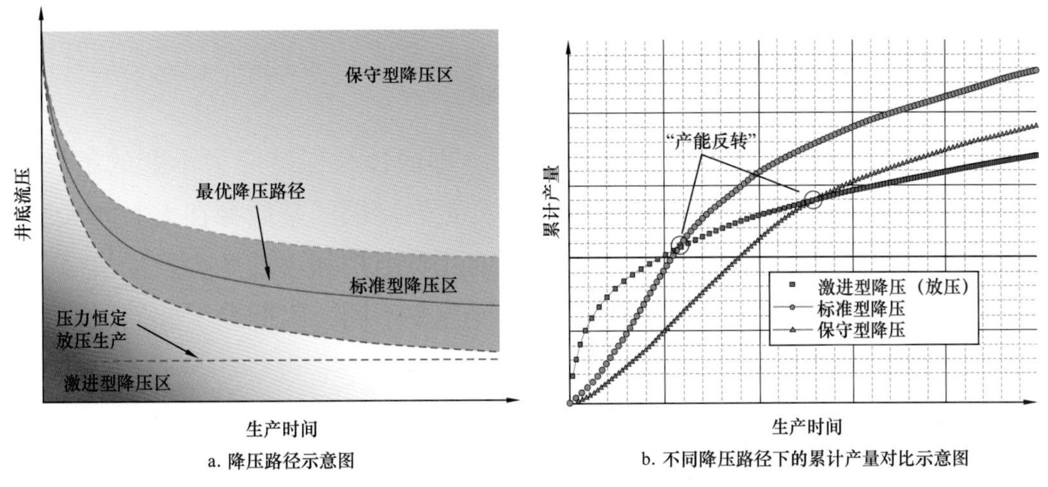

图 3-7-1　不同降压路径及其生产特征

一、控压生产机理

控压生产可充分利用能量，延长气井的自喷期、生产期，既能增加 EUR，又可降低生产成本。其机理有人工裂缝闭合、基质孔隙收缩、天然裂缝闭合、支撑剂回流及人工缝网单元体蠕变 5 种主要观点。

（1）人工裂缝闭合：压裂裂缝的导流能力具有非常高的应力敏感性，尤其对于没有支撑剂支撑的裂缝，如果地层压力下降过快，会导致裂缝闭合，裂缝的导流能力将会下降，降低气井的产能，影响采收率。在页岩气生产过程中，控压生产可以有效防止因为人工裂缝内部的支撑剂嵌入、变形及破裂引起的裂缝导流能力的损失，保持人工裂缝（网络）的长期开启，调节流动通道的闭合时机，缓解复合体积流场的应力敏感，提高气井 EUR。

（2）基质孔隙收缩：随着页岩气井的生产，页岩基质孔隙中的气体逐渐被采出，基质孔隙中的流体压力逐渐降低，但上覆岩层压力不变，原始的地层压力平衡状态被打破，形成了上覆岩层压力和孔隙流体压力之间的压力差，这个压力差便是作用于孔隙上的有效应力，有效应力会压缩基质孔隙，流动能力降低。

（3）天然裂缝闭合：在储层衰竭过程中，有效应力往往会大幅增加，这可能导致天然裂缝导流能力大幅下降。研究表明，不同压降方式（井底压力与时间）及对裂缝有效应力的影响存在较大差异。裂缝上的有效应力对操作决策非常敏感，控制压降可以通过保持天然裂缝的导流能力来提高页岩气采收率。

（4）支撑剂回流：早期的控压生产可以减少支撑剂的回流，降低人工裂缝导流能力的损失。此外，压裂液返排过程中裂缝闭合度往往不均匀，但过度压降可能会破坏裂缝与井筒的连通性，可以通过节流 / 压降管理，影响流体的采收率，甚至保持较高的裂缝导流能力。

（5）人工缝网单元体蠕变：蠕变效应，即固体在保持应力不变的条件下，应变随时间延长而增加的现象。研究表明，页岩储层的基质存在大时间尺度上的蠕变特征，在蠕变作用的影响下，页岩的孔隙结构和渗透率会发生缓慢的变化。在不同的降压方式下，页岩储层的蠕变速率不同，因此会引起储层物性上的差异，最终影响气井 EUR。

二、控压生产数值模拟技术

考虑页岩气耦合流动的主控因素建立相关数值模拟技术，明确不同因素对开发效果的影响，最终形成不同生产方式优选方法。目前主要包括相对早期的考虑应力敏感性的控压生产数值模拟和基于蠕变理论的控压生产数值模拟。本节重点介绍基于蠕变理论的控压生产数值模拟。利用考虑蠕变作用的离散裂缝网络数值模拟方法，开展页岩储层控压生产数值模拟研究，可以厘清蠕变作用与控压生产之间的内在联系，为建立最优的生产制度、保持人工缝网单元体大小、维持复合体积流场的控制程度、实现体积开发提供理论指导。

1. 控压时长

对比不同的控压时长可以得到控压生产前期的累计产量低于放压生产的累计产量，但后期可以出现“产能反转”。当控压时长较短时，EUR 的提高非常明显，随着控压时间的增长，EUR 的提高逐渐放缓，最后甚至会出现下降。对比控压 1～10 年的 EUR，可以看到控压生产的增产效果较好，控压 10 年时，EUR 的提高甚至会出现下降趋势，即压降过于保守对生产有不利影响（图 3-7-2）。

2. 控压时机

从图 3-7-3 可以看出，当井底流压为 30MPa 时控压，产气速度峰值为 $1.25\times10^4m^3$；当井底流压小于 25MPa 控压时，产气速度不再出现峰值，且随着初始受控井底流压（p_{wmax}）减小，产量降落速度加快，p_{wmax} 并不会对产

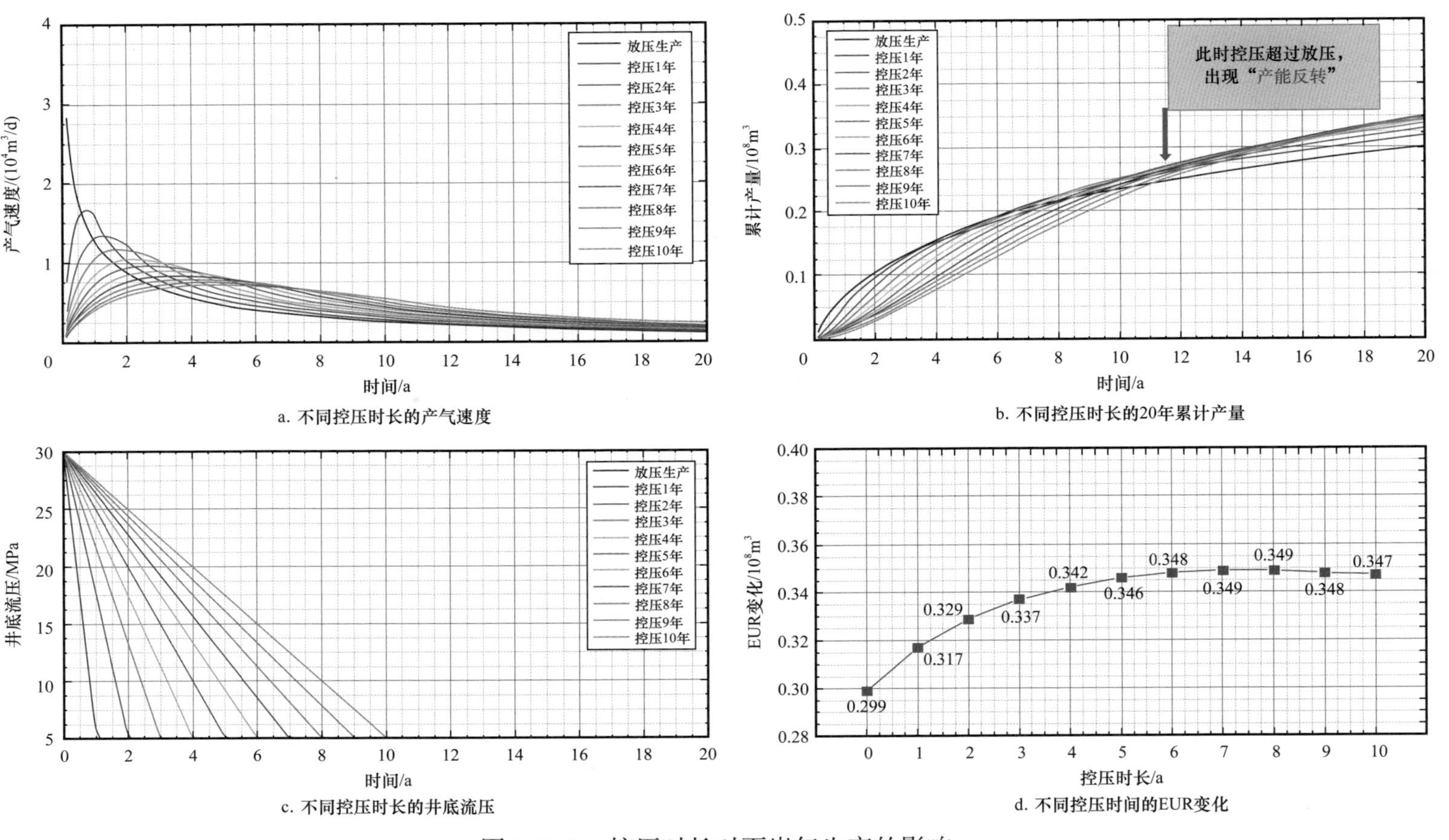

图 3-7-2　控压时长对页岩气生产的影响

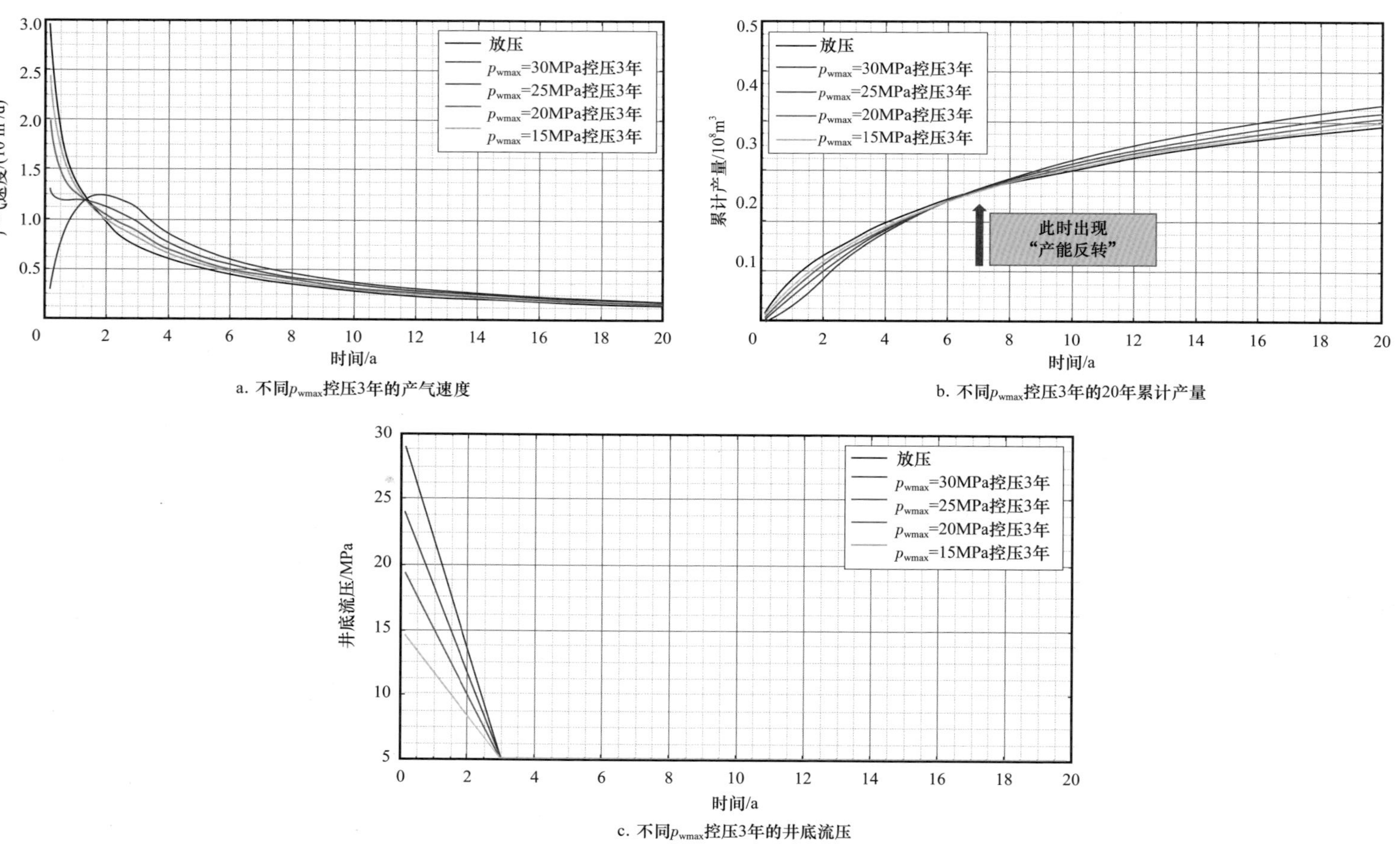

a. 不同p_{wmax}控压3年的产气速度

b. 不同p_{wmax}控压3年的20年累计产量

c. 不同p_{wmax}控压3年的井底流压

图 3-7-3　控压时机对页岩气生产的影响

能反转时间造成明显影响。无论 p_{wmax} 大小，产能（累计产量）均在第 6 年左右发生反转，但随着 p_{wmax} 的增大，20 年累计产量由 $0.328\times10^8m^3$ 增加到 $0.364\times10^8m^3$，累计产量增加 11.15%（表 3–7–1）；图 3–7–3c 显示，无论 p_{wmax} 大小，井底流压均在第 3 年降低至 5MPa。

表 3–7–1　不同 p_{wmax} 下 20 年累计产量变化对比

p_{wmax}/MPa	放压累计产量 /10^8m^3	控压 3 年累计产量 /10^8m^3	20 年累计产量增加百分比 /%
15	0.328	0.334	2.05
20	0.328	0.340	3.94
25	0.328	0.350	6.81
30	0.328	0.364	11.15

对比不同的 p_{wmax} 可以看到：当 p_{wmax} 越小时，控压的日产量和累计产量曲线与放压生产越接近；由表 3–7–1 可见，在原始地层压力为 30MPa 时就开始控压生产的增产效果最好，增幅可达 11.15%，p_{wmax} 越小，增产效果越差，即控压越早越好。当 p_{wmax}=30MPa 时，控压生产 EUR 相较放压生产 EUR 增加量为 11.15%；当 p_{wmax}=15MPa 时，控压生产 EUR 相较放压生产 EUR 增加量为 2.05%；随着 p_{wmax} 的降低，控压生产 EUR 相较放压生产 EUR 增加量逐渐减小。

3. 蠕变的影响

（1）基质蠕变参数 λ_t。通过对比不同的 λ_t 可以看到蠕变参数 λ_t 越大，放压生产的产气速度下降越快，20 年累计产量越低；随着 λ_t 增大，产气速度的峰值由 $1.3\times10^4m^3/d$ 减小到 $1.0\times10^4m^3/d$，降幅 40%，到达峰值的时间由 2 年降低到 1 年半。由图 3–7–4 可见，随着 λ_t 的增大，“产能反转”发生的时间由 12.2 年缩短到 2.75 年。从整体来看，λ_t 逐渐增大时，控压增产的效果越来越好，即 λ_t 越大，越应控压生产。

由图 3–7–5 可见，随着 λ_t 的增大，相同时间内压力传播的更慢，储层压力下降更慢。

（2）裂缝蠕变参数 τ_{hf}。通过对比不同的 τ_{hf}，可以看到 τ_{hf} 对生产的影响并不明显。由图 3–7–6 可见，τ_{hf} 越大，对应的产气速度和累计产气量都越高。

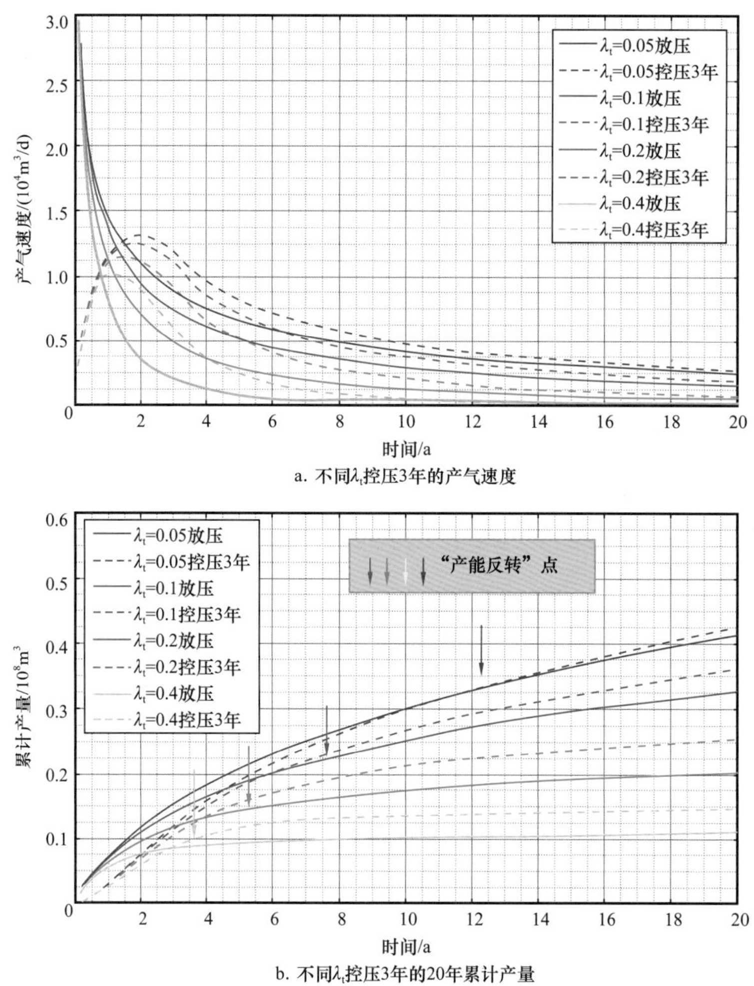

图 3-7-4　基质蠕变参数 λ_t 对页岩气生产的影响

当 τ_{hf} 增大时，控压生产与放压生产的地层压力差逐渐增大。但从表 3-7-2 中可以看出，当 τ_{hf} 为 50d 时，控压累计产量为 $0.35\times10^8m^3$，EUR 增幅 10.35%；当 τ_{hf} 为 50000d 时，控压累计产量为 $0.37\times10^8m^3$，EUR 增幅 11.29%。随着 τ_{hf} 的增大，控压生产的增产效果越来越好，但差距较小，即 τ_{hf} 越大，越应该控压。

表 3-7-2　不同 τ_{hf} 下 20 年累计产量变化对比

τ_{hf}/d	放压累计产量 /10^8m^3	控压累计产量 /10^8m^3	20 年累计产量增加百分比 /%
50	0.324	0.357	10.35
500	0.323	0.358	10.81
5000	0.328	0.364	11.14
50000	0.331	0.369	11.29

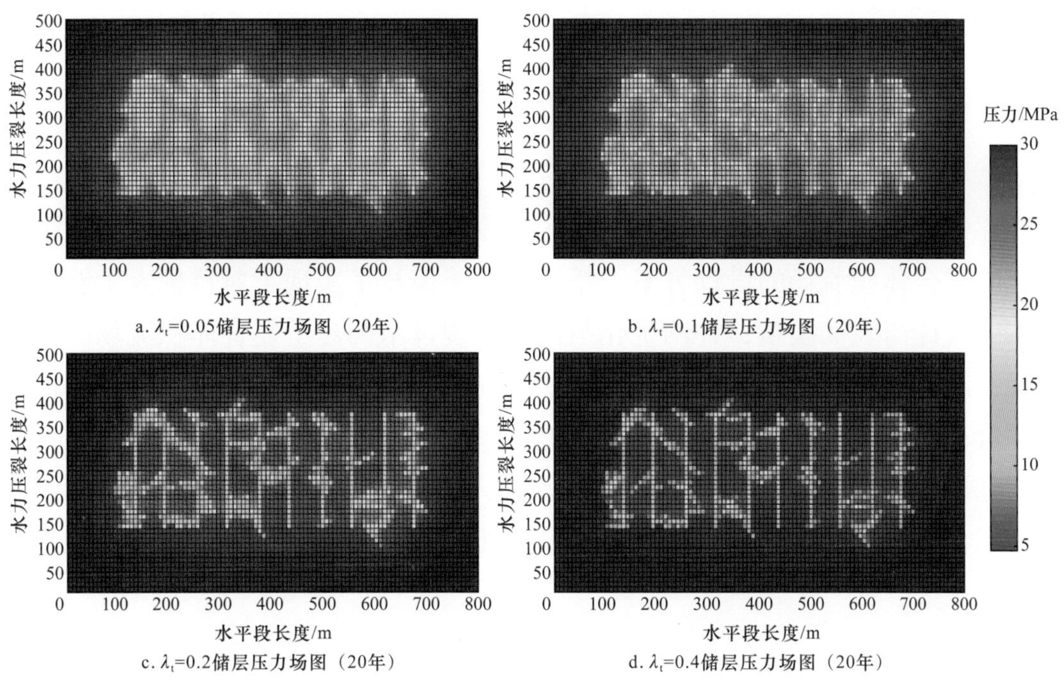

图 3-7-5　不同基质蠕变参数下压力场图

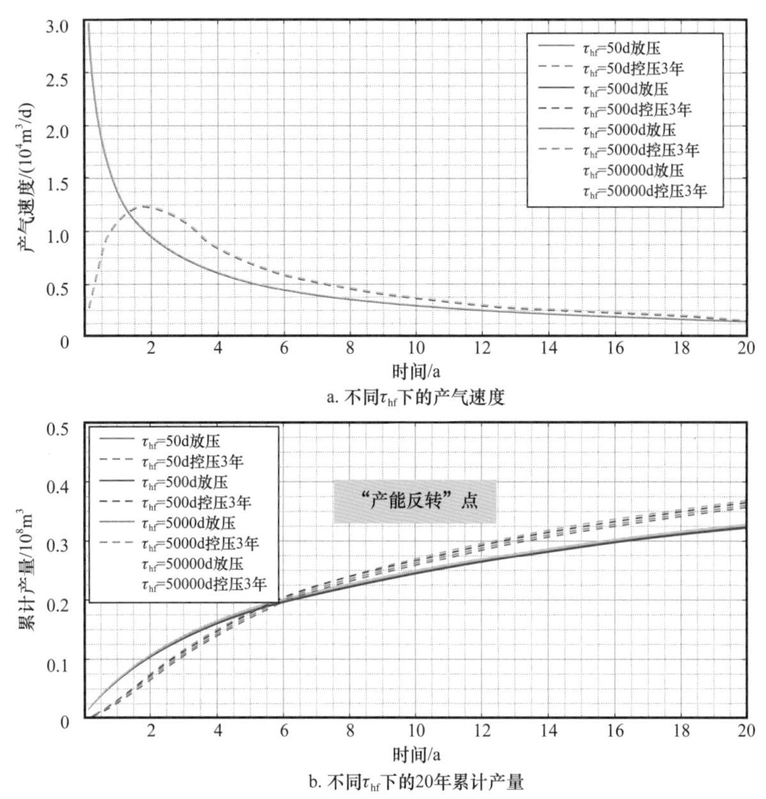

图 3-7-6　裂缝蠕变参数 τ_{hf} 对页岩气生产的影响

小　结

体积开发理论在页岩气开发中通过系列技术实现指导与应用，其中“甜点”评价技术解决了最适宜体积开发的层段优选；流动能力评价技术提供了最优化的复合体积流场的设计方案；精细地质建模技术实现了对目标人工缝网单元体的设计与表征模拟；井网优化与体积压裂技术构建了复合体积流场的空间构架；产能评价技术则基于对复合体积流场的数学表征，实现了时空一体化产能评价；生产制度优化技术基于人工缝网单元体应力与复合体积流场的耦合作用，优选最佳生产方式。最大限度地动用人工缝网单元体控制的页岩气资源，使其转化为可开发的商业储量，实现页岩气规模效益开发。

第四章　碳酸盐岩缝洞型油藏体积开发实践

我国碳酸盐岩油藏大规模开发始于20世纪70年代，以任丘油田为代表的古近系裂缝型潜山油藏，采用面积井网注水开发方式。90年代后期，以塔河油田、哈拉哈塘油田为代表的缝洞型油藏，其开发单元为相对独立的天然缝洞单元体，与受构造控制的潜山油藏显著不同，在塔河油田开发实践的基础上，提出了体积开发理论，指导了哈拉哈塘、富满等油田的规模效益开发。本章以塔河油田和哈拉哈塘油田为例，介绍碳酸盐岩缝洞型油藏体积开发实践。

第一节　基本概况

1984年沙参2井的突破，取得了塔里木盆地内碳酸盐岩领域油气勘查的重大进展，1997年在塔里木盆地北部发现了塔河油田。塔河油田位于新疆维吾尔自治区轮台县与库车县交界处，处于塔里木盆地东北坳陷区沙雅隆起阿克库勒凸起西南，西邻哈拉哈塘凹陷，东靠草湖凹陷，南接满加尔坳陷和顺托果勒隆起，北为雅克拉凸起。塔河油田中—下奥陶统碳酸盐岩储层储集体空间主要为溶洞、溶孔和裂缝，储渗空间形态多样、大小悬殊、分布不均，非均质性极强，而基质部分岩性致密，孔隙不发育，局部发育晶间孔（重结晶、白云化）。塔河油田矿权面积6827km^2，其中碳酸盐岩油藏探明储量14.1×10^{8}t，占比95.0%。碳酸盐岩油藏峰值年产油量737×10^{4}t，目前已经进入精细—高效开发阶段，2021年产油505×10^{4}t，累计产油9820×10^{4}t。

2009年，哈6区块哈7井奥陶系一间房组求产，日产油301m^3，标志着哈拉哈塘油田的发现。哈拉哈塘油田位于新疆维吾尔自治区沙雅县和库车县境内。构造位置位于塔里木盆地塔北隆起轮南低凸起奥陶系潜山背斜西围斜哈拉哈塘鼻状构造带上，东北邻轮台凸起，南邻北部坳陷，西接英买力低凸起。哈拉哈塘油田由北向南可划分为潜山区、顺层改造区、良里塔格组台缘叠加区和断裂控储区四个区带。区块目的层为良里塔格组良3段及一间房组—鹰山组，储集空间以次生的溶蚀孔洞、裂缝及洞穴为主，储层沿不整合面下150m范围内分布，地震上呈串珠状强反射，油藏平均埋深6950m，油藏类型为受岩溶缝洞型储层控制的大型超深、常温、常压未饱和油藏。哈拉哈塘碳酸盐岩油田探明石油地质储量 3.6×10^8t，2021 年产油 249.8×10^4t，其中塔河北区块年产油 49.58×10^4t，塔河南区块年产油 200.22×10^4t。

一、油藏开发初期主要特征

塔里木盆地碳酸盐岩油藏储集空间以缝洞型介质为主，流体流动表现为多种流动形式，大洞、大缝内以洞穴流为主，小尺度储集空间以渗流为主，开发特征差异大，总体表现出以下特征：

（1）油井初期产量高，但单井产量差异大，递减快。初期投产的油井产量一般在几十吨到 500t 之间，初期产量高的井产量递减慢，初期产量低的井产量递减快，甚至很快就关井。

（2）普遍存在底水，对产量影响大。对于缝洞型底水油藏，底水易快速侵入，导致油井含水上升快，甚至出现暴性水淹，产油量下降，采收率低。例如，塔河油田缝洞储集体多与底水直接沟通，开发过程中约 20% 的生产井因暴性水淹关井。

（3）油藏非层状，能量补充困难，采收率低。塔里木盆地碳酸盐岩缝洞型油藏天然能量开发平均采收率为 12% 左右。

二、面临的主要挑战

不同于传统层状连续性分布的孔隙型油藏，碳酸盐岩缝洞型油藏呈现天然缝洞单元体不连续分布特征，在开发实践中面临三个方面的挑战。

（1）储集体精细描述困难。碳酸盐岩储集体一方面受多期构造运动的改造，储集介质类型多、成因机制复杂，其分布规律认识难度大；另一方面埋藏深、缝洞配置关系和充填类型多样，平面和纵向分布差异大，储集体识别难度大。超深层碳酸盐岩储集体地震波反射特征复杂、信噪比低、成像精度低，地球物理技术难以识别和描述储集体空间分布。

（2）油藏类型认识不清，科学有效开发难。开发初期认为塔河碳酸盐岩油藏为似层状油层，按层状油藏布井，开发井空井率高，开发效果差。

（3）开发指标预测难度大。缝洞型油藏流体流动表现为多孔介质渗流、裂缝介质高速流、溶洞介质洞穴流多种类型，是一种复杂的耦合流动，基于多孔介质渗流理论的实验和模拟方法不能有效地描述这类复合流动特征，难以准确预测油气田开发规律及动态指标。

（4）储量有效动用率及采收率低。碳酸盐岩缝洞型油藏储集体离散分布，平面、纵向差异大，非均质性极强，油、水关系复杂，单井产量差异大，难以部署合理井网，导致储量有效动用率低；同时，由于大尺度裂缝发育，底水和注入水易窜，递减快，采收率低。

第二节　开发历程

缝洞型碳酸盐岩油藏的特殊性，决定了其开发过程是一个不断深化认识缝洞发育规律、不断认识油藏类型、不断评价落实储量、不断滚动建产的过程。因此，该类油藏的开发是通过多期次的滚动评价及产能建设完成的。此类油藏注采井网的构建与传统的砂岩油藏、碳酸盐岩裂缝型或裂缝—孔隙型油藏的注采井网有很大区别，其注采井网的构建是一个逐步建立、不断完善配套的过程。在开发初期，通过多期次的产能建设，建立此类油藏的开发基础井网；通过对油藏类型缝洞单元认识的不断深化，在开发过程中不断进行开发调整，在完善天然缝洞单元体控制的同时不断优化和构建立体注采井网，由“一井一洞”的单井开发转变为“一井多靶”和“多井单元开发”，实现了对同一缝洞体或不同方位缝洞体全方位、全过程的体积动用和开发挖潜。

一、评价上产阶段

1997—1999 年为塔河油田的试油试采阶段，到 1999 年底完钻探井评价井 38 口，取得了丰富的试油试采资料和油藏认识，初步建立了地震剖面中串珠状地震反射与岩溶缝洞的对应关系；2000—2003 年针对古潜山及其斜坡区带以“滚评建一体化”模式滚动动用，先后在 4、6、7 等区打井 188 口，滚动建产能 314.4×10^4t/a；2004—2007 年 9 月进入快速上产阶段，克服了资源动用难度大、原油产量递减快的矛盾，连续保持原油产量每年以 50×10^4t 左右的速度增长，2007 年的原油产量达到 536×10^4t，建成了我国第一个缝洞型碳酸盐岩海相大油田。

2011 年，哈拉哈塘油田初步开发方案设计以哈 6 区块为主力建产区，动用含油面积 493.3km^2，石油地质储量 10197×10^4t，可采储量 1226.4×10^4t，建产期 3 年，共部署新井 106 口，新建产能 100×10^4t/a。从方案实施情况看，单井平均产量、投产成功率及规模均低于设计标准。哈拉哈塘油田与塔河油田开展产建指标对标工作，随着区块钻探和试采井数的增加，在录取了大量的动静态资料的基础上，对构造、断裂、储层、天然缝洞单元体量化雕刻、动态储量、能量等进行了精细研究。在此基础上开展了高效井、失利低效井的研究，从点到面总结了油气富集规律，同时细化了缝洞带、缝洞系统和缝洞单元，深化了单井产能、压力、递减、含水、连通关系等开发动态特征的认识，对储量重新进行了分类评价，进一步明确了主建产缝洞带。2013 年，对初步开发方案设计和产能建设部署进行了优化调整，实施方案设计动用地质储量 7938.5×10^4t，动用可采储量 854×10^4t，采用不规则井网，初期天然能量衰竭开发，后期采用单井注水替油或储集单元注水开发，体积开发理论在哈拉哈塘油田开始逐步实践和完善。哈 6 区块获得突破后，哈拉哈塘油田二期产能建设主体转向新垦、热瓦普和金跃三个区块，方案设计动用面积 582.65km^2，动用地质储量 9297.55×10^4t。2014 年，塔河北区块产油 100.64×10^4t，实现了百万吨建产目标。

二、开发稳产阶段

在这一阶段，塔河油田针对古潜山及斜坡区岩溶缝洞快速滚动评价并以“滚评建一体化”模式，年建产率稳定在 90% 左右。缝洞储油突破了传统沉积孔隙储油的范畴，碳酸盐岩地层找油首选目标由礁滩孔隙转向古潜山岩溶缝洞。缝洞成为主要储集空间，产建领域从古潜山走向岩溶发育区，逐步认识到岩溶发育区是最主要的油气富集区，为评价油气富集带和调整区指明了方向。而岩溶系统控制了缝洞发育，岩溶系统的分布特征决定了缝洞间的连通与分隔性，为认识油藏类型、认识动态储量奠定了地质基础。

在对三维地质资料，钻井资料，已投产开发井产量、压力、含水率、递减变化规律等深入研究认识的基础上，提出了缝洞单元体的概念。缝洞单元体是由一个或若干个缝洞单元体组成。单元体内具有独立的压力系统、统一的温度场和油水界面，是一个独立的油藏单元。这个突破性的认识为缝洞型油藏科学开发建立了重大理论认识基础。

建立了以缝洞单元体为基础的“按洞布井、逐洞开发”的选井原则和以天然缝洞单元体开发为目标的井网构建原则。2005 年以来，在缝洞单元体划分和评价的基础上，针对塔河油田能量不足和储量规模较小的定容单井，依据缝洞型油藏储层特征，利用油水重力差原理，采用注水替油的方法补充地层能量，恢复油井生产，建立了一套注水替油的技术政策及后期失效井治理对策，注水替油规模逐步扩大，有效减缓了单井单元由于能量不足造成的递减。

塔河油田注水、注气年增油量均达到 60×10^4t 以上规模，塔河北区块地层天然能力不足，亟须转变开发方式，扩大注水注气开发，尤其是构建井网实现单元注采开发。哈拉哈塘油田以北东向控储、控藏区域主干断裂为主线，从已知井出发，以评价研究主控断裂、同一断裂不同段、分支断裂的油柱高度，完成缝洞体积的量化雕刻，建立了顺藤摸瓜的储量评价体系，完成每一个油藏单元储量评价；针对开发稳产存在的问题，在可采储量、分类递减率、单井产能、注水注气等指标论证的基础上，转变开发方式，部署调整井构建注采井网，加大注水注气规模，实现了稳产。

三、精细注水注气开发阶段

塔河油田 2015 年进入精细化注水注气开发阶段，经过 5 年的注水开发，逐步建立了油藏地球物理、油藏地质及油藏工程方法。明确了油气水重力分异作用在天然缝洞单元体中起决定作用，区别于砂岩的毛细管压力，天然缝洞单元体内重力作用为注水注气提高采收率提供了理论支撑。积极开展了不同缝洞结构类型多井单元注水开发机理、注水技术政策及注水效果评价方法研究，进行了注采调整。通过调整，老区注水效果逐步得到改善，同时将注水范围拓展到西北稠油区（10 区、12 区）的多井单元，实现了多井单元注水增油的相对稳定和接替。

与塔河油田相比，哈拉哈塘油田整体上单元注水规模小，注气规模小，注水注气控制储量程度低，亟须转变开发方式，优化注采关系，扩大注采规模。对哈拉哈塘油田投产井初期天然能量进行定量评价，结果表明地层初期天然能量普遍不足（55.5%）。以“优化方案就是降低成本”为主导思想，加强油藏地质再认识和与塔河油田对标优化，通过转变以打井为主，向以注水、注气补充能量为主的开发方式的转变，通过注水累计增油 225×10^4t，注气累计增油 16.7×10^4t。优化实施油藏采油一体化、地下地面一体化、科研生产一体化，达到区块产量稳中有升，效益不断提高。

第三节　开发技术路线

碳酸盐岩缝洞型油藏储层结构和渗流机理，与国内外碎屑岩油藏及多数海外碳酸盐岩油藏不同，没有现成的开发技术和管理经验可借鉴。经过30余年的探索、研究和实践，创建了“以天然缝洞单元体为基本开发管理单元，以差异化开发为基本思路，以单井注水替油、多井单元注水开发为主要能量补充方式，实行滚动开发、逐步深化、配套完善”的碳酸盐岩缝洞型油藏开发理论与开发模式，创新形成了缝洞储集体描述技术、天然缝洞单元体划分与评价技术、储集体量化雕刻技术、开发技术政策研究技术、井身结构优化设计与应用技术、储层酸压改造设计与施工技术等一系列开发配套技术。这些开发理论、开发模式与开发技术的建立，为国内碳酸盐岩油田快速发展奠定了基础，也对国外同类油藏的开发提供了借鉴。

（1）开展地震资料评价，实现油源断裂刻画。常规资料、高密度及随钻垂直地震剖面（VSP）资料对比评价分析，优选保幅、保真的资料作为研究基础。开展叠后解释性处理攻关研究，优选多重滤波方法，求取高精度相干、振幅变化率等属性，结合区域成图、断裂发育模式、全层系解释精准落实断裂纵向延伸和平面延展，实现缝洞空间分布和油源断裂的空间描述。

（2）依据缝洞单元体规模大小及断溶体油藏发育特征，开展体积开发单元划分。针对表浅层缝洞型油藏缝洞单元体大小、储量规模、产能情况，评价划分开发单元。针对断溶体油藏，以断裂的分段差异富集、流体性质的差异、开发过程中能量的差异、开发效果的差异为依据进行储量单元划分。

（3）天然缝洞单元体量化雕刻，建立新的储量计算方法，完成开发储量评价。表浅层缝洞型油藏及断溶体油藏均以溶洞型储层为主，与传统砂岩油藏显著不同，容积法计算储量方法不适用于溶洞型油藏的储量计算评价，需发展新的储量计算方法。在塔河油田、顺北油田、富满油田的开发实践中，认为体积法计算缝洞型油藏储量最为适用。该方法的核心参数就是要计算缝洞体的体积。具体公式为：

$$N=100V_{fd}\rho_0/B_{oi}$$

式中　N——石油地质储量，10^4t；

V_{fd}——原油体积，10^6m^3；

ρ_0——原油密度，t/m^3；

B_{oi}——原油体积系数。

该方法的建立为缝洞型油藏储量科学评价奠定了基础。

（4）构建单元体空间结构井网，实现体积开发。井网部署是有效注水的基础，井网的设计应适应储集体的发育和分布特征。缝洞型油藏储集体分布变化大，采用面积井网部署，会出现大量无产能井和低产能井，储量控制程度低。为解决这一问题，井位部署目标从基于串珠状反射的大型缝洞集合体转变为基于岩溶地质背景的断控型油藏单元，从无井网转变为完善或构建井网，将井网设计从二维平面结构发展到三维空间结构，建立缝洞型油藏注采空间结构井网设计技术，实现缝洞型油藏的体积开发。

（5）采用侧钻短半径水平井、酸压储层改造技术，提高储量动用程度。塔河油田奥陶系缝洞型油藏的特点决定了一次井网难以全部动用地下储量，酸压工艺的沟通距离有限，且不具有定向性，造成井周围一定范围内连通不好的天然缝洞单元体得不到有效沟通。利用长停井、低产低效井进行侧钻，可以实现与周边储集体沟通，能有效提高储量的动用程度。短半径侧钻水平井技术是指从无产能直井侧钻，利用短半径水平井高造斜率、曲率半径小的特点，在垂向50m左右、靶前位移60m内完成造斜，再通过水平井眼延伸，实现老井眼与邻近缝洞储集体的定向沟通。短半径侧钻水平井技术已成为塔河油田奥陶系老井改造、油藏开发再挖潜的重要手段。

（6）优选能量补充方式，提高采收率。注水选井的原则是，单井注水选择以洞穴型储层油井为主，裂缝—孔洞型储层为辅；单元注水以前期连通井组和油藏单元为主，后期连通为辅。突出不同储层类型、不同阶段、不同井储关系，优化单井和单元注水参数，后期根据实际情况进行调整。

注气选井原则主要结合塔河油田与哈拉哈塘油田实际情况，建立注气选井标准。转变开发方式，由单井注水为主转变为单井注水注气＋单元井网注水注气的开发方式，加大注水注气规模，提高油藏的采收率。

第四节　开发方案设计

哈拉哈塘油田塔河北区块包括齐满、哈6、新垦、热瓦普、金跃和其格五个区块，行政隶属于新疆库车县和沙雅县。哈拉哈塘油田位于塔里木盆地塔北隆起轮南低凸起西斜坡，受多期构造运动的作用，该区奥陶系经历了多次的隆升及沉降，深大走滑断裂及伴生的次级断裂所形成的断裂破碎带与岩溶作用是形成岩溶缝洞型储层的主要因素，受控于断裂强度和岩溶发育规模，主要产层为以洞穴与裂缝为主的缝洞集合体，在不整合面之下一定范围内分布，总体表现为受岩溶和走滑断裂控制分布的特征（图 4–4–1）。

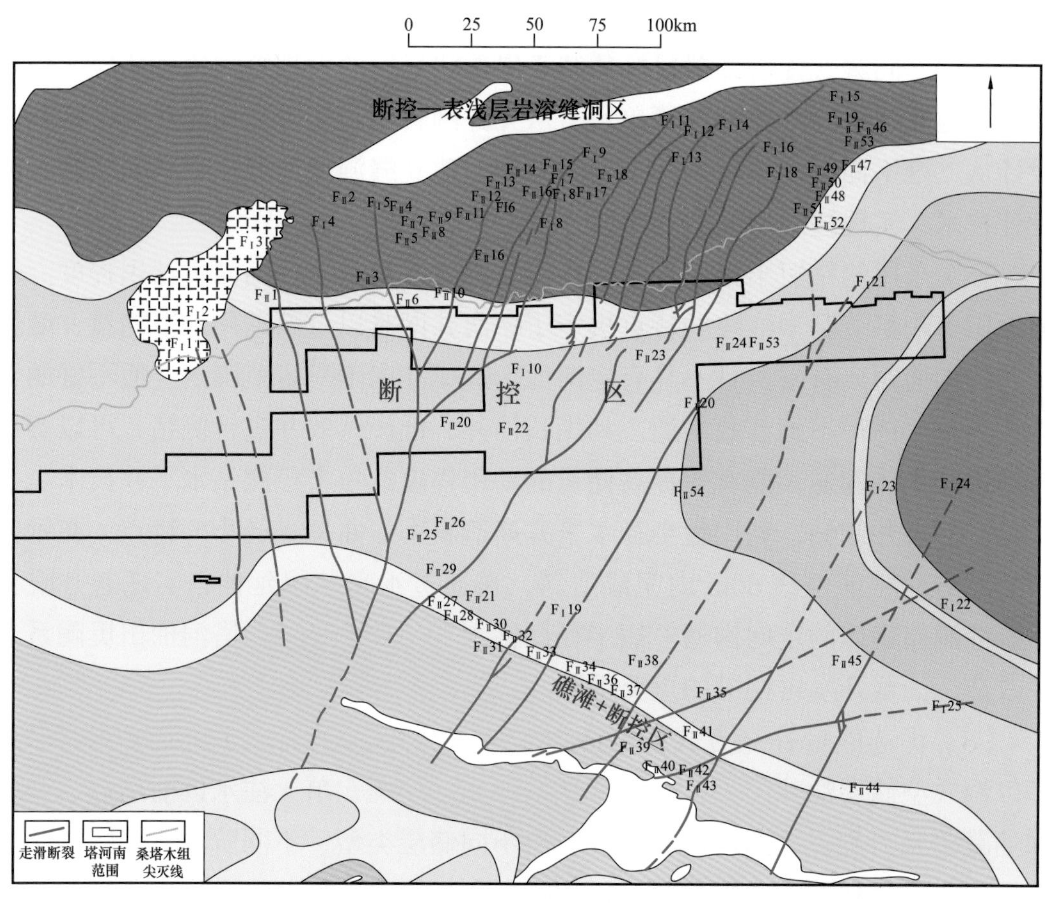

图 4–4–1　哈拉哈塘油田塔河北区块区域构造位置示意图

一、开发方案设计思路与原则

开发方案以哈拉哈塘油田全生命周期体积开发为设计理念，通过钻探目标的优选、缝洞单元体接替实现长期稳产，在不同勘探开发阶段，应用天然缝洞单元体雕刻容积法计算动用储量，并进行“一井一策”全生命周期管理，包括:（1）根据不同缝洞单元体采用不同井型开采，如直井、水平井等；（2）根据钻遇目标不同采用不同的完井方式，如直投、酸压等；（3）根据不同阶段油井能量采用不同开发对策，如机采、注水、注气；（4）根据油井开采情况、井周缝洞分布适时确定油井侧钻等。加强油藏地质再认识和与塔河对标优化，逐步完善缝洞单元体井网，以注水、注气补充能量为主进行开发，开发效果显著提升。

（1）新井部署由整体富油布井转变为以缝洞单元体部署为主，侧钻井提高储量动用程度为辅；储量大的缝洞油藏单元体部署构建注采井网。

（2）开发方式由天然能量开发为主、人工补充为辅转变为人工补充能量为主、天然能量为辅。

（3）注水注气由以单井注水为主转变为以缝洞油藏单元体注水注气为主的开发形式，构建注采井网，实施大规模注水注气开发。

二、缝洞单元划分

缝洞带是一个岩溶储层相对发育区，根据岩溶断裂特点，将哈拉哈塘地区缝洞型储集体平面上进行区带划分。碳酸盐岩缝洞型储层分布受岩溶及断裂双重控制，断裂一方面可形成断裂破碎带，另一方面可有效提高溶蚀程度，加快垂向溶蚀速度，形成断溶体溶洞型储集体。总体上，北部以表浅层溶洞为主，平面、纵向强非均质性分布，缝洞单元体大小差异大，南部受走滑断裂控制，以条带状为主。

北部按缝洞体大小划分，南部按断裂带划分。南部走滑断裂以北西走向为主，与其伴生的次级断裂也是以北西走向为主，各级断裂均溶蚀发育形成断溶体储集体。根据分布特点，自西向东依次划分为金跃 2 断溶缝洞带、热普 301 断溶缝洞带、新垦 4 断溶缝洞带、热普 2 断溶缝洞带和热普 4 断溶缝洞带 5 个断溶缝洞带，各缝洞带呈条带状北西走向，基本以断裂带为中心轴线。

5 个断溶缝洞带储层都比较发育，但是平面发育位置有差异，总体上北部由于靠近暴露区，溶蚀程度较大，储层相对要发育一些，南部溶蚀受断裂带控制较明显，储层主要沿断裂带分布。

三、开发技术政策优化

1. 井型井网设计

近几年，尤其是 2019 年以来通过深化对缝洞单元体的认识，针对断溶体油藏和表浅层岩溶缝洞体油藏井位部署，由原来的以直井为主改变成大斜度井或水平井，取得良好效果，平均单井日产油 50t。方案设计井型主要结合岩溶地质背景及油藏主控模式，优化井型设计，提高井型适应性（图 4-4-2）。

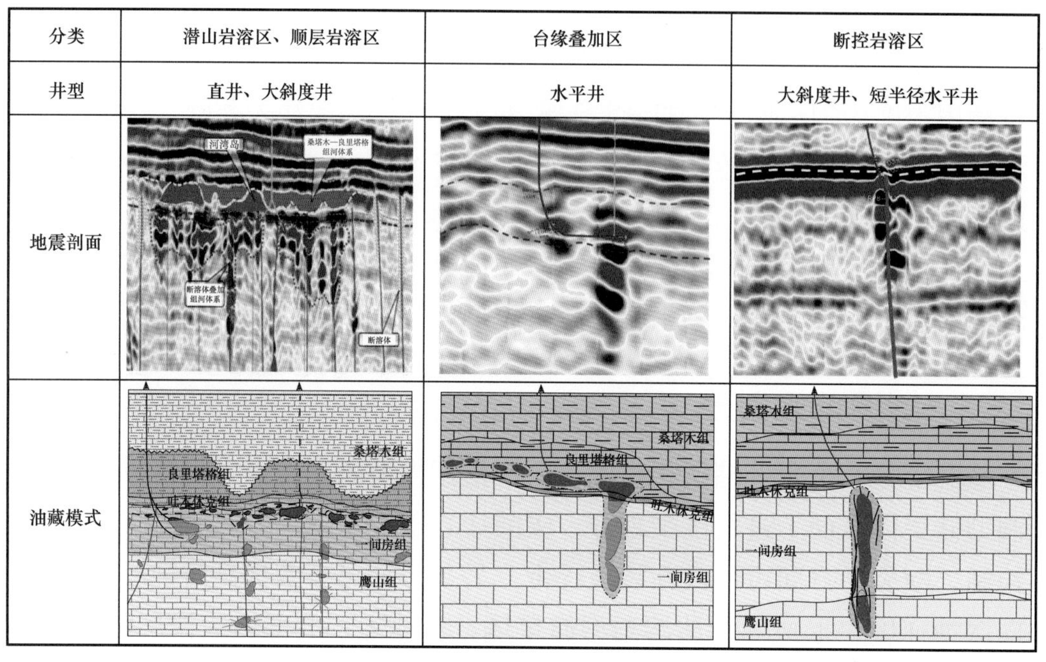

图 4-4-2 不同岩溶储层发育区井型设计示意图

根据不同岩溶分区的油气富集规律和控储控藏特征，分三种类型进行井网的构建（图 4-4-3）：（1）表浅层缝洞型油藏，多以多个单元体构成，具备构建面积井网条件，采取连续 + 周期注水，形成“低注高采”的注采关系；（2）暗河型油藏，储层呈条带状结构，适宜构建线状井网，采取连续 + 换向注水；（3）断溶型油藏，储层呈板状结构，适宜构建线状井网，通过不稳定注水形成“深注浅采”的注采关系。

井网的构建主要分两个层次进行：一是对证实连通未形成注采关系及疑似连通井组，通过注水、注气构建或完善注采井网；二是针对储量规模较大的已动用油藏单元，通过部署新井构建井网。

2. 采收率及可采储量的确定

缝洞型碳酸盐岩储层非均质性强，油藏特征复杂，“一井一藏”特征明显，不同储层类型、驱动方式、开发方式都会影响最终采收率。根据塔河北区块实际生产特征，按照储层类型、驱动方式的差异（图 4–4–4），对天然能量开发阶段、注水开发阶段和注气开发阶段分别确定采收率。

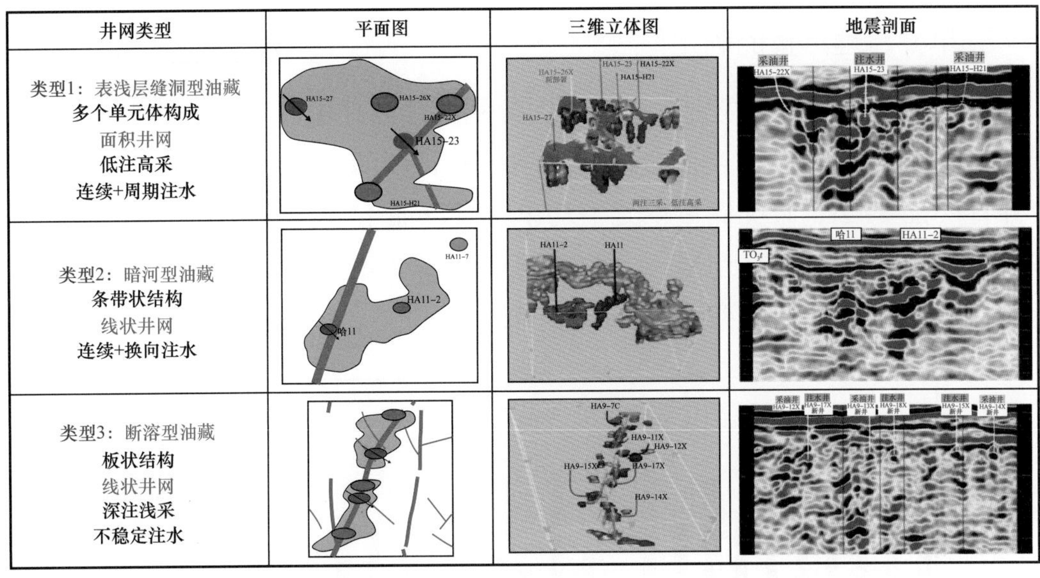

图 4–4–3　哈拉哈塘油田塔河北区块注采井网类型分类图

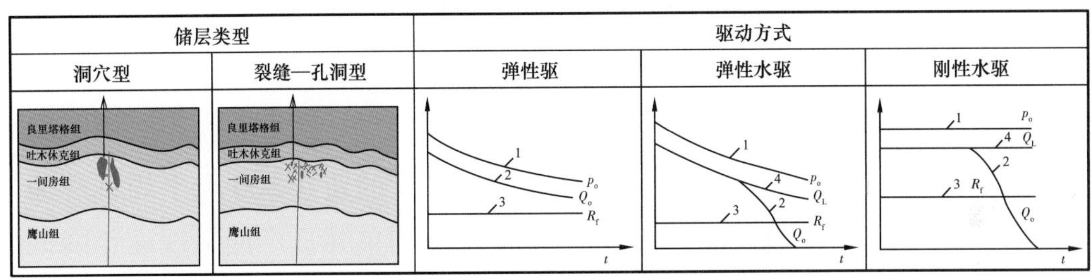

图 4–4–4　储层类型、开发方式分类图

1—压力随时间变化的曲线；2—产油量随时间变化的曲线；3—地层压力随时间变化的曲线；4—产液量随时间变化的曲线；p_o—井底压力；Q_o—产油量；R_f—地层压力；Q_L—产液量

天然能量开发阶段和注水开发阶段采出程度采用数据统计法确定，洞穴型三种驱动类型的递减规律差别大，不同阶段的采出程度也大；裂缝—孔洞型弹性驱与弹性水驱油藏类型的递减规律相似，不同阶段的采出程度接近。注气开发阶段由于生产井数相对较少，主要根据邻区塔河油田的经验，结合本区注气实际情况取值，弹性驱动类型注气采出程度取 3%，水驱驱动类型注气采出程度取 2%。

开发区落实地质储量为 9788.53×10^4t（不含金跃环保区）。按照上述采收率的标定方法，对各储量单元进行采收率标定，计算得到可采储量为

1387.47×10^4t，剩余可采储量 808.30×10^4t，主要分布在哈 15、哈 16、哈 9、热普 14、热普 301 等缝洞体单元区，是方案井点优选的主要目标区。

3. 单井合理产量的确定

根据储量单元评价级别、岩溶分区分别统计油井生产 300 天的平均单井日产油量（图 4-4-5），Ⅰ类储量单元平均单井日产油 33.0t，Ⅱ类储量单元平均单井日产油 21.2t，Ⅲ类储量单元平均单井日产油 13.9t；不同的岩溶缝洞单元体平均单井日产油也有差异，大的缝洞单元体单井日产油 35.3t，小的缝洞单元体日产油 21.0t，断溶型油藏日产油 31.3t。

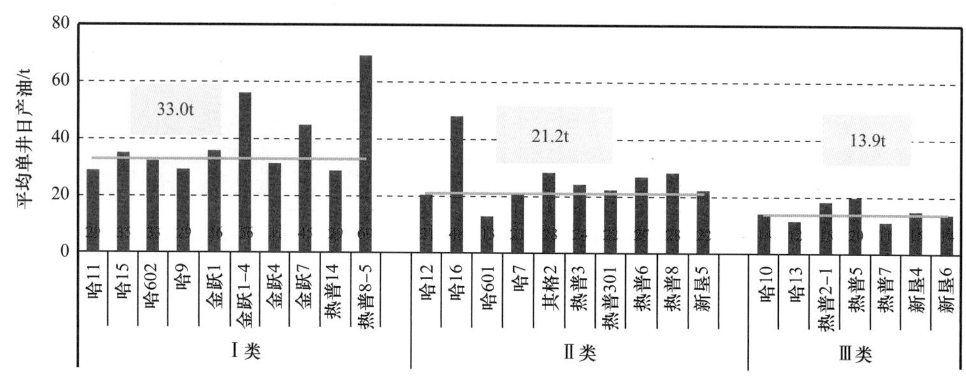

图 4-4-5　哈拉哈塘油田塔河北区块油井生产 300 天平均单井日产油柱状图

统计分析塔河北区块历年新钻单元和加密单元的新井 300 天平均日产油量（图 4-4-6），2018 年以前新钻单元和加密单元平均单井日产油呈现逐年降低的趋势，且加密单元的单井日产油远低于新钻单元；2018 年新钻单元效果较好，主要受油气缝洞单元体大小的影响。考虑方案设计井钻探油藏单元动用与否，加密单元新井日产油 20～30t，侧钻井日产油 15～30t；新钻单元单井日产油 30～42t；平均单井日产油取值 28.5t。

4. 方案递减率评价

主要选取同一缝洞单元体，不同生产阶段生产稳定的井进行递减率分析。从工区采油井的生产特征来看，基本符合指数递减规律，指数递减分析结果表明（图 4-4-7），Ⅰ类储量单元在自喷期、机采期、注水期的月递减率分别为 3.3%、2.2%、3.0%；Ⅱ类储量单元在自喷期、机采期、注水期的月递减

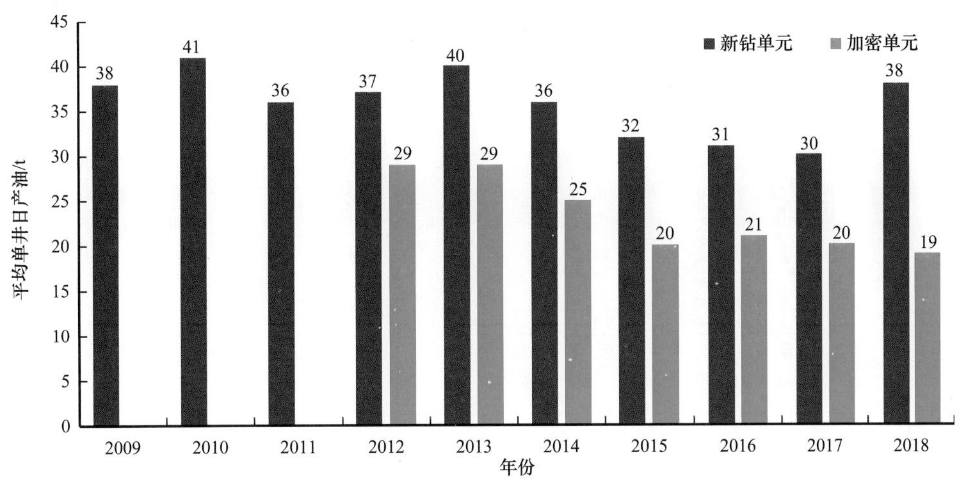

图 4-4-6　塔河北区块历年新钻井平均单井日产油统计柱状图

率分别为 4.1%、1.7%、2.3%；Ⅲ类储量单元在自喷期、机采期、注水期的月递减率分别为 5.2%、2.3%、1.8%。因此，方案设计中递减率取值原则为分单元分阶段取值，自喷期月递减率取值 3.3%～5.2%，机采期月递减率取值 1.7%～2.3%，注水期月递减率取值 1.8%～3.0%。该区实施注气较少，因此注气阶段根据实际情况参考塔河月递减率取值 2.8%。

5. 注水、注气参数设计

方案设计独立小缝洞单元体单井注水替油 87 口，控制地质储量 3837.55×10^4t，预计累计产油 74.65×10^4t，提高采收率 1.95%；在平面上主要分布在哈 15、哈 16、哈 7、哈 9、新垦 6、热普 14、热普 3、金跃 1 等储量单元。方案设计单元注水 34 口，控制储量 2084.14×10^4t，预计累计产油 33.55×10^4t，提高采收率 1.61%，平面上主要分布在哈 15、金跃 1、热普 301 等缝洞体单元。单井和单元注水参数设计结果见表 4-4-1。

方案设计单井注气 91 口，控制储量 3766.59×10^4t，预计累计产油 50.21×10^4t，提高采收率 1.33%；平面上主要分布在哈 15、哈 12、哈 7、哈 601、哈 9、热普 6、热普 8-5 等储量单元。单元注气 45 口，控制储量 2364.40×10^4t，预计累计产油 24.52×10^4t，提高采收率 1.04%；平面上主要分布在哈 15、哈 9、哈 11、热普 14、热普 6、热普 301 等储量单元。方案设计注气参数见表 4-4-2。

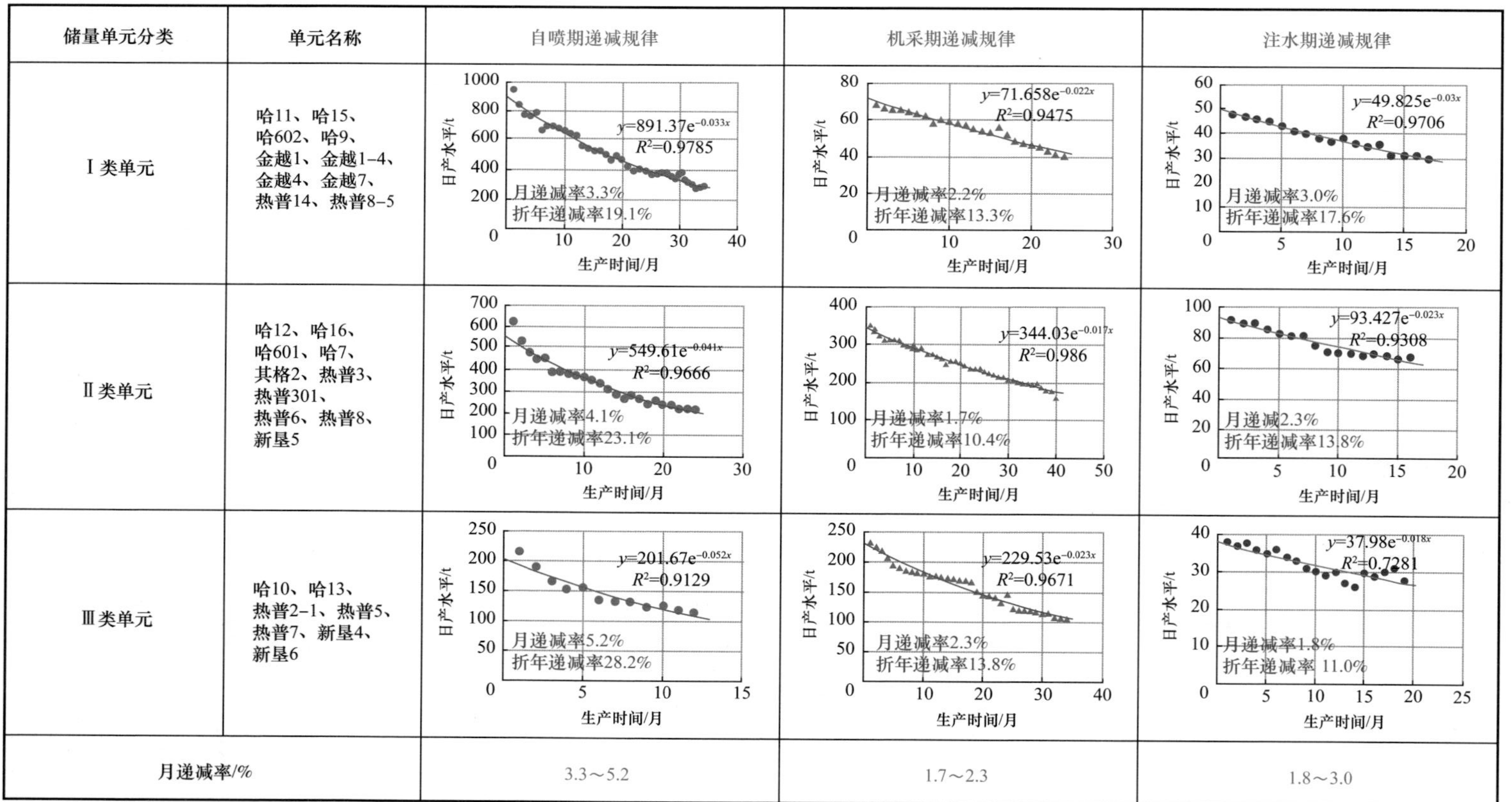

图 4-4-7　不同储量单元分生产阶段递减规律分析图

表 4-4-1 单井和单元注水参数设计

参数	塔河油田参考标准				哈拉哈塘油田参考标准		
注水时机	水体弱	先转抽至供液不足才注水替油			考虑机采经济性，若经济，先转抽至供液不足才注水替油；若不经济，则停喷后注水替油		
	水体强	关井压锥效果变差才注水压锥					
周期注入量	第一周期（试注）	累计产液 / m^3	注采比	自喷井井口压力一般不超过投产初期值 机抽井：停注后关井监测液面（若井口压力上升则停注）	第一周期	孤立洞穴	0.6～1.0N_p
		＜2000	0.6～0.8			单缝洞型	低于 3000m^3
		2000～6000	0.5～0.8			多洞穴	（1）有利储层位于下方者注入量可以适当偏大，但要低于 0.8N_p； （2）准层状，在远端储集体位置不明情况下，注入量 Q＜（供液启动压力 − 目前压力）× 单位压降产液量
		6000～10000	0.4～0.6			多缝洞系统	低于 4000m^3，根据缝洞模式定量
		10000～20000	0.4～0.5			储层物性差	低于 800m^3
		＞20000	0.2～0.4			吨水换油率	洞穴型 0.2～1，平均 0.48；裂缝—孔洞型 0.06～0.76，平均 0.29
	初、中期	根据试注效果调整，一般为上周期产液的 0.8～1.2 倍		裂缝型适当加大注水量	中期	注入量	上周期产液的 0.8～1.2 倍
				溶洞型控制注入量		吨水换油率	洞穴型 0.04～0.54，平均 0.32；裂缝—孔洞型 0.08～0.38，平均 0.25
	注水后期	油水界面高的井，控制注入量（上周期产液的 0.8～1.0 倍）			后期	注入量	上周期产液的 0.8～1.0 倍
						吨水换油率	洞穴型 0.1～0.3，裂缝—孔洞型 0.1～0.15
注入速度 / m^3/d	溶洞型	以重力分异为主，油水易于置换，快速注入			洞穴型	＜500	
	裂缝型	重力分异及驱替同时发生，慢速注入			缝洞型	100～300	
					储层物性差	＜120	

续表

<table>
<tr><td>参数</td><td>塔河油田参考标准</td><td colspan="2">哈拉哈塘油田参考标准</td></tr>
<tr><td rowspan="3">焖井时间 / d</td><td>自喷井：井口压力上升或基本平稳</td><td>洞穴型</td><td>2～10</td></tr>
<tr><td>机抽井：液面基本平稳上升</td><td>缝洞型</td><td>5～15</td></tr>
<tr><td>非直接钻遇溶洞适当延长焖井时间</td><td>储层物性差</td><td>10～15</td></tr>
</table>

注：N_p 为地面累计产油量，单位为 10^4m^3。

表 4–4–2　单井注气参数设计

<table>
<tr><td>类别</td><td colspan="2">塔河油田参考标准</td><td>哈拉哈塘油田参考标准</td></tr>
<tr><td rowspan="2">注气时机</td><td>替油失效井</td><td>吨油耗水率大于 3</td><td rowspan="2">注水替油连续 3 个轮次置换率小于 0.1，或含水率大于 90%</td></tr>
<tr><td>含水上升井</td><td>含水率大于 90%</td></tr>
<tr><td rowspan="2">注气方式</td><td>替油失效井</td><td>连续注气</td><td rowspan="2">气水交替，气水比为 250～400m³/m³</td></tr>
<tr><td>含水上升井</td><td>气水交替</td></tr>
<tr><td rowspan="2">注气量</td><td>替油失效井</td><td>初期在 0.3～0.4HCPV，后期在 0.1HCPV</td><td rowspan="2">雕刻储量 HCPV 数 2.0%～3.0%</td></tr>
<tr><td>含水上升井</td><td>1 倍水侵体积</td></tr>
<tr><td>焖井时间</td><td colspan="2">溶洞体 7～10d，裂缝体 15～20d</td><td>45～60d</td></tr>
<tr><td>开井制度</td><td colspan="2">前期正常生产时工作制度</td><td></td></tr>
</table>

注：HCPV 表示烃类孔隙体积，单位为 m^3。

第五节　实施效果与经验认识

哈拉哈塘油田从表浅层缝洞型油藏向深断裂控油、控富的断溶体油藏认识转变，从单井找串珠到多井型、多手段全方位全过程体积开发转变，经历了艰难而又曲折的探索，总结开发规律和开发矛盾，摸清开发潜力，制定针对性的措施进行综合治理，积累了大量天然缝洞单元体体积开发经验，使哈拉哈塘油田开发效果持续向好，产量规模逐年提高，有力地推动了我国超深层油气开发进程。

一、哈拉哈塘油田体积开发实施效果

哈拉哈塘油田上交探明储量 11737×10^4t，动用储量 8905.2×10^4t。目前

老井自然产量为 37.57×10^4t，自然递减率为16.31%，年注水 $160\times10^4m^3$，注水产油 20.47×10^4t，吨水换油率0.13，年注气 $3230\times10^4m^3$，注气产油 3.03×10^4t，吨油耗气1066m^3。新井投产成功率、单井产能基本与方案设计相当。哈拉哈塘油田整体产量达到方案设计要求（图4–5–1）。动用地质储量采出程度为8.98%，采油速度为0.56%（图4–5–2）

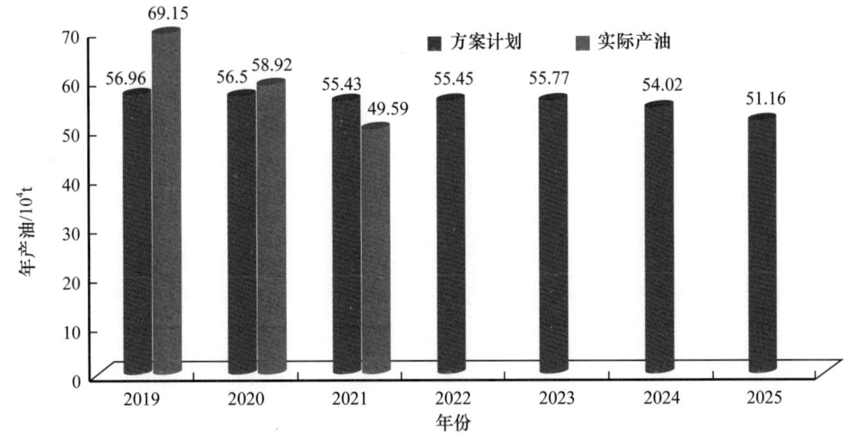

图4–5–1 哈拉哈塘油田2019—2025年产量指标对比柱状图

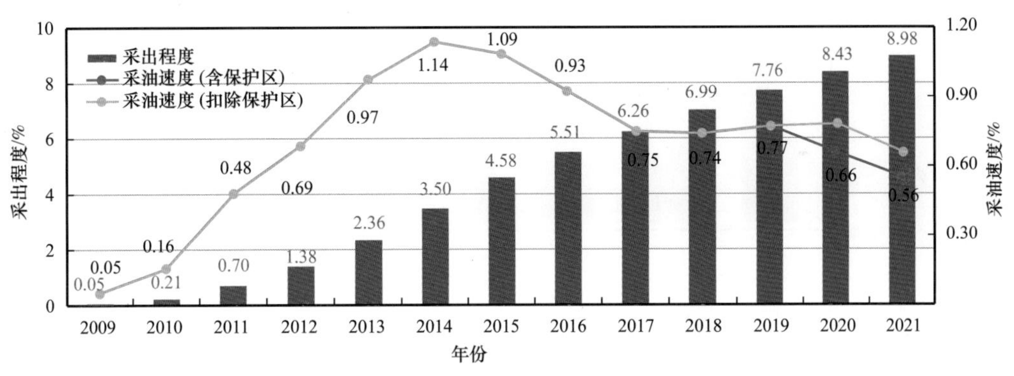

图4–5–2 哈拉哈塘油田阶段采出程度与采油速度柱状图

通过深化地质研究，效益井比例由30.8%上升至66.7%（图4–5–3），单井日产油水平由24t提高至40t（图4–5–4）。

开展规模注水，近3年较方案多注水 $238.8\times10^4m^3$，多产油 46.6×10^4t，水驱储量控制程度72.14%（图4–5–5、图4–5–6）。

强化注水后油田产液能力提升，含水率随之上升，稳定在60%左右，如图4–5–7所示。

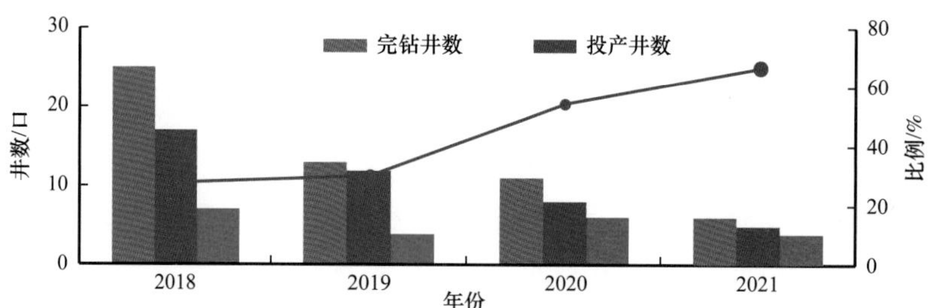

图 4-5-3　哈拉哈塘油田 2018—2021 年新井效果柱状图

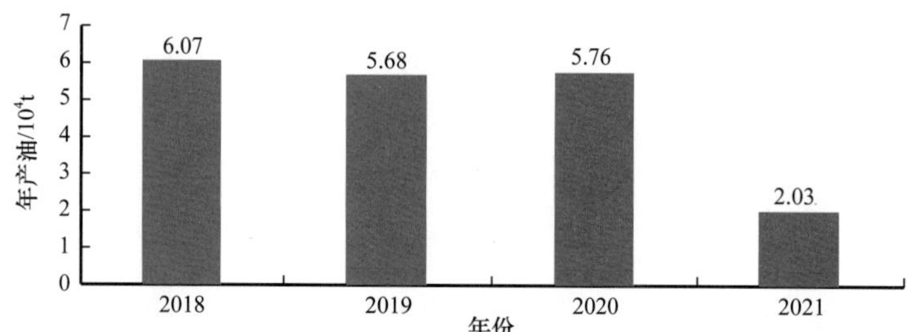

图 4-5-4　哈拉哈塘油田 2018—2021 年新井日产油水平柱状图

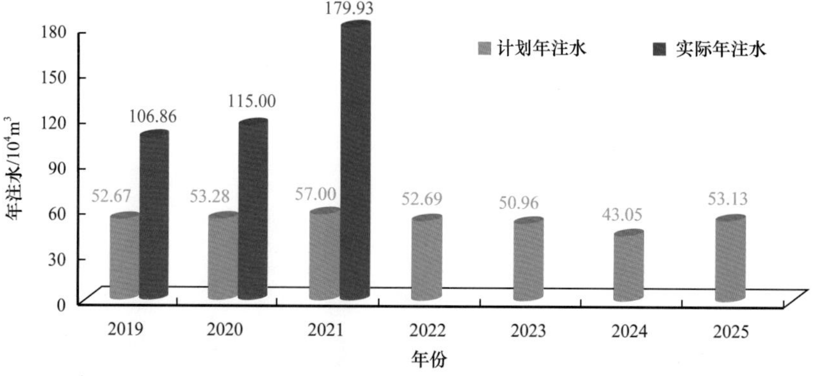

图 4-5-5　哈拉哈塘油田 2019—2025 年注水量对比柱状图

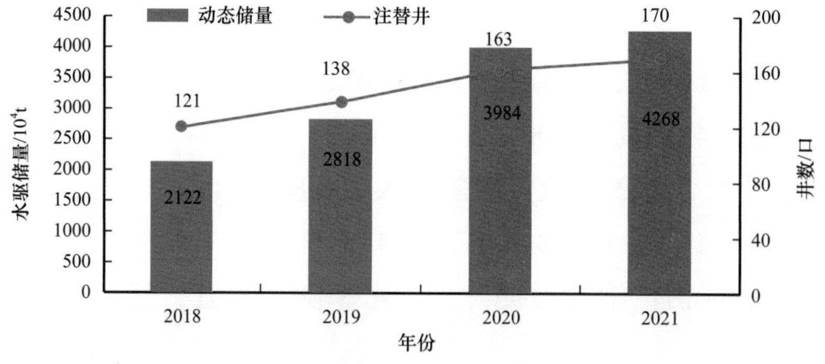

图 4-5-6　哈拉哈塘油田水驱储量控制柱状图

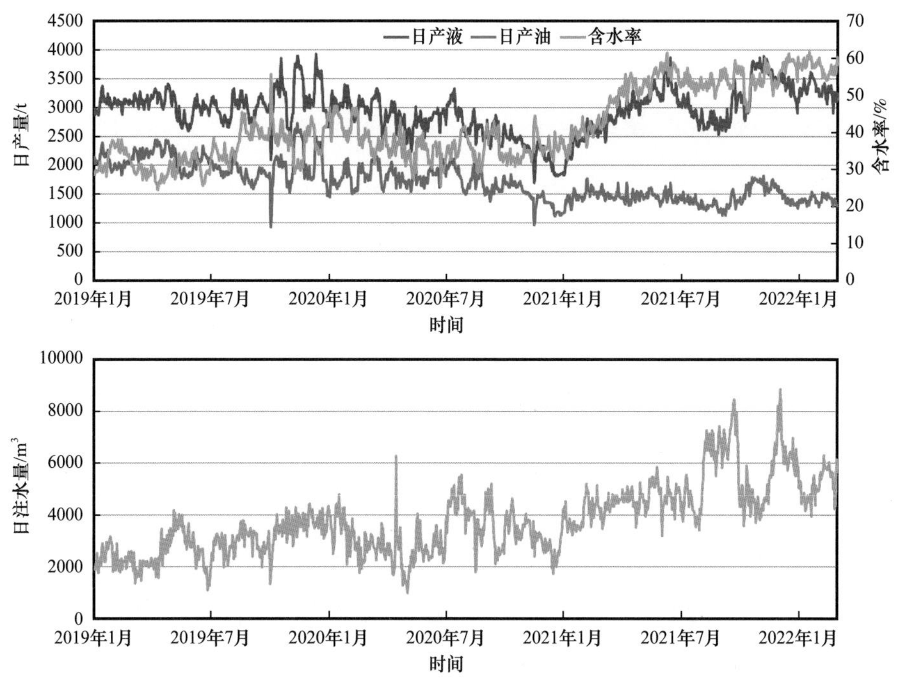

图 4-5-7　哈拉哈塘油田 2019—2022 年含水率对比图

对比 2018 年,2021 年各缝洞单元体压力保持程度均高于 90%(图 4-5-8),基本解决了能量补充的难题。

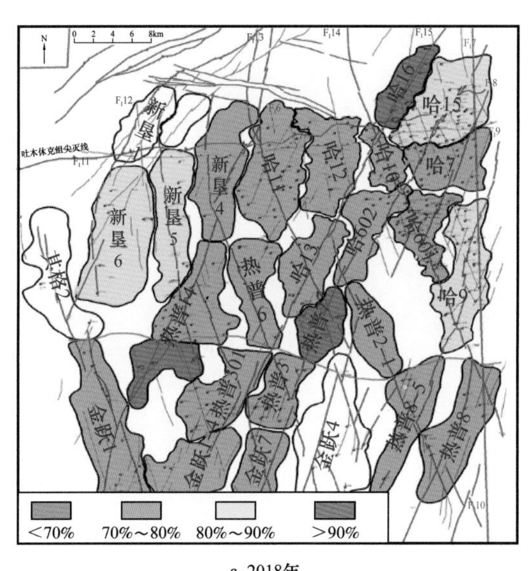

a. 2018年

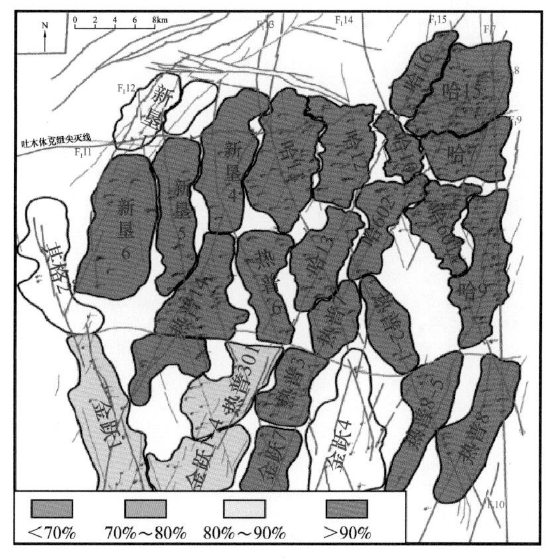

b. 2021年

图 4-5-8　哈拉哈塘油田压力保持程度

二、哈拉哈塘油田典型开发经验认识

1. 基于经济极限产量约束下的天然缝洞单元体体积开发

以缝洞单元体为基本开发单元，是井网设计模式的基本原则，不同油价下经济极限产量不同，对应的经济极限地质储量也不同，井网设计模式需根据油价变化动态评价合理的经济极限地质储量，确定不同时期效益动用缝洞单元体的地质储量规模下限。另外，当缝洞单元体地质储量规模大于经济极限地质储量一定程度后，具备加密潜力，如何加密依据缝洞单元体的分布和结构特征、连通状况等进行井网部署。

2. 基于天然缝洞单元体内部构型描述下的水平井体积开发

根据断裂破碎带野外露头及横穿断裂破碎带已钻水平井的钻井、录井、测井资料显示，油藏缝洞单元体内部具有明显的“三段”式结构：一般宽120～260m，中间为角砾岩支撑的核部，物性最好，易放空，两旁分别是发育裂缝—孔洞型储层和裂缝型储层的基岩，物性逐渐变差。针对缝洞单元体内部储层空间展布的特征，相比直井，利用“水平井 + 大斜度井”可最大限度提高缝洞钻遇率，提高新井投产成功率（图 4-5-9）。

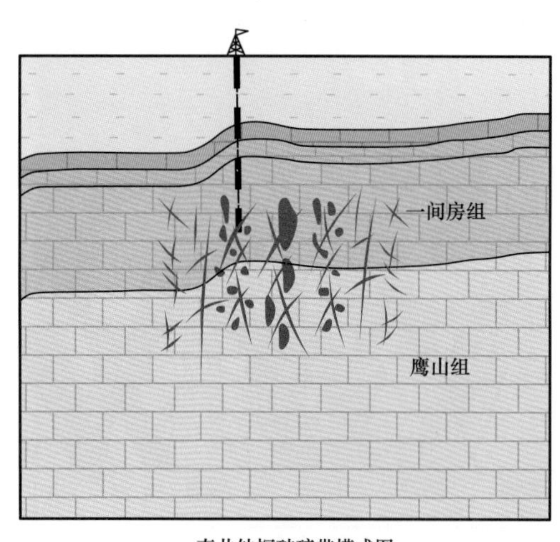

a. 直井钻探破碎带模式图

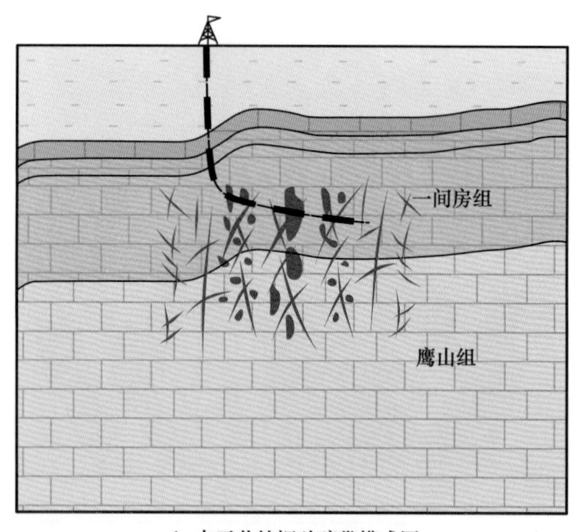

b. 水平井钻探破碎带模式图

图 4-5-9　直井开发与水平井开发对比模式图

3. 基于天然缝洞单元体空间展布特征描述下的低注高采体积开发

针对缝洞单元体内部储层纵向发育能力强于横向发育能力的特征，新井部署需统筹兼顾当前快速建产与后期整体能够实施有效开发对策。以富源 210 油藏单元为例，该单元由 FY210–H1 井、FY210–H3 井、富源 210H 井、FY210–H4 井与 FY210–H6 井组成，连通范围大，长 4.8km，动态储量 251.8×10^4t。按照全生命周期开发的思路，单元内单井设计钻揭储层位置有高有低，其中 FY210–H3 井钻揭最深，达 245.8m（表 4–5–1），构建了低注高采的井网，为后期井组注水整体开发奠定了基础。

表 4–5–1 富源 210 油藏天然缝洞单元体各井钻揭储层垂厚统计

井号	FY210–H1	FY210–H3	富源 210H	FY210–H4	FY210–H6
钻揭储层垂厚 /m	81.5	245.8	73.4	84.9	107

小 结

通过多年的研究和开发实践，塔里木富满油田采用以天然缝洞单元体为对象，以天然缝洞单元体空间配置、储量大小为基础，按缝洞进行体积开发、逐“体”动用的思想，利用多种开发井型、多种工艺技术手段、多类型的注入介质，进行天然缝洞单元体全方位、全过程的体积开发与挖潜，提高了缝洞型油藏开发水平，实现了缝洞型油藏科学高效开发。2020 年，塔里木缝洞型碳酸盐岩原油产量为 282×10^4t，“十四五”末有望突破 500×10^4t/a 产量规模。

第五章　海相页岩气体积开发实践

四川盆地及其周缘海相页岩气是中国天然气重要的战略领域，本章从开发历程、主体技术路线、方案设计、实施效果等方面，系统总结了五峰组—龙马溪组海相页岩气体积开发工业实践及经验认识。

第一节　基本概况

四川盆地是一个经历多期构造运动的大型叠合盆地，上部陆相盆地西起广元—天全，东达巫山—武隆，北起南江—旺苍，南至叙永，涉及四川省东部和重庆市，盆地下部海相组合是上扬子准地台的一个次一级构造单元，范围远远超出传统的四川盆地。四川盆地经历了晋宁、加里东、海西、印支、燕山和喜马拉雅等多期构造运动，早期大范围隆凹，晚期强烈挤压和褶皱冲断变形，印支期形成雏形，喜马拉雅期最终定型。现今盆内形成六大构造单元，四周褶皱山系环绕，为具有菱形边界的构造盆地。四川盆地及周缘广泛发育六套页岩地层，分别为下侏罗统自流井组、上三叠统须家河组、上二叠统龙潭组、上奥陶统五峰组—下志留统龙马溪组、下寒武统筇竹寺组、下震旦统陡山沱组，其中五峰组—龙马溪组海相页岩品质优、分布稳定，是最有利的勘探开发层系，四川盆地及外围共有页岩气矿权 22 个，面积 $7.3\times10^4km^2$，主要属于中国石油和中国石化两家公司。

中国石油在川南地区埋深 4500m 以浅可工作面积 $1.8\times10^4km^2$，资源量 $9.6\times10^{12}m^3$；埋深 3500～4500m 可工作面积 $1.5\times10^4km^2$，资源量 $8.3\times10^{12}m^3$，占比达 86%。分别于 2015 年、2017 年、2019 年和 2021 年四轮提交长宁、威远、昭通、泸州探明储量，累计探明含气面积 $2126\times10^4km^2$，探明地质储量 $16965.5\times10^{12}m^3$（西南油气田 $13862\times10^{12}m^3$、浙江油田 $3104\times10^{12}m^3$），占全国页岩气探明储量的 62%。泸 203—阳 101 井区为深水和深层的有利叠合区，均为一类区，Ⅰ类储层连续厚度大、品质优，是第二个“万亿立方米储量百亿立方米产量”目标区块，编制了探明泸州区块新的万亿立方米储量方案，正在实施。2021 年计划川南页岩气新增预测储量 $9500\times10^8m^3$，新增探明储量

$500\times10^8m^3$。

从埋深来看，川南不同埋深页岩气藏面临着不同的开发阶段。长宁和威远页岩气田已建成 $98.8\times10^8m^3/a$ 产量规模，目前处于稳产阶段。截至 2021 年底，长宁页岩气田已开钻 560 口，投产 439 口，累计产气 $196\times10^8m^3$，2021 年产气 $56.9\times10^8m^3$。截至 2021 年底，威远页岩气田已开钻 479 口，投产 396 口，累计产气 $149.3\times10^8m^3$，2021 年产气 $42.2\times10^8m^3$。泸州深层页岩气开发已取得战略性突破，是未来产能建设和上产的主体。截至 2021 年底，泸州页岩气田已开钻 263 口，投产 84 口，累计产气 $17.2\times10^8m^3$，2021 年产气 $9.6\times10^8m^3$。已钻获一批高产井，未来开发潜力巨大。昭通区块产量不断创新高，浅层页岩气产量逐年提升。2021 年昭通区块产量 $16.9\times10^8m^3$，太阳—大寨区块浅层页岩气产量 $10.33\times10^8m^3$，占比 62%，贡献最高。2025 年昭通区块规划产量 $20\times10^8m^3$，其中太阳—大寨区块 $7\times10^8m^3$，海坝区块 $6\times10^8m^3$。川南海相页岩气资源规模基础好，未来开发潜力大，处于发展的黄金时期。

第二节　开 发 历 程

中国页岩气产量从无到有，仅用 6 年时间就实现了年产 $100\times10^8m^3$，其后又用 2 年时间在埋深 3500m 以浅实现了年产 $200\times10^8m^3$ 的历史性跨越，在埋深 3500m 以深实现突破。开发历程可以划分为三个阶段（图 5-2-1）。

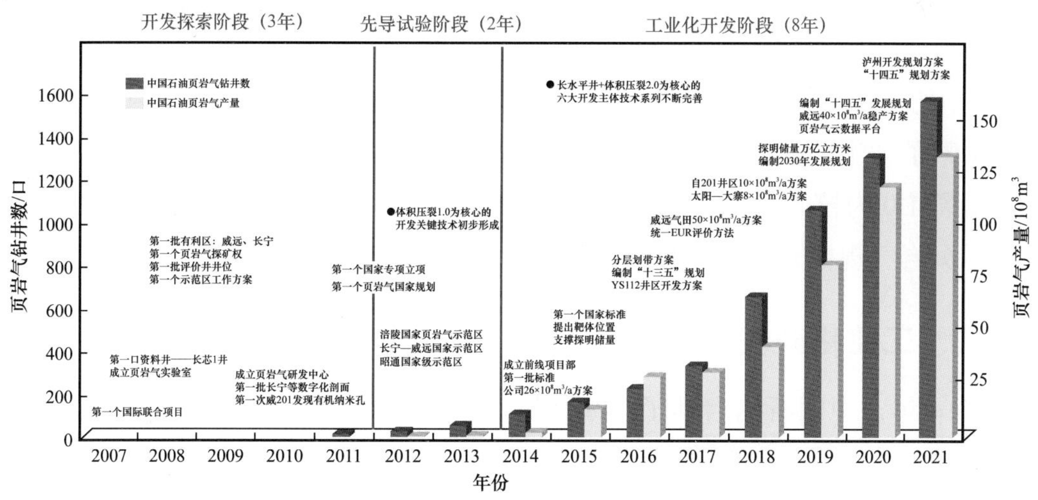

图 5-2-1　中国页岩气开发历程

一、开发探索阶段

2009 年 12 月，中国石油批复了《中国石油页岩气产业化示范区工作方案》，确立了长宁、威远和昭通三个页岩气有利区，启动了产业化示范区建设，初步提出年产 $15\times10^8m^3$ 的页岩气发展目标。2010 年，中国第一口页岩气井——威 201 井，在龙马溪组压裂测试产气（0.3～1.7）$\times10^4m^3/d$，解决了无页岩气的问题；2011 年，中国石油在长宁区块实施了宁 201-H1 水平井 10 段压裂，获得页岩气测试产量 $15\times10^4m^3/d$。2012 年，中国石化经过多年不断探索，在重庆涪陵焦石坝区块钻探了焦页 1HF 井，五峰组—龙马溪组获页岩气测试产量 $20.3\times10^4m^3/d$。

二、先导试验阶段

2012 年，国家发展和改革委员会先后批准设立了涪陵、长宁—威远、昭通三个国家级页岩气示范区。西南油气田与四川能投集团、宜宾市国有资产经营有限公司、北京国联能源产业投资基金组建四川长宁天然气开发有限责任公司，2013 年开始挂牌运营，开展页岩气开发先导试验，2013 年 3 月审查通过《宁 201 井区龙马溪组页岩气开发概念设计》。通过与国外知名公司合作深化页岩气勘探开发理论与技术研究，2013 年 2 月与康菲公司签订《内江—大足区块联合研究协议》，计划在 2015 年完成联合评价。2013 年 3 月与意大利埃尼公司签订《荣昌北区块联合研究协议》。通过研究和先导试验，初步形成了页岩气地质评价与排采动态分析方法，优选出了有利区带，锁定了规模建产目标区，初步掌握了页岩气勘探开发主体技术，基本实现部分技术与工具的国产化，探索了“工厂化”作业，施工周期大幅下降，成本得以有效控制，形成以体积压裂 1.0 为核心的开发关键技术，2013 年实现页岩气产量 $2\times10^8m^3$，基本具备了页岩气规模开发的条件。

三、工业化开发阶段

2014 年，中国石油启动了川南地区 $26\times10^8m^3/a$ 页岩气产能建设，2015 年实现页岩气产量 $13\times10^8m^3$。“十三五”期间，中国石油加快页岩气开发步伐，以长宁、威远和昭通埋深 3500m 以浅页岩气资源为主实施体积开发，形成以长水平井 + 体积压裂 2.0 为核心的六大开发主体技术系列。截至 2021 年底，累计探明页岩气地质储量 $1.7 \times 10^{12} m^3$，年产量为 $128 \times 10^8 m^3$。

2014 年，中国石化启动涪陵气田产能建设工作，通过两轮建设 2016 年实现页岩气产量 $50 \times 10^8 m^3$。2017 年，在涪陵区块实施页岩气立体开发，实现页岩气持续稳产上产，并启动威荣气田产能建设。截至 2021 年底，累计探明页岩气地质储量 $1 \times 10^{12} m^3$，年产量 $100 \times 10^8 m^3$。

第三节 开发技术路线

页岩气产量快速增加得益于页岩气“甜点”评价认识的突破，更得益于页岩气钻完井、储层增产改造及系列体积开发配套技术的突破与优化。针对长宁、威远和昭通示范区储层特点，中国石油形成了“甜点”地质综合评价、水平井优快钻井、水平井体积压裂、“工厂化”作业、页岩气开发优化等一系列体积开发关键配套技术。通过典型气藏开发实践，综合确定了优质储层钻遇率、有效水平段长、体积压裂工艺技术适应性和产能维护是气井产能的主控因素。经过持续实践和总结完善，发展形成了体积开发技术路线（图 5-3-1），逐步提高了单井产量和开发效果。

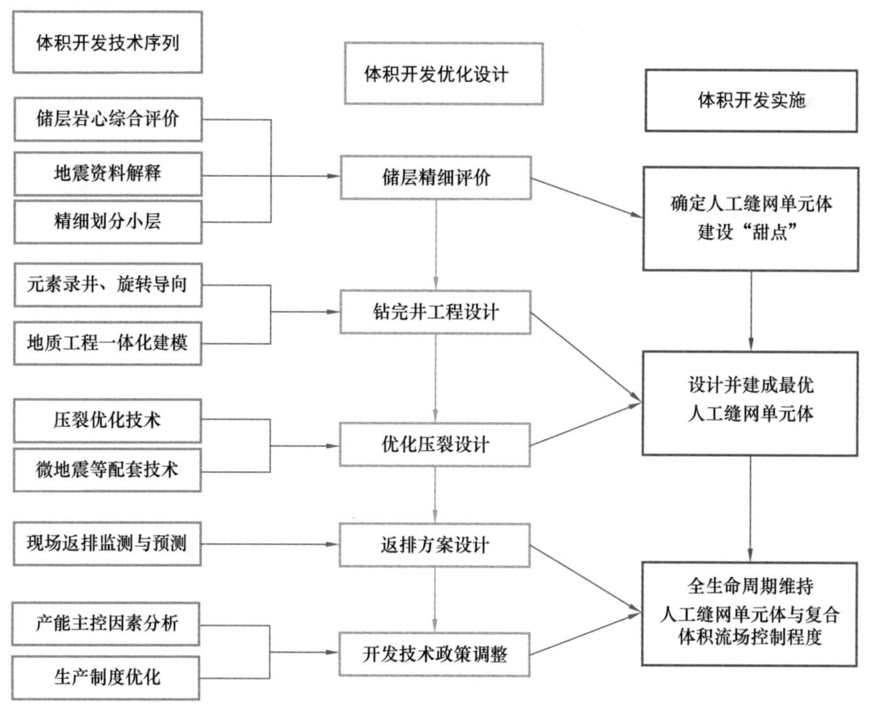

图 5-3-1 体积改造技术路线框图

一、系统岩心分析，加强储层精细描述

采用微米／纳米CT、背散射成像、Qemscan矿物成分分析、聚焦离子束扫描电镜分析、扫描电镜二维成像、三维数字岩心模型、孔隙网络模型分析等页岩气数字岩心技术，结合系列室内岩心开发评价模拟技术，系统研究储层岩心特征，不断提升储层认识水平。

二、三维地震资料精细解释，提升构造解释精度

采用自动追踪、分频反演技术进行精细地震解释，开展箱体精细化研究，完成三维地震精细处理解释和成图，精确落实目的层构造特征，不断提高储层关键参数预测、裂缝与构造解释的精度，深化储层认识，优选水平井纵向箱体位置，进一步落实平面“甜点”分布，优化井位部署。

三、地质工程一体化建模，优化部署和设计

通过地质工程一体化建模，建立构造形态、断裂分布、页岩品质、岩石力学、地应力状态等三维模型，努力实现页岩气藏“透明化”，为井位部署和井眼轨迹设计奠定了基础。应用三维地质模型，优化井位部署和轨迹设计，实现水平段沿“甜点”钻进，有效避开断裂复杂带；优化地质导向方案，为确保井眼轨迹平滑、提高Ⅰ类储层钻遇率奠定基础。

四、精细划分小层，优选水平井靶体，明确最佳靶体位置

通过岩性、古生物、沉积构造和电性特征研究，对开发层段进行精细小层划分，确定各井区的最佳靶体位置。例如，通过深入开展储层评价，认识到威远页岩气田纵向上龙一$_1$亚段储层条件最好，且由上而下Ⅰ类储层越来越发育，将水平井巷道位置由2014年开发方案中的距优质页岩底界10～20m调整为龙一$_1^1$小层。

五、增加元素录井并采用旋转导向，精细管控，确保轨迹严格控制

增加元素录井，建立导向模板，结合随钻自然伽马有效解决定位不准的问题，实现精确定位；采用旋转导向，实现轨迹精细控制；通过建立严密的水平

段钻进导向跟踪制度和复杂预警及处理工作机制提升管理水平，及时正确地处置各类钻井复杂，及时纠正靶体，提高了靶体钻遇率和Ⅰ类储层钻遇率。

六、综合考虑地质和工程因素，优化压裂设计

体积压裂设计是体积改造构建人工缝网单元体最核心的技术，要综合考虑页岩气田的物质基础、脆性指数、天然裂缝发育情况、地应力特征等多种因素，确定最佳的设计方案，微地震监测和邻井压力监测可以掌握压裂动态，了解裂缝展布情况，随时调整压裂方案，确保体积改造缝网的形成。

七、实时调整返排方案，保持体积压裂效果

压裂液返排作为完井与生产之间衔接的关键一环，返排速率控制不当，容易造成支撑剂回流、裂缝导流能力降低，严重影响体积改造效果。通过实时分析压力、气水比、返排液矿化度等排采动态参数，制定合理的返排程序。压裂后坚持连续、平稳、控压的返排原则，可以最大化地利用压入能量保持缝网流动系统的稳定，有利于页岩气井获得更高、更长时间的稳定产量，也有利于提高 EUR。

八、结合气井生产动态，调整气井生产制度

矿场实践表明，放压生产会对缝网系统造成伤害，降低单井累计产量，控压生产有利于气井生产潜力的发挥，可有效提高单井最终累计产量。通过分析气井的产气、返排、递减规律等生产动态特征，制定出适合气井的生产制度。

第四节　开发方案设计

开发方案设计是气田实现科学高效开发的重要依据和保障，本节以威远气田开发方案编制为例介绍页岩气开发方案设计。

威远页岩气田位于四川省威远县、荣县、资中县、内江市、自贡市境内，构造隶属川西南古中斜坡低褶带，面积 $6500km^2$。开发区位于威远背斜东南斜坡，目的层为五峰组—龙马溪组龙一$_1$亚段，主体埋深 2500～3500m。通过先导试验井综合评价，优选出威 202 井区和威 204 井区两个核心建产区，编制了年产 $40\times10^8m^3$ 的开发方案。

一、方案设计思路与原则

以储量落实、技术成熟、经济有效的3500m以浅储层作为主要建产对象，按照“整体部署、分年实施、接替稳产、实时调整”的开发方式，通过优化布井方式和部署参数，最大限度提高资源动用率和单井产量。

二、建产区优选

建产区优选原则：（1）Ⅰ+Ⅱ类储层厚度大于20m；（2）压力系数大于1.2；（3）埋深3500m以浅；（4）避开城市规划区、风景保护区、煤矿区和断裂发育区；（5）三维地震资料覆盖。

威远页岩气田建产区优选流程如图5-4-1所示。威远气田含气面积5500km^2，根据优选原则，优选建产区面积443km^2。其中，威202井区面积211km^2，威204井区232km^2。

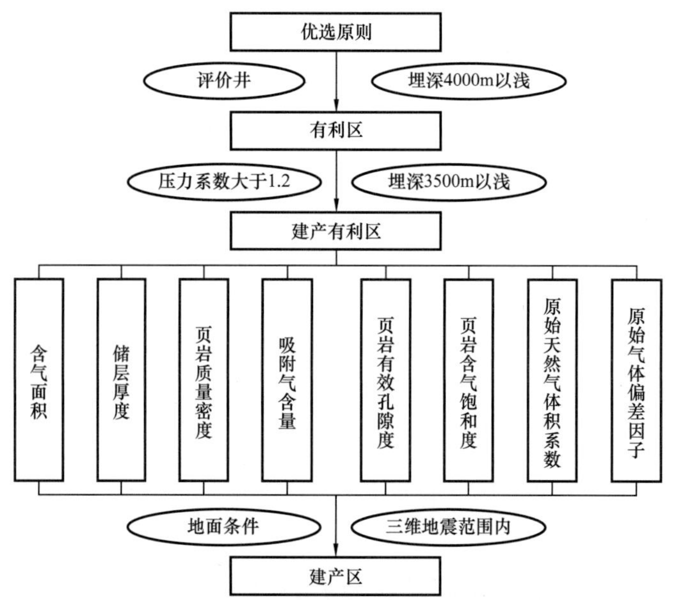

图5-4-1　威远页岩气田五峰组—龙一$_1$亚段建产区优选流程

三、开发技术政策优化

1. 平台布井方式

布井是体积开发系统设计的开端。威202井区和威204井区较为成熟的布井方式，是以常规双排型水平井为主、单排水平井为辅的方式。单平台 6 口或 8 口井，南北方向分布。

2. 水平井轨迹方位

水平井轨迹影响人工缝网单元体裂缝复杂程度和储量控制程度。水平井轨迹方位应从确保井壁稳定和有利于体积压裂两方面考虑，一般选择沿最小水平主应力方向，确保裂缝垂直于井筒，有利于提高压裂改造效果。威远页岩气田最大水平主应力方向为 NE30°～SE130°，按照垂直于最大主应力方向布井。威 202 井区页岩气水平井轨迹方位推荐为 175°～355°。

威 204 井区水平井轨迹方位为南北向。

3. 水平井靶体位置

根据地质评价结果，威远页岩气田龙一$_{1}^{1}$小层 TOC、总含气量、孔隙度等物性较好，脆性矿物含量高，均为Ⅰ类储层。如图 5-4-2 所示，水平井靶体位置位于龙一$_{1}^{1}$小层的井测试产量最好，均大于 $20\times10^4m^3/d$，而水平井靶体位置位于其他层位的井测试产量均小于 $20\times10^4m^3/d$，且龙一$_{1}^{1}$小层钻遇长度和气井的测试产量呈现良好的正相关关系，龙一$_{1}^{1}$小层钻遇长度越长，测试产量越高。因此，最优水平靶体位置为龙一$_{1}^{1}$小层。

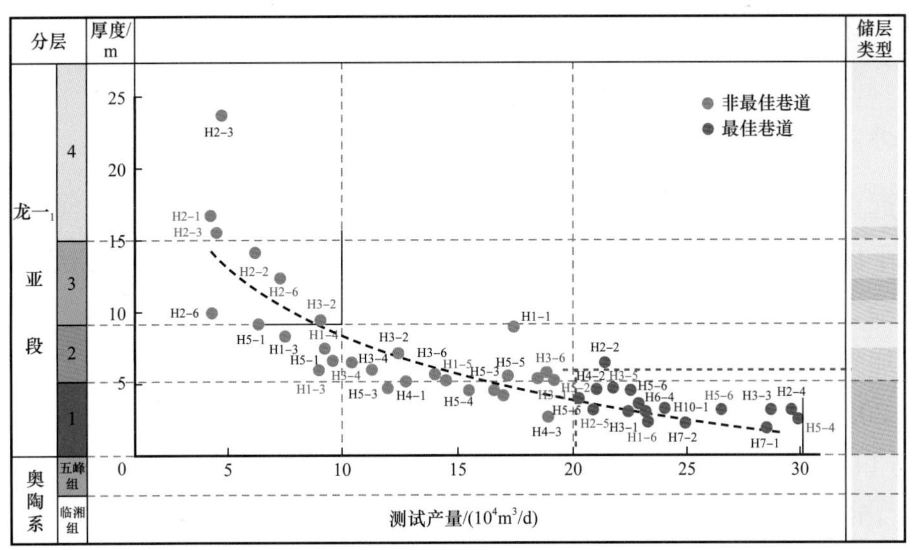

图 5-4-2　威远区块不同水平井靶体位置气井测试产量统计图

4. 水平井间距

合理的水平段间距可以使平面上的资源得到有效动用，井距过大导致资源浪费，井距过小导致经济效益降低。水平井间距必须考虑目前的工艺技术水平和地质条件等因素，综合论证后确定。采用国外调研、实施效果对比分析和数值模拟计算，确定威远页岩气田水平井间距为300～400m，综合考虑地下地质情况、地表特征以及断裂发育情况，局部可适当调整。

（1）北美页岩气调研。北美页岩气水平井间距2010年前为300～500m，2010—2014年缩小为200～300m，目前100～250m，呈现逐年缩小的趋势，但各个区块差异较大。Utica页岩气田在335m的水平井间距下，压裂改造后出现了大量的微地震事件重叠，而Eagle Ford页岩气田采用366m水平井间距，并未出现微地震大量重叠的井间区域。

（2）实施效果。在开发方案编制前，威远页岩气田已完钻井的水平井间距为400～500m，微地震监测表明，在此井距下，两井之间有部分区域未监测到微地震事件发生。应用解析法对生产时间较长的29口页岩气井进行EUR分析，结果表明，裂缝半长中值143m，EUR为$1.0 \times 10^8 m^3$。

（3）数值模拟。数值模拟表明，当水平段长度为1500m、井距为300m时，单井控制可采储量能够满足效益开发的要求；井距为400m时，威202井区平均EUR为$0.7 \times 10^8 m^3$，威204井区平均EUR为$0.6 \times 10^8 m^3$，EUR增加幅度不大。

5. 水平段长度

威远页岩气田水平井水平段长度设计，主要参考国外调研和已实施页岩气井的水平段长度。美国页岩气开发一直在进行水平段长度试验，为获得更好的经济效益，Chesapeake公司在Marcellus气田水平段长度从开发初期的1500m逐步增加到2000m以上（表5-4-1）。

威202建产区初期36口水平井平均水平段长度为1501m，威204建产区初期45口水平井平均水平段长度为1467m。通过开发优化，水平段长度整体调整为1500～1800m，威202井区首年平均日产气增加到$11 \times 10^4 m^3$，EUR达到$1.09 \times 10^8 m^3$；威204井区首年平均日产气增加到$10.3 \times 10^4 m^3$，EUR达到$1.01 \times 10^8 m^3$。因此，威远$40 \times 10^8 m^3/a$开发方案水平段长度选择1500～1800m。

表 5-4-1 Chesapeake 公司页岩气井水平段长度统计

盆地	项目	2011 年	2012 年	2013 年	2014 年	2015 年第一季度
Marcellus	水平段长度 /m	1858	1555	1646	1829	2103
	压裂段数	11	9	13	27	28
	每段长度 /m	144.1	172.8	112.6	67.7	75.1
Utica	水平段长度 /m		1494	1570	1890	2408
	压裂段数		10	17	29	43
	每段长度 /m		149.4	92.4	65.2	56.0

资料来源：Chesapeake 公司报告，2015 年 9 月。

四、水平井压裂参数设计

压裂优化设计是实现最优人工缝网单元体的基础，方案采用电缆分簇射孔+桥塞分段完井压裂工艺，实现水平井体积压裂的多段改造。设计段长 60～75m，簇间距 20～25m，主裂缝长度 130～150m。采用排量 12～14m^3/min，单段液量 1600～1800m^3，支撑剂量不低于 90t；压裂液主体采用低黏滑溜水，脆性矿物含量较低的井采用复合压裂液；支撑剂采用 70～140 目石英砂+40～70 目陶粒，以确保人工缝网单元体设计目标的实现。

第五节 实施效果分析

随着体积开发理论不断完善，体积开发理论与技术对现场的指导作用不断增强，其中气井的平均水平段长度逐年增长，从 1477m 增加到 1734m；水平井靶体位置从龙一$_1^2$小层调整为龙一$_1^1$小层；平均压裂段数逐年增加，从 17 段增加至 25 段；平均压裂段长逐年缩小，从 90m 缩小至 60m；加砂强度逐年增加，从 1t/m 增加至 1.76t/m；2019 年和 2020 年压裂参数进一步优化，明确了段内多簇 + 高强度加砂 + 高排量的压裂方式效果更优，近两年平均压裂段长逐年增加至 73m，压裂段数减少至 23 段，簇间距减少至 12m，加砂强度增加至 2.3t/m，施工排量增加至 14～16m^3/min；生产制度不断优化，从放压生产制度优化为保持 3 年相对稳产的控压生产制度（图 5-5-1 至图 5-5-4）。在体积开发理论系统指导与体积开发配套技术的助推下，威远首年平均日产量从

$3.44\times10^4m^3$ 提高到 $12.1\times10^4m^3$，首年递减率从 67% 降到 59%，单井 EUR 从 $0.47\times10^8m^3$ 提高至 $1.07\times10^8m^3$。2020 年底，产量规模达到 $40\times10^8m^3/a$，累计产气 $110\times10^8m^3$，实现了威远气田规模效益开发。

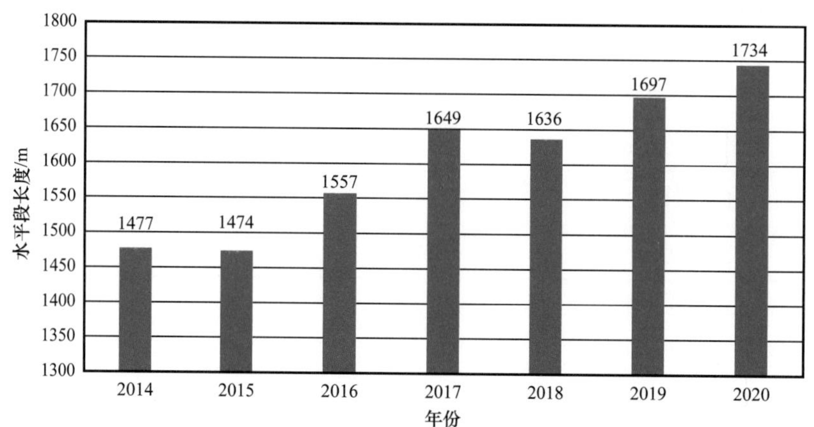

图 5-5-1　威远页岩气田分年度水平段长度

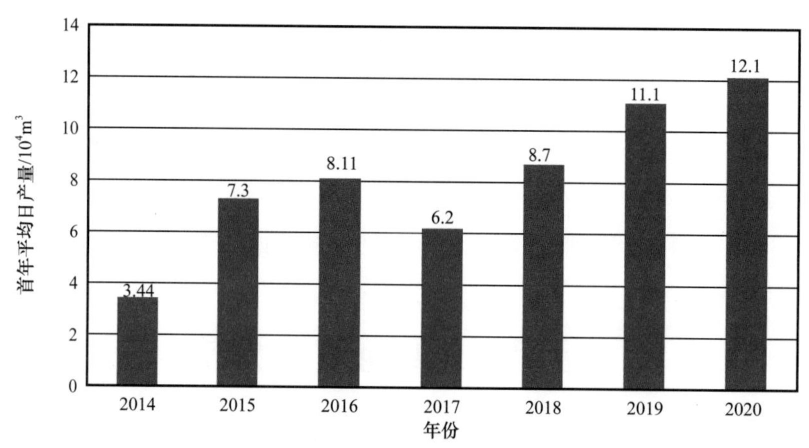

图 5-5-2　威远页岩气田分年度首年平均日产量

以威远气田威 202H5 平台和威 204H34 平台为例进行深入分析。威 202H5 平台 2015 年投产，平台一共 6 口井，水平井间距 400m，6 口井平均压裂水平段长度 1386m，平均压裂段数 18 段，平均单段压裂簇数 3 簇，井均压裂液用量 $33483m^3$，井均压裂砂量 1849t，平台 6 口井在实施过程中无套管变形和压窜现象，井均测试产量 $19.52\times10^4m^3/d$。

威 204H34 平台的地质条件与威 202H5 平台相当，2020 年投产，平台一共 8 口井，水平井间距 300m，8 口井平均压裂水平段长度 2145m，平均压裂段数 24 段，平均单段压裂簇数 8 簇，井均压裂液用量 $58508.9m^3$，井均压裂

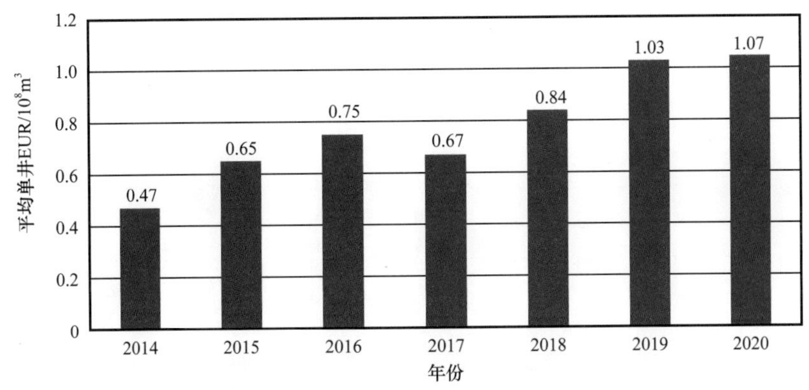

图 5-5-3 威远页岩气田分年度平均 EUR

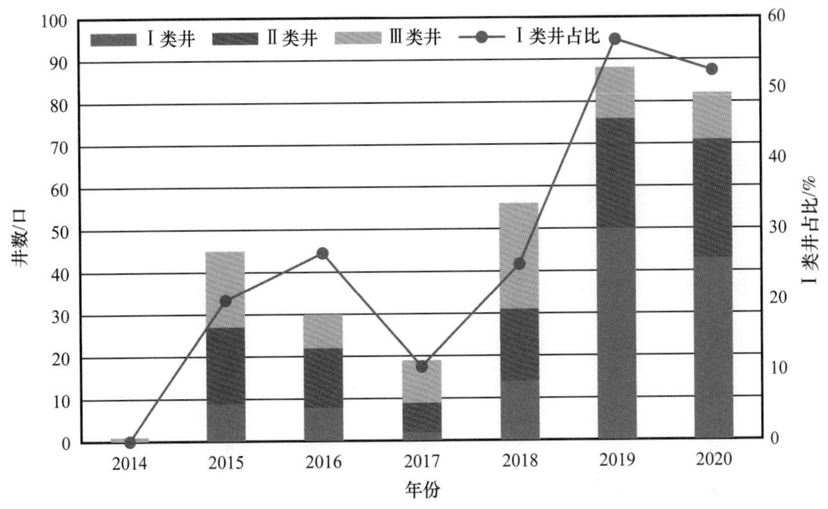

图 5-5-4 威远页岩气田分年度不同类型井占比

砂量 5779t，平台 8 口井在实施过程中无套管变形和压窜现象，井均测试产量 $59.37\times10^4m^3/d$。

威 204H34 平台比威 202H5 平台投产晚 5 年，体积开发理论与技术更加成熟，人工缝网单元体的关键参数设计与实施效果明显优于威 202H5 平台（图 5-5-5、表 5-5-1），其中压裂段长平均增加了 54%，簇间距平均缩小了 56%，用液强度平均增加了 13%，加砂强度平均增加了 101%，有效增加了人工缝网单元体的控制程度。在地质条件相似的情况下，威 204H34 平台实施效果远远高于威 202H5 平台，其中测试产量平均增加了 200%，EUR 平均增加了 105%，体积开发理论指导效果体现。随着体积开发理论与技术的不断进步和完善，我国页岩气的开发效果必将不断提升。

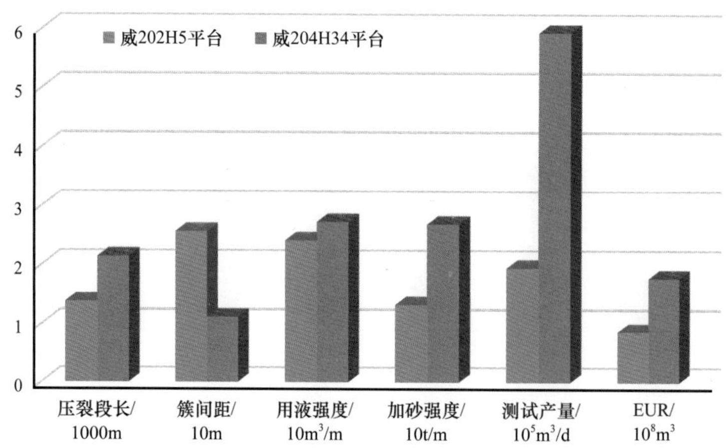

图 5-5-5　威 202H5 平台和威 204H34 平台工程参数与开发效果对比

表 5-5-1　威 202H5 平台和威 204H34 平台工程参数与开发效果对比

平台	井号	投产时间	压裂段长 / m	簇间距 / m	用液强度 / m^3/m	加砂强度 / t/m	测试产量 / $10^4m^3/d$	EUR/ 10^8m^3
威 202H5	威 202H5-1	2015-12-1	1300	24.07	25.51	1.35	9.52	0.57
	威 202H5-2	2015-11-29	1353	22.55	27.73	1.60	20.75	0.83
	威 202H5-3	2015-11-30	1193	22.09	27.35	1.60	15.98	0.73
	威 202H5-4	2015-12-31	1392	30.93	19.96	1.18	28.93	1.05
	威 202H5-5	2015-12-30	1554	28.78	21.49	1.20	16.34	1.03
	威 202H5-6	2015-12-22	1523	26.72	23.73	1.16	25.59	1
平均值			1385.83	25.66	24.13	1.33	19.52	0.87
威 204H34	威 204H34-1	2020-4-21	1795	11.22	27.59	2.50	41.15	1.54
	威 204H34-2	2020-4-21	1986	11.28	27.70	2.51	56.55	2.05
	威 204H34-3	2020-5-8	2192	10.96	25.60	2.26	38.63	1.39
	威 204H34-4	2020-5-6	2577	10.74	27.57	2.37	78.08	2.52
	威 204H34-5	2020-6-15	2284	10.98	27.41	2.79	77.3	1.67
	威 204H34-6	2020-6-15	2364	11.37	26.96	2.73	67.39	1.64
	威 204H34-7	2020-7-14	2040	11.09	30.53	3.50	80.36	1.97
	威 204H34-8	2020-7-30	1921	10.91	24.86	2.98	35.51	1.49
平均值			2144.88	11.17	27.28	2.69	59.37	1.78

小　结

油气体积开发理论在页岩气领域的成功应用和现场开发实践表明，体积开发理论适用于页岩气这类致密但具有易改造特点的开发对象，便于应用一体化的设计方法和配套技术体系实施，实现体积开发。体积开发理论与技术体系是在页岩气资源的开发利用过程中实现不断自我完善，同时威远页岩气田的规模效益开发，也是在油气体积开发理论的指导下实现，油气体积开发理论与页岩气资源的有效动用开发相互促进、密不可分。威远页岩气田的成功开发只是油气体积开发理论的一个应用实例，长宁、昭通示范区的规模效益开发，也是该理论实践的成功典范。2020 年，中国石油页岩气产量突破 $120\times10^8 m^3$，在体积开发理论的持续指导下，未来随着深层页岩气、海陆过渡相页岩气和陆相页岩气的开发突破，必将成为我国天然气重要的接替领域。

第六章　油气体积开发管理模式

体积开发管理模式是从塔河缝洞型油藏萌生并发展，在川南页岩气开发实践中得到进一步的实践和升华，凝练出基于“三元联动”的体积开发系统工程管理模式，为油气田开发管理理论提供了新的思想，进一步为油气田开发增产、增效贡献力量。

第一节　体积开发管理思想方法

体积开发管理强调一体化原则，即一体化的系统工程管理方法。笔者从塔河古生界原生海相缝洞型油藏、顺北超十亿吨级的断溶体油藏、四川海相页岩气的开发生产实践中，不断孕育发展完善，逐步提出基于“三元联动”的体积开发系统工程管理模式。“三元联动”即以创新为主线，使理论认识、核心技术和工程管理协同联动、协同创新，形成螺旋式上升的系统，支撑最终实现工程要素联动最优、效益最佳。

由图 6-1-1 可见，理论认识、核心技术和工程管理三者始终是交融捆绑式的联动关系。首先，理论认识创新是整个系统管理思想方法的根基，没有科学、正确的理论认识，就不可能有相应的技术创新和工程管理创新，后两者必须根植并服从于理论认识创新。

以塔河油田为例，通过钻井动态、地球化学、构造演化与现代岩溶综合研究，发现 5km 以下、距今 460Ma 的奥陶系碳酸盐岩储集空间主要是溶洞、裂缝，提出塔河油田为缝洞型储层新认识，据此编制了首幅地下 5000 多米深天然缝洞单元体分布图（图 6-1-2），揭示了塔河油田地下的地质“迷宫”、岩溶缝洞储集体发育规律，同时也揭示了相邻生产井产量高低差异大的根本原因，颠覆了先前推断油井产量高低分布规律难以把握的认识，从而找到了低效低产井比例高、布井难的根本原因。同时，根据 220 多口开发井生产动态特征研究，发现不同井产量、含水率、递减率、压力差异大的原因是天然缝洞单元体及能量大小不同所造成，建立天然缝洞单元体概念：由一个独立的缝洞或多个缝洞叠合所组成，每个天然缝洞单元体内具有统一的压力、温度系统和统一的油水界面，流体流动遵循管流，即每个单元就是一个相对独立的油气藏，颠覆了先前“构造残丘控制似层状油藏认识”，并建立天然缝洞单元体油藏体积开发理论，为核心技术研发和油田开发工程管理模式创新奠定了科学的理论基础。

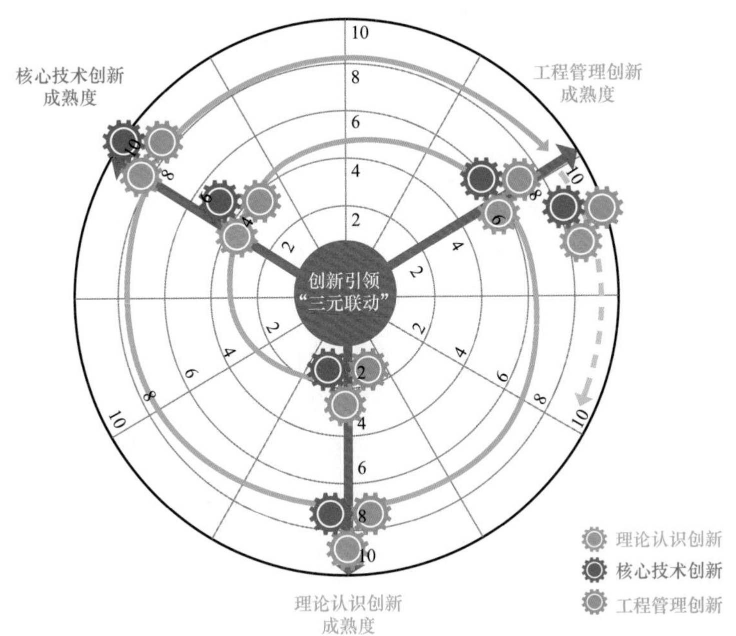

图 6-1-1　基于颠覆性创新的“三元联动”螺旋式提升路径图

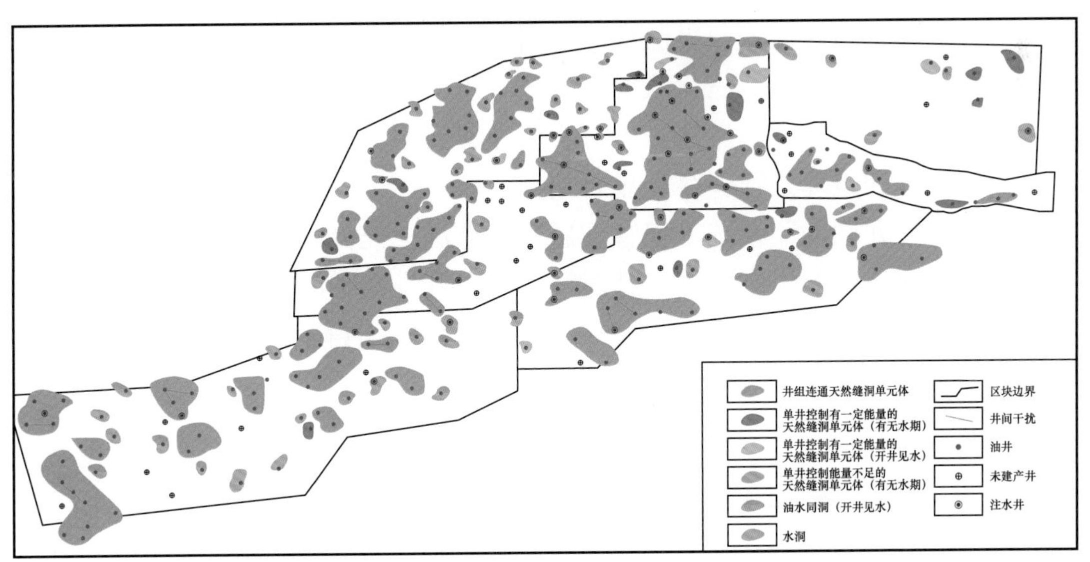

图 6-1-2　塔里木盆地深层碳酸盐岩天然缝洞单元体分布图（第一张分布图）

其次，核心技术创新是实现的方法手段，是基于认识创新进行有针对性、有目的的技术研发，没有核心技术创新，认识创新就不能很好地应用于指导实践，同时没有认识创新这一源泉，技术创新也就会失去明确的方向指引；再则，若没有核心技术创新，就不可能支撑和实现工程管理创新。

针对塔河油田实际，利用国家级、集团公司级和油田级等多层次科技项目，组织国内外科研机构、高等院校等优势力量集中攻关，形成立体攻关网络，突破系列核心技术瓶颈，创新形成了缝洞型储层预测评价、缝洞型油藏描述、缝洞型油藏滚动开发、超深复杂地层钻完井、超深井举升、高温井酸压等十大配套技术系列，有效解决了碳酸盐岩缝洞型油藏勘探、开发世界级难题。其中，研发了以三维地震技术为核心的天然缝洞单元体空间形态识别、描述及天然缝洞单元体体积定量计算方法，创建了缝洞型油气藏储量体积计算新方法和计算公式，颠覆了常规陆相油藏石油储量计算理论方法；针对天然缝洞单元体内流体流动主要为管流的基本特征，发明注水替油核心技术，即单井单洞单元体利用重力差异实现油水置换，多井多洞单元体采取“低注高采、缝注洞采”，利用平面驱油和重力置换两种机理实现能量的补充和水驱开发，典型区块采收率由13%提高到23.7%，相当于新发现一个塔河油田。

最后，工程管理创新是灵魂，工程管理创新必须基于理论认识创新和核心技术创新，没有前两者，管理创新就成为无本之源，同时，没有工程管理创新，前两者也不可能被很好地应用于工程实践，实现油田勘探开发的最佳效果、最优效益，同时在工业界也难以复制、传承和推广。

基于颠覆性创新的“三元联动”的核心思想是：三者突破自身边界，成为一个高度融合的整体，三者缺一不可，并在实践中循环往复持续提升。这与通常的流程管理和矩阵式管理存在显著差异。

按照“三元联动”系统工程管理思想和方法，充分利用新的生产建设组织体系和科技攻关创新生态体系，针对塔河油田开发面临的重大瓶颈难题，遵循“三元联动”系统工程管理创新模式，创立碳酸盐岩缝洞型油藏“三元联动”工程管理模式。

第二节　体积开发管理创新体系

自人类诞生以来，就始终不渝地开展上天、下海、入地三大自然探索。但由于地层埋藏于地下，看不见、难企及，入地最难。石油形成于数亿年前地层沉积及构造十分复杂的演变历史进程中，距今甚为久远，而今又埋藏在数千米的地下。因此，石油工业不仅是一个高新科技、技术密集、资金密集的行业，同时又是一个理论性、实践性非常强、风险高的行业，针对生产实践出现的重大问题、难题，特别需要人们放飞梦想，提出颠覆性的科学思想、天才式的新理论、闪光的新认识，并指导技术研发和工业生产实践活动，同时根据新的工业生产需求，创新提出新的工程管理思想、方法和管理模式等。理论认识创新、核心技术创新和工程管理创新必须互相适应、融合联动，才能科学高效组织石油工业的大规模生产实践，否则就可能导致数十亿元甚至数百亿元的重大经济损失，甚至人类难以承受的环境灾害及政治风险。

一、建立适应“三元联动”系统工程管理的组织体系

从全生命周期的角度，产能建设阶段对油田的长远发展无疑最具基础性、全局性的影响。以塔河油田管理体系建设为例，在塔河油田发现之初，按照中国石化“整体开发、规模建设、配套完善、加快进程”十六字方针总体要求，针对塔河油田面临的重大开发难题和生产迫切需求，在认真总结油田开发建设管理模式、组织结构、程序控制等方面，决定成立油田产能建设领导小组，建立适应“三元联动”(理论认识创新、核心技术创新和工程管理创新协同联动)工程管理的组织体系(图 6-2-1)。

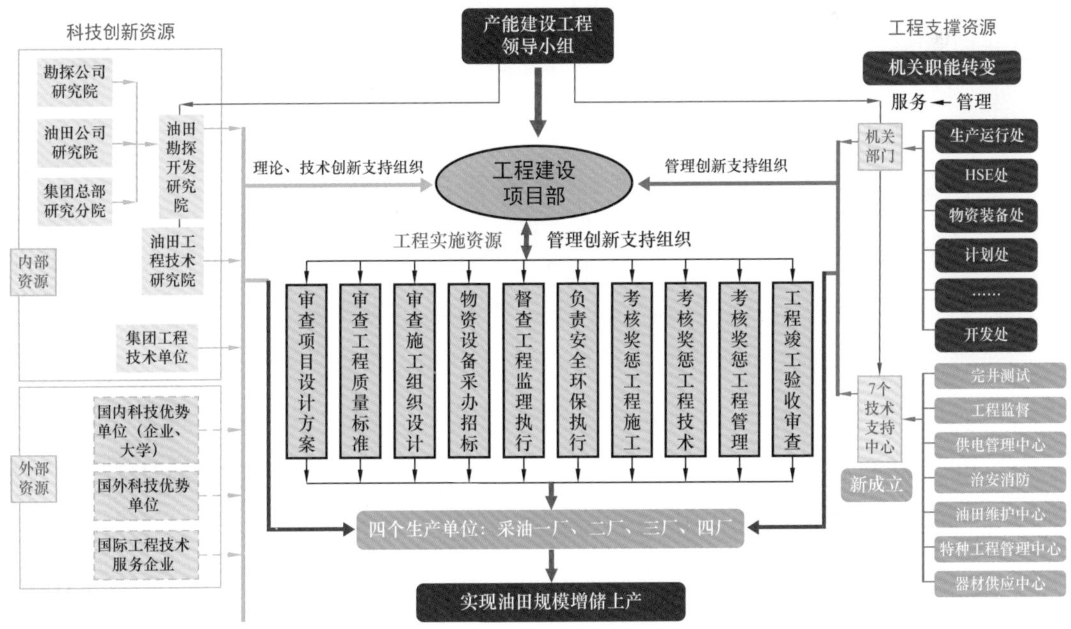

图 6-2-1　“三元联动”系统工程管理组织体系

塔河油田从业务最前端的产能建设入手，成立产能建设工程领导小组，统辖现场产能建设、技术创新、工程项目服务等全部支持力量。首先，以油田开发建设为核心，设立工程建设项目部，负责项目设计方案审查、工程质量标准、督查工程监理、计划执行、工程竣工验收等。其次，优化整合各方资源，构建“以我为主、开放共赢”的创新研发体系：一是针对油田面临的重大理论认识难题，优化整合科技研发资源，将勘探公司研究院、油田公司研究院、集团总部研究院在塔里木盆地设立的分院进行整合，成立新的油田公司勘探开发研究院；二是对工程技术研究院充实物探、钻井、采油等核心工程技术研发力量；三是联合集团总部研究院等单位，汇聚起强有力的内部创新资源；四是打开门户搞创新，外联中国科学院、中国地质大学、中国石油大学及石油高等院校、国外知名大学、全球工程技术服务巨头等。

组建了 7 个支持管理中心，包括完井测试、工程监督、供电管理、安全消防、油田维护、特种工程管理、器材供应。建设新型机关部门，转变职能，实现大机关管理型向小机关服务支持型转变。

二、构建基于“三元联动”系统工程管理

针对“三元联动”系统工程管理需求，总体上形成以“三元联动”系统工程管理为核心、两类资源高度融合的“一体两翼”创新生态体系（图 6-2-2）。按照开放创新模式，分基础研究、技术攻关、管理模式创新对研发单位进行分类汇聚。

三、基于“三元联动”系统工程管理的新范式

针对塔河油田的特殊地质特点，从三个维度构建了“三元联动”系统工程管理创新模式和路径（图 6-2-3）。第一个维度是多学科、多种高新技术手段对天然缝洞单元体科学、准确地认识；第二个维度是基于基础研究，围绕天然缝洞单元体提出其识别、刻画的技术创新思路和高精尖核心技术研发路线；第三个维度是对海相缝洞型碳酸盐岩油藏开发的工程管理创新，包括从对天然缝洞单元体的客观认识、油田井网部署方式、开发策略、技术政策、动态监测方案及管理模式提出遵循科学规律且适宜的高精尖新技术。

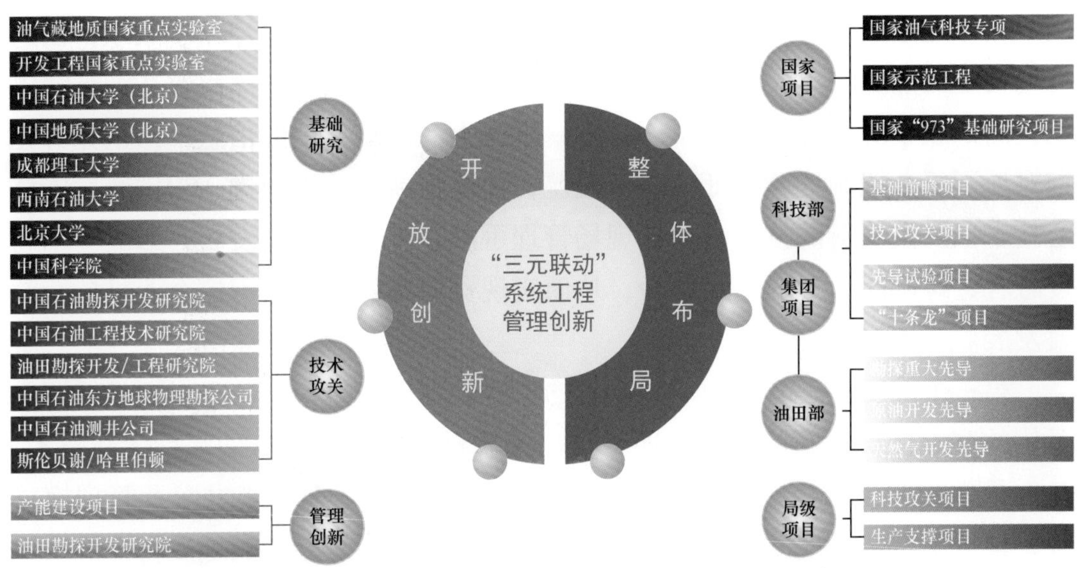

图 6-2-2　基于颠覆性创新的“三元联动”系统工程管理科技攻关体系

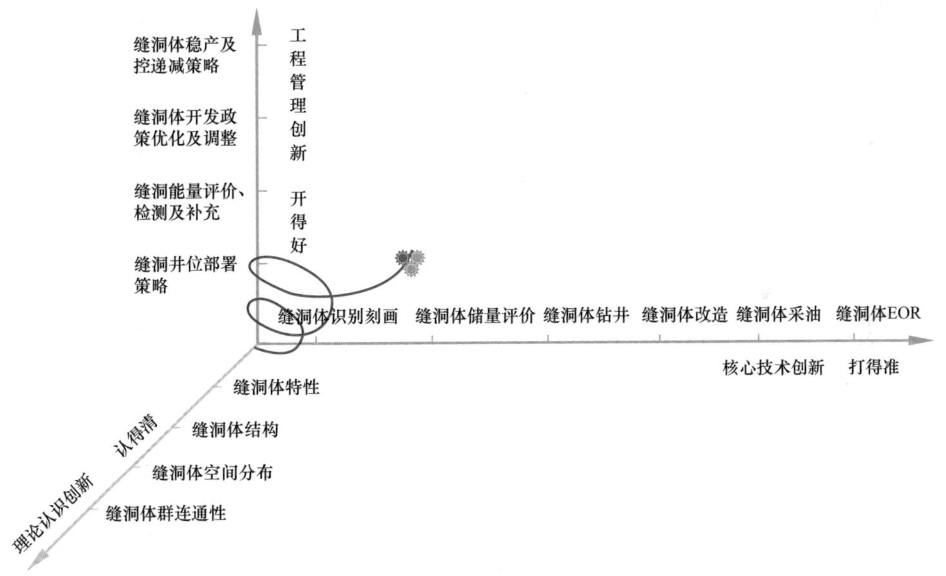

图 6-2-3　基于颠覆性创新的“三元联动”系统工程管理的创新范式

第一个维度是“三元联动”创新的核心根基，该维度科学准确地认识地下5000多米深处的天然缝洞单元体客观特性、天然缝洞单元体的空间结构、天然缝洞单元体在空间的分布特点及规律等静态特征，以及在开发过程中天然缝洞单元体的连通性、连通范围及其静态特征之间的紧密关系等，为核心技术研发、管理模式和管理方法创新指明方向，从而避走“夜路”，不走“错路”，少走“弯路”。继而，在此基础上的第二个维度是组织优势科研力量攻克精准识别、刻画地下天然缝洞单元体的位置和空间结构、大小等核心技术瓶颈，创造性地构建天然缝洞单元体储量评价、多底井、分支井钻井、储层改造、采油以及提高采收率等工程技术体系。最后，根据生产实践反馈的信息，修正完善先前对地下复杂缝洞地质特征的认识偏差，并根据新的认识，进一步创新发展核心技术以及发明新的技术，指导现场管理手段、模式的创新发展，形成一个高度融合、螺旋式上升的创新路径，从而实现资源高效开发，支撑企业可持续效益发展。

第三个维度就是缝洞型油田开发的工程管理创新，包括基于对天然缝洞单元体的客观认识和新的技术发明，提出遵循科学规律且适宜的高精尖新技术，建立科学的井网部署方式、开发策略、技术政策、动态监测方案及管理模式等，根据生产实践反馈的信息，修正完善先前对地下复杂缝洞地质特征的认识偏差，并根据新的认识，进一步创新发展核心技术以及发明新的技术，指导现场管理手段、模式的创新发展，形成一个高度融合、螺旋式上升的创新路径，从而实现资源高效开发，支撑企业可持续效益发展。

小　结

基于理论认识创新、核心技术创新和管理模式创新的“三元联动”工程管理思想方法，孕育于塔河大油田开发生产实践，并在实践中不断创新发展和完善。该工程管理理论方法来源于油田生产实践，又重新回到生产中指导勘探开发实践，新的实践提出新的问题，并针对新问题不断创新完善，从而呈螺旋式持续提升。在基于“三元联动”系统工程管理思想方法指导下，探索建立适应“三元联动”系统工程管理的企业创新体系、“一体两翼”科技攻关创新生态体系，构建以“需求为导向、市场化为纽带、项目为载体、创新为使命”的海相碳酸盐岩缝洞型油藏资源高效勘探开发创新范式和工程管理模式，有力推动了塔河油田开发理论颠覆性创新、开发技术革命、开发工程管理变革、发展方式变革。该系统工程管理思想方法的拓展应用，又指导创立了我国超深层断溶体勘探工程管理模式、山地页岩气高效开发工程管理模式，引领了我国海相及非常规油气勘探开发理论技术发展，为保障国家石油安全提供了重要的战略支撑。

参考文献

陈学忠，郑健，刘梦云，等,2022. 页岩气井精细控压生产技术可行性研究与现场试验［J］. 钻采工艺，45（3）: 79–83.

陈志海，马旭杰，黄广涛，2007. 缝洞型碳酸盐岩油藏缝洞单元划分方法研究——以塔河油田奥陶系油藏主力开发区为例［J］. 石油与天然气地质，28（6）: 847–855.

程晓军，2017. 缝洞型油藏单元注气驱油机理及注采参数优化研究［D］. 成都：西南石油大学.

邓光校，胡文革，王震，2021. 碳酸盐岩缝洞储集体分尺度量化表征［J］. 新疆石油地质，42（2）: 232–237.

邓晓娟，李勇，刘志良，等，2018. 多尺度缝洞型碳酸盐岩油藏不确定性建模方法［J］. 石油学报，39（9）: 1051–1062.

丁娟，2009. 地震预测缝洞体量化方法初步探讨［C］. 中国地球物理学会第二十五届年会: 171–172.

窦莲，吴鲜，2020. 塔河油田缝洞型油藏气驱示踪剂响应特征分析［J］. 中国石油和化工标准与质量（6）: 108–109.

窦之林，2012. 塔河油田碳酸盐岩缝洞型油藏开发技术［M］. 北京：石油工业出版社.

高利君，李宗杰，李海英，等，2020. 塔里木盆地深层岩溶缝洞型储层三维雕刻“五步法”定量描述技术研究与应用［J］. 物探与化探，44（3）: 691–697.

韩东，袁向春，胡向阳，等,2014. 叠后地震储层预测技术在缝洞型储层表征中的应用［J］. 石油天然气学报，36（9）: 63–68.

韩剑发，张海祖，于红枫，等，2012. 塔中隆起海相碳酸盐岩大型凝析气田成藏特征与勘探［J］. 岩石学报，28（3）: 769–782.

侯加根，马晓强，刘钰铭，等，2012. 缝洞型碳酸盐岩储层多类多尺度建模方法研究：以塔河油田四区奥陶系油藏为例［J］. 地学前缘，19（2）: 59–66.

胡广杰，杨庆军，2005. 塔河油田奥陶系缝洞型油藏连通性研究［J］. 石油天然气学报，27（2）: 227–229.

胡文革，鲁新便，杨敏，等，2020. 一种缝洞型油藏注采空间结构井网构建方法: CN111177871.A［P］.

胡文革，2020. 塔河碳酸盐岩缝洞型油藏开发技术及攻关方向［J］. 油气藏评价与开发，10（2）: 1–10.

胡向阳，李阳，权莲顺，等，2013. 碳酸盐岩缝洞型油藏三维地质建模方法——以塔河油田四区奥陶系油藏为例［J］. 石油与天然气地质，34（3）: 383–387.

胡向阳，袁向春，侯加根，等，2014. 多尺度岩溶相控碳酸盐岩缝洞型油藏储集体建模方法［J］. 石油学报，35（2）: 340–346.

贾爱林，位云生，刘成，等，2019. 页岩气压裂水平井控压生产动态预测模型及其应用［J］. 天然气工业，39（6）：71–80.

姜瑞忠，张伟，滕文超，等，2017. 页岩气藏三重介质窜流参数分析［J］. 特种油气藏，24（4）：78–82.

蒋炳南，姜成生，王士敏，2002. 塔河油田奥陶系碳酸盐岩油藏勘探技术［J］. 新疆石油地质，23（6）：533–535.

焦方正，窦之林，涂兴万，等，2010. 碳酸盐岩缝洞型油藏注水替油开采方法：CN201010103628.6［P］.

焦方正，窦之林，2008. 塔河碳酸盐岩缝洞型油藏开发研究与实践［M］. 北京：石油工业出版社.

焦方正，2017. 塔里木盆地顺托果勒地区北东向走滑断裂带的油气勘探意义［J］. 石油与天然气地质，38（5）：831–839.

焦方正，2018. 塔里木盆地顺北特深碳酸盐岩断溶体油气藏发现意义与前景［J］. 石油与天然气地质，39（2）：207–216.

焦方正，2019a. 塔里木盆地深层碳酸盐岩缝洞型油藏体积开发实践与认识［J］. 石油勘探与开发，46（3）：552–558.

焦方正，2019b. 页岩气“体积开发”理论认识、核心技术与实践［J］. 天然气工业，39（5）：1–14.

康志江，赵艳艳，张允，等，2014. 缝洞型碳酸盐岩油藏数值模拟技术与应用［J］. 石油与天然气地质，35（6）：944–949.

李柏林，涂兴万，李传亮，2008. 塔河缝洞型碳酸盐岩底水油藏产量递减特征研究［J］. 岩性油气藏，20（3）：132–134.

李柏林，2006. 塔河碳酸盐岩油藏注水替油技术研究与应用［D］. 青岛：中国石油大学（华东）.

李传亮，2008. 岩石压缩系数测量新方法［J］. 大庆石油地质与开发，27（3）：53–54，82.

李冬梅，李会会，朱苏阳，等，2022. 断溶体油气藏流动物质平衡方法［J］. 岩性油气藏，34（1）：154–162.

李建秋，曹建红，段永刚，等，2011. 页岩气井渗流机理及产能递减分析［J］. 天然气勘探与开发，34（2）：34–37.

李江龙，张宏方，2009. 物质平衡方法在缝洞型碳酸盐岩油藏能量评价中的应用［J］. 石油与天然气地质，30（6）：773–778.

李鹂，李允，2010. 缝洞型碳酸盐岩孤立溶洞注水替油实验研究［J］. 西南石油大学学报（自然科学版），32（1）：117–120.

李小波，刘学利，杨敏，等，2020. 缝洞型油藏不同岩溶背景注采关系优化研究［J］. 油气藏评价与开发，10（2）：37–42.

李小波，彭小龙，史英，等，2008. 井间示踪剂测试在缝洞型油藏的应用［J］. 石油天然气学报，30（6）：271–274.

李阳，侯加根，李永强，2016. 碳酸盐岩缝洞型储集体特征及分类分级地质建模［J］. 石油勘探与开发，43（4）：600–606.

李卓文，潘仁芳，邵艳，等，2015. 页岩油气储集空间差异及赋存方式比较研究［J］. 重庆科技学院学报（自然科学版），17（5）：1–4.

刘大为，2007. 三维地震数据复小波频谱分析技术［D］. 武汉：中国地质大学（武汉）.

刘学利，彭小龙，杜志敏，等，2007. 油水两相流 Darcy–Stokes 模型［J］. 西南石油大学学报，29（6）：89–92.

刘学利，汪彦，2012. 塔河缝洞型油藏溶洞相多点统计学建模方法［J］. 西南石油大学学报（自然科学版），34（6）：53–58.

龙胜祥，张永庆，李菊红，等，2019. 页岩气藏综合地质建模技术［J］. 天然气工业，39（3）：47–55.

鲁新便，蔡忠贤，2010. 缝洞型碳酸盐岩油藏古溶洞系统与油气开发——以塔河碳酸盐岩溶洞型油藏为例［J］. 石油与天然气地质，31（1）：22–27.

鲁新便，胡文革，汪彦，等，2015. 塔河地区碳酸盐岩断溶体油藏特征与开发实践［J］. 石油与天然气地质，36（3）：347–355.

鲁新便，荣元帅，李小波，等，2017. 碳酸盐岩缝洞型油藏注采井网构建及开发意义——以塔河油田为例［J］. 石油与天然气地质，38（4）：658–664.

鲁新便，2004. 缝洞型碳酸盐岩油藏开发描述及评价——以塔河油田奥陶系油藏为例［D］. 成都：成都理工大学.

罗娟，陈小凡，涂兴万，等，2007. 塔河缝洞型油藏单井注水替油机理研究［J］. 石油地质与工程，21（2）：52–54.

马明伟，2019. 页岩气藏水平井体积压裂产能影响因素研究［D］. 成都：西南石油大学.

马新华，2021. 非常规天然气“极限动用”开发理论与实践［J］. 石油勘探与开发，48（2）：326–336.

彭小龙，杜志敏，刘学利，等，2008. 大尺度溶洞裂缝型油藏试井新模型［J］. 西南石油大学学报，30（2）：74–77.

彭小龙，杜志敏，戚志林，等，2006. 多重介质渗流模型的适用性分析［J］. 石油天然气学报，（4）：99–101.

彭小龙，戚志林，刘学利，等，2009. 缝洞型油藏阶梯状产水规律的机理模式［J］. 油气田地面工程，28（11）：32–33.

彭小龙，宋勇，苏海波，等，2016. 一种网络状缝洞型油藏的三维渗透率场的获取方法：CN201310335496.3［P］.

漆立新，2016. 塔里木盆地顺托果勒隆起奥陶系碳酸盐岩超深油气藏突破及其意义［J］.

中国石油勘探, 21（3）: 38–51.

任文博，许克亮，2012. 碳酸盐岩油层注水替油效果模糊综合评判［J］. 油气田地面工程, 31（12）: 36–37.

荣元帅，高艳霞，李新华, 2011. 塔河油田碳酸盐岩缝洞型油藏堵水效果地质影响因素［J］. 石油与天然气地质, 32（6）: 940–945.

荣元帅，胡文革，蒲万芬，等，2015. 塔河油田碳酸盐岩油藏缝洞分隔性研究［J］. 石油实验地质, 37（5）: 599–605.

荣元帅，黄咏梅，刘学利，等，2008. 塔河油田缝洞型油藏单井注水替油技术研究［J］. 石油钻探技术, 36（4）: 57–60.

荣元帅，赵金洲，鲁新便，等, 2014. 碳酸盐岩缝洞型油藏剩余油分布模式及挖潜对策［J］. 石油学报, 35（6）: 1138–1146.

荣元帅，2016. 基于示踪技术的缝洞型油藏井间连通结构识别与表征研究［D］. 成都：西南石油大学 .

时贤, 2014. 页岩气水平井体积压裂缝网设计方法研究［D］. 青岛：中国石油大学（华东）.

苏成义，张玲，史建忠，等，2003. 缝洞型古潜山油藏储量参数解释方法研究［J］. 特种油气藏, 10（2）: 38–40.

田军，王清华，杨海军，等，2021. 塔里木盆地油气勘探历程与启示［J］. 新疆石油地质, 42（3）: 272–282.

涂兴万，陈朝晖，2006. 塔河碳酸盐岩缝洞型油藏水动力学模拟新方法［J］. 西南石油学院学报, 28（5）: 53–56.

涂兴万，2008. 碳酸盐岩缝洞型油藏单井注水替油开采的成功实践［J］. 新疆石油地质, 29（6）: 735–736.

汪如军，王轩，邓兴梁，等，2021. 走滑断裂对碳酸盐岩储层和油气藏的控制作用——以塔里木盆地北部坳陷为例［J］. 天然气工业, 41（3）: 10–20.

汪洋，杨刚，姜瑞忠，等，2014. 利用物质平衡理论计算气藏动态地质储量的新方法［C］// 第十三届全国水动力学学术会议暨第二十六届全国水动力学研讨会文集: 870–878.

王建峰，彭小龙，王高旺，等，2009. 缝洞型油藏流动模型的选择方法［J］. 油气地质与采收率, 16（5）: 86–88.

王建峰，2018. 塔河油田油 – 气 – 水三相 Darcy–stokes 流动模型与应用研究［D］. 成都：西南石油大学 .

王清华，杨海军，汪如军，等，2021. 塔里木盆地超深层走滑断裂断控大油气田的勘探发现与技术创新［J］. 中国石油勘探, 26（4）: 58–71.

王彦峰，万军，张德刚，2013. 拟全三维地震技术在缝洞型油藏中的应用［C］// 中国石油学会 2013 年物探技术研讨会论文集: 139–142.

王彦峰，王乃建，高国成，等，2010. 缝洞型油气藏高精度三维地震采集技术［J］. 石油地球物理勘探，45（S1）：1–5.
魏力民，王岩，张天操，等，2019. 四川盆地南部深层页岩储层地质模型的建立［J］. 天然气工业，39（S1）：66–70.
武群虎，杨少春，2006. 断块油田储集层流动单元研究［J］. 断块油气田，13（4）：8–10.
杨敏，靳佩，2011. 塔河油田奥陶系缝洞型油藏储量分类评价技术［J］. 石油与天然气地质，32（4）：625–630.
杨旭，杨迎春，廖志勇，2010. 塔河缝洞型油藏注水替油开发效果评价［J］. 新疆石油天然气，6（2）：59–64.
姚军，黄朝琴，王子胜，等，2010. 缝洞型油藏的离散缝洞网络流动数学模型［J］. 石油学报，31（5）：815–819，824.
雍锐，常程，张德良，等，2020. 地质—工程—经济一体化页岩气水平井井距优化——以国家级页岩气开发示范区宁 209 井区为例［J］. 天然气工业，40（7）：42–48.
张进铎，2005. 轮南古潜山碳酸盐岩储层地震属性雕刻研究［D］. 长春：吉林大学.
张抗，1999. 塔河油田的发现及其地质意义［J］. 石油与天然气地质，20（2）：120–124，132.
张克非，2011. 广饶古潜山油藏构造精细解释及缝洞预测［D］. 青岛：中国石油大学（华东）.
张晓，刘冬青，王博伟，2013. 塔河油田 6–7–8 区奥陶系缝洞型油藏的地震识别与评价［J］. 新疆地质（12）：158–161.
赵靖舟，王清华，时保宏，等，2007. 塔里木古生界克拉通盆地海相油气富集规律与古隆起控油气论［J］. 石油与天然气地质，28（6）：703–712.
赵文革，2006. 塔河油田碳酸盐岩缝洞油藏油水关系研究［D］. 成都：成都理工大学.
赵文智，贾爱林，位云生，等，2020. 中国页岩气勘探开发进展及发展展望［J］. 中国石油勘探，25（1）：31–44.
赵勇，李南颖，杨建，等，2021. 深层页岩气地质工程一体化井距优化——以威荣页岩气田为例［J］. 油气藏评价与开发，11（3）：340–347.
赵裕辉，胡建中，鲁新便，等，2010. 碳酸盐岩缝洞型储集体识别与体积估算［J］. 石油地球物理勘探，45（5）：720–724.
周德华，焦方正，贾长贵，等，2014. JY1HF 页岩气水平井大型分段压裂技术［J］. 石油钻探技术，42（1）：75–80.
周德华，焦方正，2012. 页岩气"甜点"评价与预测——以四川盆地建南地区侏罗系为例［J］. 石油实验地质，34（2）：109–114.
周丽梅，郭平，刘洁，等，2015. 利用示踪剂资料讨论塔河缝洞性油藏井间连通方式［J］. 成都理工大学学报（自然科学版），42（2）：212–217.
朱光有，杨海军，朱永峰，等，2011. 塔里木盆地哈拉哈塘地区碳酸盐岩油气地质特征与富集成藏研究［J］. 岩石学报，27（3）：827–844.

邹才能，丁云宏，卢拥军，等，2017. “人工油气藏”理论、技术及实践［J］. 石油勘探与开发，44（1）：1–12.

邹才能，赵群，丛连铸，等，2021. 中国页岩气开发进展、潜力及前景［J］. 天然气工业，41（1）：1–14.

邹宁，黄知娟，马国锐，等，2021. 缝洞型油藏井间示踪剂分类等效解释模型及其应用［J］. 西安石油大学学报（自然科学版），36（1）：52–58.

Daly，Colin，Caers，et al.，2010. Multi–point geostatistics – an introductory overview［J］. First Break，28（9）：39–47.

Lang B，Peng X，Du Z，et al.，2011. Controlling water production in fractured reservoirs with cavities using water injection［J］. Special Topics & Reviews in Porous Media：An International Journal，2（1）：23–34.

Liang B，2019. Critical investigation of interface conditions for fluid pressures，capillary pressure，and velocities at jump interface in porous media［J］. Journal of Porous Media，22（6）：723–744.

Peng X，Liu Y，Liang B，2017. Interface Condition for the Darcy velocity at the water–oil flood front in the porous medium［J］. PLOS ONE，12（5）：1–15.

Peng X，Du Z，Liang B，et al.，2009. Darcy–stokes streamline simulation for the Tahe–fractured reservoir with cavities［J］. SPE Journal，14（3）：543–552.

Peng X，Liang B，Du Z，et al.，2017. Practical simulation of multi–porosity reservoirs through existing reservoir simulator［J］. Journal of Petroleum Science and Engineering，151（1）：409–420.

Peng X，Qi Z，Liang B，et al.，2007. A new Darcy–Stokes flow model for cavity–fractured reservoir［C］. Production and Operations Symposium.

Zhu S，Du Z，Li C，et al.，2018. An analytical model for pore volume compressibility of reservoir rock［J］. Fuel，232（11）：543–549.

后　记

《油气体积开发理论与实践》是一本针对非常规油气藏（田）体积开发的专著。本书的出版将对推动我国以页岩油气、碳酸盐岩缝洞型油气藏为代表的非常规油气规模有效开发、丰富和发展我国油气田开发基础理论有重要意义。本书既关注页岩油气等非常规油气田开发领域的基础性、前沿性基础理论技术总结，又注重对我国“碳达峰、碳中和”重大战略目标的推动作用，既立足我国严峻的油气供给安全保障国家重大需求，确保我国保持原油年产量 2.0×10^8t 以上稳产，加快我国 $2000\times10^8m^3$/a 天然气上产，又注重全球应对气候变化贡献中国智慧和方案。

过去，人们数次认为油气资源已接近枯竭，但事实上现在看来枯竭的是我们的思路。以页岩油气、碳酸盐岩缝洞型油气藏为代表的非常规油气被成功规模开发，不仅实现了传统油气地质理论重大创新和发展，而且大力推动了全球油气工业开发理论与技术的跨越发展，以体积开发理论及水平井分段体积压裂技术为代表的非常规油气开发理论和新技术的规模化应用，实现了油气工业理论技术的升级换代。

关于体积开发的概念，最早在 2004—2006 年开始萌发。长期以来，油气开发一直以油气藏为单元，以层状油层物理基本原理为指导，一直把油气层看作层状结构，形成了分层开发、分层注采等开发模式。随着碳酸盐岩缝洞型油气藏及页岩油气的发现，油气藏总的特征是碳酸盐岩缝洞型油藏为非层状油藏，以体为开发单元；页岩油气储层渗透率极低，油气单井基本无自然产能。针对这些非常规油气藏，为了获得有效开发效果，提出了非常规油气以油气聚集单元（体）或富集“甜点”（体）为对象，通过对非常规油气聚集单元（体）或富集“甜点”（体）实施“整体积”改造方式，提高非常规油气聚集单元渗流能力，而达到对整个非常规油气聚集单元“整体开发”的效果。

研究团队不断在碳酸盐岩缝洞型油气藏体积开发理论研究和技术研发方面取得进展，支撑了塔河、哈拉哈塘、顺北、富满等油田不同碳酸盐岩油气藏的有效开发实践。1997 年以来，新疆塔里木盆地中国石化塔河奥陶系碳酸盐岩油气田的发现和开发，使我们逐渐认识到并非所有的油气藏都是层状油气藏。塔河油田位于新疆塔里木盆地北部，有效勘探面积 6117.6km^2。截至 2020 年底，累计探明原油地质储量超 15×10^8t，年原油产量约 670×10^4t、天然气产量 19.1×10^8m^3，累计原油产量超 1.0×10^8t，是我国第一个古生界海相亿吨级缝洞型碳酸盐岩大油气田。塔河油田开发初期，就发现塔河油田奥陶系碳酸盐岩油藏非均质性强、油水分布规律差，钻遇定容体的油井生产初期产量较高，但由于储集体较小，短时间内油井产量大幅递减，难以维持正常生产。通过精细油藏描述、创新理论与技术研究，发现塔河油田奥陶系碳酸盐岩油气藏为缝洞型油气藏，由规模大小不同的 500 多个缝洞体单元群构成，缝洞空间非均质性极强，缝洞体大小差异大。开发过程中，这类油气藏流体的流动不服从达西定律，以管流为特征。油气藏开采面临多方面挑战，包括：（1）缝洞体储集空间构成与空间展布、天然缝洞单元体大小形成机制及精细准确描述；（2）缝洞体油气藏开发评价方式；（3）缝洞体油气藏开发井部署及建产规模确定；（4）缝洞体油气藏开采中能量补充模式等。针对这一系列挑战，在油田开发过程中，通过不断深化碳酸盐岩缝洞型油气藏储集体形成机制，基于碳酸盐岩缝洞型油气藏开发的关键地质特征、流体流动规律、缝洞体刻画技术和开发动用方式等，创新提出了海相碳酸盐岩缝洞型油气成藏理论、缝洞型油气藏高效开发理论，建立了缝洞型油气藏储层预测与评价方法、油气藏开发钻采等配套工艺技术，逐渐形成了碳酸盐岩缝洞型油气藏地质评价及开发布井要以天然缝洞单元体为对象，以缝洞体空间配置、储量大小为基础，以流体管流流动机制为特征的单井注水替油、多井单元注水补能等方式的缝洞型油气藏开发理论，基本解决了碳酸盐岩缝洞型油气藏缝洞体描述、储量计算、注水补能、提高采收率等重大技术难题。由此，我国复杂碳酸盐岩缝洞型油气藏逐“体”动用、体积开发的概念基本形成，复杂碳酸盐岩缝洞型油气藏科学高效开发基本实现。

基于这些创新性认识、技术及成果在 2010 年获得了国家科学技术进步奖一等奖，且在塔里木盆地顺北油气田的发现和开发中得到进一步的推广应用。顺北油气田位于塔里木盆地中西部，是近年来塔里木盆地海相碳酸盐岩油气藏勘探取得的又一重大新发现，石油资源量 12×10^8t、天然气资源量 5000×10^8m^3。2013 年以来，在持续探索塔里木盆地深度大于 7000m 的超深层油气富集成藏规律中，创新提出了超深层走滑断裂带具有“控储、控藏、控富”关键特征认识，在塔里木盆地顺北地区奥陶系发现了碳酸盐岩储层平均深度 7300m（最大深度 8600m）、石油地质储量超 10×10^8t 的世界上埋深最大的油气田之一的顺北油气田。顺北油气田以奥陶系碳酸盐岩缝洞型储集单元为主，储集体的发育部位及规模受控于多期活动的走滑断裂体系及流体溶蚀改造作用。顺北油气田的油气藏类型为碳酸盐岩断溶体油气藏，包括裂缝—洞穴型、裂缝—孔洞型和裂缝型三种类型储集体，油气以“体”的形式呈不连续、非均质、不规则形分布，沿断裂带整体含油气、不均匀富集，被形象地称为“站立”起来的油气藏。在顺北油气田的开发过程中，进一步建立了碳酸盐岩断溶体油气藏开发技术、断溶体油气藏立体描述及储量计算方法，断溶体油气藏线性不规则井网布井、一井多靶等新型开发方式，建井成功率高达 90% 以上，推动了我国深层海相碳酸盐岩缝洞型油气藏勘探开发理论和技术发展。

我国海相沉积盆地以古老海相碳酸盐岩地层为主，碳酸盐岩缝洞型油气藏成藏模式多样、构造背景复杂、储集体差异大，目前的理论技术还远不能完全解决这些古老碳酸盐岩油气藏开发中的问题，今后仍然面临诸多挑战：（1）新发现的碳酸盐岩缝洞型油气藏埋深在不断增加，地质条件会更加复杂，需要更先进的储集体识别预测与描述技术；（2）不断提高碳酸盐岩缝洞型油气藏储量采收率，注水开发受非均质性影响，水驱采收率明显低于碎屑岩储集体（如塔河油田采收率低于 20%），氮气吞吐虽见到了好的效果，但距大规模推广还有较大距离；（3）进一步降低开发成本，碳酸盐岩油气藏埋藏深、高温高压、非均质性强，产能差异大，导致开发成本高，降低成本是效益开发的关键，需要不断完善、改进和发展超深层碳酸盐岩油气藏钻井、储集体改造等大幅降低工程成本的方法；（4）加强信息技术、大数据技术、人工智能与碳酸盐岩油气藏开发的融合，实现油气藏、井筒、地面及管理系统的整体优化。

自人类开启第二次工业革命以来，石油就成了工业的血液。页岩油气的成功开发，不仅解决了全球油气资源是否会枯竭的问题，更是改变了全球油气供给大格局。2010 年以来，美国、加拿大等国家利用页岩气成功开发经验，逐渐实现了页岩油气商业化开发，推动了北美地区石油工业开启新的发展阶段，改变了世界能源格局。研究团队在深入调研了北美页岩油气开发理论和技术方法的基础上，建立了以长水平井体积压裂技术为核心、以多井组平台式“工厂化”作业为生产模式、以“水平井 + 分段体积改造”为关键开发技术，实现了页岩油气（藏）体积改造，使页岩油气单井产量获得突破，实现了多层段页岩油气一次整体动用。我国页岩油气无论是海相页岩、海陆过渡相页岩，还是陆相页岩，都具有单层厚度薄、横向变化快、总体非均质性强的特征，不能简单复制北美成熟的页岩油气开发理论和技术。探索发展及建立适合我国地质特征的页岩油气开发理论和技术，对我国页岩油气有效开发非常重要。在四川盆地涪陵页岩气田发现及开发过程中，率先建立了页岩气富集“甜点”评价、开发设计与优化、水平井高效钻井与分段压裂等关键技术，快速建成我国首个大型页岩气田。在四川盆地川南地区页岩气开发中，进一步探索和发展，逐步建立了页岩气体积开发理论。2019 年以来，在先进的系统工程管理理论应用基础上，重点聚焦陆相页岩油特征，将页岩气体积开发理论推广至页岩油开发上，创新形成了页岩油以“长水平井、小井距、大井丛、立体式、细分切割体积压裂”为核心的体积开发技术，构建了陆相页岩油规模效益开发模式。通过四川盆地川南地区五峰组—龙马溪组海相页岩气、鄂尔多斯盆地延长组长 7 段陆相页岩油等采用体积压裂缝网扩展、复杂缝网下体积渗流、多层段立体开发井网优化，提高了页岩油气资源动用程度，在四川盆地川南地区发现了储量规模超 $10\times10^{12}m^3$ “甜点”连片的海相高丰度页岩气大气区，鄂尔多斯盆地庆城地区长 7 段探明了储量规模超 $10\times10^{8}t$ 整装陆相页岩油大油田，为我国页岩油气规模有效开发提供了理论指导。

我国的石油工业是从陆相沉积岩起步，尤其是大庆油田的发现一举打破了“中国陆相贫油”观念的束缚，建立了中国陆相生油理论，为我国陆相沉积盆地油气勘探开发提供了理论支撑，且由此基本实现了我国能源安全供给保障。目前，我国油气工业进入新发展时代，广泛发育的海陆相页岩成为我国页岩油气开发的重点。研究与实践证实，我国发育海相、海陆过渡相和陆相三种类型富有机质页岩，其中海相页岩热演化成熟度相对较高，以原油裂解形成天然气为主，四川盆地川南地区落实连片有利区面积 $2\times10^{4}km^2$ 以上，页岩气地质资源量超 $10\times10^{12}m^3$，是近期我国页岩气体积开发的重点。海陆过渡相页岩主要分布在北方地区的石炭系—二叠系和南方地区的二叠系，初步预测有利区页岩面积近 $20\times10^{4}km^2$，具有丰富的石油天然气资源，是未来体积开发的战略突破领域。陆相页岩在我国主要含油气盆地中均有发育且广泛分布，以中—新生代湖相沉积为主，热演化程度低，主体处于液态原油生成阶段，盆地中心或埋深较大区域进入生气范围。与北美海相页岩油体积开发相比，我国页岩油资源主要属于陆相页岩油，重点分布于松辽盆地白垩系、鄂尔多斯盆地三叠系、准噶尔盆地二叠系、渤海湾盆地古近系—新近系、四川盆地侏罗系和柴达木盆地古近系—新近系。迄今，我国页岩油开发在鄂尔多斯、准噶尔、松辽等盆地取得重大突破。初步估算，我国陆相页岩油资源丰富，技术可采资源量达 145×10^8t，是未来实现体积开发的重要领域。

我们在页岩油气体积开发理论与技术建立、发展过程中，也积累形成了页岩油气“地质甜点”“工程甜点”和“经济甜点”一体化的“甜点”评价理论、评价方法与思路。“甜点”的识别、评价是页岩油气有效实现体积开发不可或缺的关键环节，是体积开发理论技术的重要组成部分。我们所强调的“甜点”是页岩油气层系在整体含油气背景下，油气相对更富集、物性相对更好、储层相对更易改造，且在现有经济技术条件下相对更具商业开发价值的优质页岩油气富集区（段）。“甜点”识别和评价的重要参数包括孔隙度、含油气饱和度、含油气量、成熟度、页理（纹）及微裂缝发育情况、TOC、脆性矿物含量、水平方向应力差等，其中游离烃、层（纹）理及天然裂缝密度、压力系数、气油比、可压性等是影响开发的关键指标。通过精细研究，创新技术方法，找准“甜点”区/段、选对“甜点”区、钻进“甜点”段和压好“甜点”体，实现页岩油气体积开发。

“地质甜点”评价的目的是明确最富集的页岩油气的空间分布范围。首先通过沉积相、有机地球化学研究，明确富有机质页岩矿物组成、TOC、孔隙度等特征及其变化规律，优选出具有连续厚度、高 TOC、高孔隙度、高含油气量等的富有机质页岩集中段作为“地质甜点”段。然后根据“地质甜点”段在平面上的品质、厚度等变化，结合保存条件，优选厚度大、品质好、保存条件优的区域作为页岩油气的“地质甜点”区。页岩丰富的纹（页）理对于“地质甜点”的形成、识别和评价具有重要作用。富有机质页岩的沉积水体以深水—半深水湖泊或陆棚相环境为主，水体内部密度、温度、盐度等差异会引起水体分层，且细粒沉积有季节性，易形成纹层状、页理型沉积构造。研究发现，富有机质页岩层一般纹（页）理丰富，页理纹层厚度一般为微米—毫米级，横向连续或断续分布。陆相富有机质页岩纹层一般具有二元或三元结构，二元结构为粉砂与黏土/有机质或碳酸盐质与黏土/有机质高频互层，三元结构为粉砂、黏土/有机质和碳酸盐质高频互层。陆相页岩层系粒度细，单个孔隙很小，几纳米到几十纳米不等，但总孔隙大，微小孔隙为页岩油富集赋存提供重要空间和渗流通道。而海相富有机质页岩中一般根据粒度大小，发育有泥纹层和粉砂纹层两类不同纹层。纹层及页理内发育大量基质孔隙、页理缝，既为页岩气富集赋存提供了重要储集空间，也为页岩储层基质内气体渗流提供了大尺度流动通道。实验表明，页岩气体沿纹（层）理方向的水平渗流能力远大于垂直纹（层）理方向的纵向渗流能力。在页岩油气层体积改造过程中，因页岩纹（层）理的存在导致裂缝水平长度较大，通常为 50～200m；而裂缝纵向扩展高度较小，通常仅 10～20m。因此，页岩纹（层）理为复杂缝网的形成及建立人工缝网单元体、实现页岩油气体积开发提供了有利条件。

“工程甜点”评价的目的是在“地质甜点”段中，优选最利于水平井分段压裂施工的层位和平面位置，以获得最佳的人工缝网单元体，使页岩油气单井产量最高。首先是在页岩油气“地质甜点”区中，根据工程实施能力，优选出适宜于压裂施工的有利区域；然后在“地质甜点”段上开展可压裂性评价，优选出可获得最好压裂效果的水平井穿行层位；接着根据现今应力方向、构造精细解释与裂缝预测结果，优选水平井轨迹方向、水平井段长度及水平井轨迹控制点；最后在水平井完钻后，综合确定最佳的分段压裂位置、各压裂段的具体施工参数等。

“经济甜点”评价的目的是在页岩油气获得发现后，通过对工程施工参数的经济性评价，明确开发技术政策，实现页岩油气开发效益最大化。理论上，相同地质条件下水平段长度、压裂规模与单井产量成正比。实际上，受制于工程施工能力、加长水平井段、加大压裂规模等，存在施工难度加大、工程成本上升等问题。需要通过不同水平段长度、不同压裂规模的工程成本与单井产能之间的比较分析，优选最佳开发技术政策。例如，在四川盆地海相页岩气开发中，分别对 1000m、1500m 和 2000m 三个水平段的试验表明，1500m 水平段长的单井页岩气产量明显高于 1000m 水平段长的，2000m 以上的水平段长受制于工程施工能力、工程成本大幅上升、完井质量下降等因素，单井产量甚至会低于 1500m 水平段长的，因此最终确定的页岩气井水平段长度为 1500～2000m。

研究团队在页岩油气、碳酸盐岩缝洞型油气藏体积开发的研究工作中，将从海相碳酸盐岩缝洞型油气藏、海相页岩气，发展到陆相页岩油、致密油气等领域，从塔里木盆地、四川盆地，推广至鄂尔多斯盆地、松辽盆地、柴达木盆地及渤海湾盆地等，不断为解决我国复杂非常规油气藏（田）开发、提高单井油气产量、提高整体地下储量动用水平提供科学依据和理论指导，为我国油气工业高质量发展及保障油气安全供给提供可借鉴解决方案。

最后，诚挚感谢石油工业出版社积极协调本书的有关出版事项，对保障本书高质量出版进行精细审稿的专家致以衷心感谢。还有相关油气田、研究院所等领导及专家也参与了工作，未能全部列出，在此表示感谢！书中数据、观点等如有不完善之处，请读者批评指正，待再版时进一步丰富完善。